U0348101

江淮平原弱筋小麦栽培

JIANGHUAI PINGYUAN
RUOJIN XIAOMAI ZAIPEI

贾艳艳　文廷刚　周国勤　主编

中国农业科学技术出版社

图书在版编目（CIP）数据

江淮平原弱筋小麦栽培／贾艳艳，文廷刚，周国勤主编．--北京：中国农业科学技术出版社，2021.9

ISBN 978-7-5116-5294-2

Ⅰ.①江…　Ⅱ.①贾…②文…③周…　Ⅲ.①小麦-栽培技术　Ⅳ.①S512.1

中国版本图书馆 CIP 数据核字（2021）第 077085 号

责任编辑　于建慧
责任校对　贾海霞
责任印制　姜义伟　王思文

出 版 者　中国农业科学技术出版社
　　　　　北京市中关村南大街 12 号　邮编：100081
电　　话　(010)82109708(编辑室)　(010)82109702(发行部)
　　　　　(010)82109709(读者服务部)
传　　真　(010)82106650
网　　址　http://www.castp.cn
经 销 者　各地新华书店
印 刷 者　北京建宏印刷有限公司
开　　本　170 mm×240 mm　1/16
印　　张　16.25
字　　数　296 千字
版　　次　2021 年 9 月第 1 版　2021 年 9 月第 1 次印刷
定　　价　60.00 元

版权所有・翻印必究

《江淮平原弱筋小麦栽培》
编委会

策　　划：曹广才（中国农业科学院作物科学研究所）

顾　　问：王伟中（江苏徐淮地区淮阴农业科学研究所）

主　　编：贾艳艳（江苏徐淮地区淮阴农业科学研究所）

文廷刚（江苏徐淮地区淮阴农业科学研究所）

周国勤（信阳市农业科学院）

副 主 编（按姓氏汉语拼音排序）：

陈真真（信阳市农业科学院）

杜小凤（江苏徐淮地区淮阴农业科学研究所）

顾大路（江苏徐淮地区淮阴农业科学研究所）

谢旭东（信阳市农业科学院）

杨文飞（江苏徐淮地区淮阴农业科学研究所）

编写人员（按姓氏汉语拼音排序）：

申冠宇（信阳市农业科学院）

文章荣（江苏徐淮地区淮阴农业科学研究所）

尤　杰（江苏徐淮地区淮阴农业科学研究所）

殷小冬（江苏徐淮地区淮阴农业科学研究所）

朱保磊（信阳市农业科学院）

作者分工

前　言 ………………………………………………………… 贾艳艳
第一章
　第一节 ……………………………………… 贾艳艳，顾大路，文章荣
　第二节 …………………………………………… 文廷刚，杨文飞
第二章
　第一节 ……………………………………………………… 陈真真
　第二节 …………………………………………… 申冠宇，贾艳艳
　第三节 …………………………………………… 谢旭东，周国勤
第三章
　第一节 ……………………………………… 文廷刚，杜小凤，尤　杰
　第二节 ……………………………………………………… 谢旭东
第四章
　第一节 ……………………………………………………… 朱保磊
　第二节 …………………………………………… 贾艳艳，殷小冬
附录 1 ………………………………………………………… 周国勤
附录 2 ………………………………………………………… 周国勤
附录 3 ………………………………………………………… 周国勤
全书统稿 ……………………………………………………… 曹广才

前　　言

江淮平原位于中国江苏省、安徽省的淮河以南和长江下游，主要由淮河、长江冲积而成。地势低洼，海拔一般在10m以下，水网交织，是中国著名的水稻产区。年平均温度15.5~16.5℃，无霜期多在230~240d。作物种植制度一般为“水稻-小麦”一年两熟制。

小麦是江淮平原最为重要的粮食作物之一，在粮食生产中的地位仅次于水稻。江淮平原地处中国南北过渡地带，以稻茬春性红皮冬小麦和弱冬性白皮小麦为主，既是中国小麦的主产区，也是流通加工的主要区域。沿江地带土壤、气候等生态条件非常有利于生产弱筋小麦，产出的小麦品质优良。

弱筋小麦（国外通常称为软质小麦）是指籽粒软质，蛋白质含量低，面筋强度弱，延伸性较好，适于制作饼干、糕点等食品的小麦。20世纪90年代，国家颁布施行《优质小麦　弱筋小麦》（GB/T 17893—1999），用于优质商品弱筋小麦的评价，其中，规定弱筋小麦粉质率不低于70%，干基粗蛋白质含量≤11.5%，面粉湿面筋含量≤22%（14%水分基），稳定时间≤2.5min。随着工业化和城市化的发展，在人均粮食直接消费总量下降的同时，高品质粮食消费量呈逐渐上升的趋势。近年来，弱筋小麦的市场需求逐年上升，专用弱筋小麦生产前景十分广阔，为保证弱筋小麦有序地发展，满足国内企业对原料的需求，2003年，农业部发布了《优势农产品区域布局规划（2003—2007年）》，确定全国唯一的弱筋小麦优势产业带在长江中下游地区，主要是以江苏沿江、沿海弱筋小麦产区为重点，同时包括了安徽省合肥市、六安市等地（市）5个县（市），河南省南部的信阳市全市、南阳市的3个县（市），湖北省北部襄阳市的2个县（市）等。同年，发布了《专用小麦优势区域发展规划（2003—2007年）》，确定了3个“优质专用小麦优势区域产业带”，其中，江苏省沿江、沿海生态农业区被划分为长江中下游专用小麦优势产业带，是唯一的弱筋小麦优势产业带。

从省域看，近年来，江苏省弱筋小麦生产得到了较快的发展，弱筋小麦被列为《江苏省优势农产品产业化发展总体规划（2003—2007 年）》中第二大项目，明确了主攻弱筋小麦的发展战略。江苏省优先安排弱筋小麦优势区域实施良种推广补贴，尤其是 2009 年以前采用与良种挂钩的推广补贴政策，有力促进了品种统一布局、规模化种植，推动了弱筋小麦产业优势的形成。2005—2006 年，江苏省种植的弱筋小麦以宁麦 9 号，扬麦 13 为主，面积达 38 万 hm^2，比上年增加 14.6 万 hm^2；2007—2008 年，江苏省种植的弱筋小麦以扬麦 13、扬麦 15、宁麦 9 号、宁麦 13 为主，面积达 20 万 hm^2；截至 2009 年，江苏省沿江、沿海弱筋小麦种植面积约 53.3 万 hm^2，年产量 280 万 t 左右，已成为全国最大的优质弱筋小麦生产基地，国内面粉加工企业所需的优质弱筋小麦主要来自江苏省。江苏省在优质弱筋小麦品种选育、示范推广、产业化开发等方面均全国领先。近几年在河南省信阳市的全部、南阳市的部分地区，弱筋小麦的种植面积逐年扩大。2019 年弱筋小麦种植面积已达到 16.5 万 hm^2，品种主要以扬麦 15、扬麦 13 为主，郑麦 113、郑麦 103、绵麦 51 等也有部分种植。安徽省沿淮地区及江淮之间丘陵地区弱筋小麦种植面积常年稳定在 23.3 万 hm^2 左右，目前品种主要以扬麦 13、扬麦 15、皖麦 48 等为主。

为反映中国弱筋小麦主产地区弱筋小麦的科研成果和生产成就，撰写和出版《江淮平原弱筋小麦栽培》一书是本书作者的共识。经中国农业科学院作物科学研究所曹广才研究员策划，由江苏徐淮地区淮阴农业科学研究所与信阳市农业科学院共同撰写此书，并按章节安排了写作分工。

本书可供农业科研、推广单位人员参考和借鉴，也可供农业院校有关专业人员参阅。

贾艳艳

2020 年 12 月

目　　录

第一章　弱筋小麦

第一节　弱筋小麦营养特性

一、弱筋小麦蛋白质

蛋白质在小麦籽粒中占10%～15%，是小麦籽粒中重要的贮藏物质之一，其含量及组成对食品加工品质和营养品质起决定性作用。小麦籽粒的不同部位蛋白质含量差异很大，从外层到内层呈现先上升后下降的单峰曲线分布，在糊粉层含量最高。Osborne等（1907）根据蛋白质在不同溶剂中的溶解能力，将小麦籽粒蛋白分为清蛋白、球蛋白、醇溶蛋白、麦谷蛋白和剩余蛋白等。清蛋白和球蛋白是可溶性蛋白质，占小麦籽粒蛋白的10%～20%，主要存在于糊粉层、胚和种皮中，其主要功能是作为细胞质中的酶蛋白，如α-淀粉酶、蛋白酶抑制因子等，参与调控小麦的各种代谢过程，又被统称为代谢蛋白。一般认为，清蛋白和球蛋白与小麦的加工品质关系不太密切，而对小麦的营养品质有重要影响。醇溶蛋白和谷蛋白是小麦籽粒中重要的贮藏蛋白，占小麦籽粒蛋白质的80%左右，二者在淀粉粒周围形成连续的网络结构，构成了面筋蛋白的主体。其中，醇溶蛋白占蛋白质总量的40%～50%，富有黏性、延展性和膨胀性；谷蛋白占蛋白质总量的35%～45%，决定面筋的弹性，面粉、面筋中的谷蛋白含量多少和质量好坏与面包烘烤品质有关。小麦中还存在着大量不能被水、盐、乙醇或稀碱溶解的剩余蛋白质，剩余蛋白质的数量与面团强度和面包烘烤品质之间存在着正相关关系，对小麦品种品质具有重要影响。

国际上对商品小麦各项指标作了较为严格的规定，各国在具体分类和指标上有所差异。中国也制定了优质弱筋小麦的国家标准，对主要指标作了具体规定（表1-1）。具体来说，中国优质弱筋小麦的主要指标为籽粒蛋白质含量（干基）≤11.5%，面粉湿面筋含量（14%水分基）≤22%，面团稳定时间≤2.5min，容重≤750g/L，降落数值≤300s。总体上，弱筋小麦的蛋白质含量较低，面筋含量较低。弱筋小麦蛋白质的不同主要体现在蛋白质组成和遗传基础上。

表 1-1　弱筋小麦品质指标

项目				指标
籽粒	容重，g/L		≥	750
	水分，%		≤	12.5
	不完善粒，%		≤	6
	杂质，%	总量	≤	1
		矿物质	≤	0.5
	色泽、气味			正常
	降落数值，s		≥	300
	粗蛋白质，%（干基）		≤	11.5
小麦粉	湿面筋，%（14%水分基）		≤	22
	面团稳定时间，min		≤	2.5

资料来源：中华人民共和国国家标准《优质小麦　弱筋小麦》（GB/T 17893—1999）。

二、麦谷蛋白亚基对小麦品质的影响及其遗传基础

麦谷蛋白占小麦种子蛋白的35%~45%，不溶于水、中性盐溶液，但溶于稀酸及稀碱溶液，一般以蛋白质大聚体的形式存在。根据SDS-PAGE电泳迁移率，麦谷蛋白可分为高分子量麦谷蛋白亚基（High Molecular Weight Glutenin Subunit，HMW-GS）和低分子量麦谷蛋白亚基（Low Molecular Weight Glutenin Subunit，LMW-GS），二者通过分子间的二硫键连接到一起，聚合为麦谷蛋白大聚体（赵永涛等，2010）。

LMW-GS和HMW-GS共同决定小麦的加工品质，HMW-GS赋予面团黏弹性，LMW-GS赋予面团延展性。HMW-GS是由低拷贝基因控制，分别由位于第一同源群染色体长臂的 *Glu-A*1、*Glu-B*1 和 *Glu-D*1 位点（统称 *Glu*-1）的基因编码。*Glu*-1 位点存在广泛的变异，每个小麦品种具有3~5个HMW-GS，1或0个由1A控制，1或2个由1B控制，1或2个由1D控制。HMW-GS含量较低，只占面筋蛋白的10%左右，但对面筋特性起着重要作用，其研究较为广泛深入，例如，基因的结构特点、优质亚基组合、*Glu*-1 位点的等位变异及分布等（张雪梅等，2009）。

LMW-GS 含量较高，约为 HMW-GS 的 2.5 倍，分为 B 区亚基、C 区亚基和 D 区亚基，分别由位于短臂的 *Glu-A*3、*Glu-B*3 和 *Glu-D*3 位点（统称 *Glu*-3）的基因编码。各位点存在大量的变异，某些特定的亚基类型及含量对烘烤品质有一定的作用。其中，B 区亚基部分是碱性蛋白，分子量为 40~51kD，是 LMW-GS 的主要部分（戴开军等，2005）。LMW-GS 受多基因控制，在遗传上与醇溶蛋白紧密连锁，在蛋白质水平上与醇溶蛋白不易区分，在 DNA 序列上与醇溶蛋白基因具有一定的相似性，所以小麦低分子量谷蛋白基因在小麦品质中作用的研究难度较大，目前尚未被充分认识与理解（刘丽等，2012）。

赵新淮等（2009）研究表明，HMW-GS 相对含量与面团韧性呈显著正相关；同时，LMW-GS 含量与面团延伸性显著正相关。HMW-GS 比例提高，能提高干、湿面筋的含量，改善面团流变学特性，从而使面团烘烤品质得到改善。当把 HMW-GS 和 LMW-GS 按 2∶1 的比例添加到基质面粉中，面团的韧性显著上升；但当把 HMW-GS 与 LMW-GS 按 1∶2 的比例添加到面粉中，面团延伸性显著大于对照。随 HMW-GS 与 LMW-GS 的比例增大，面团弹性变大，延伸性显著降低。而 LMW-GS 量的增加，可以明显提高面团的筋力。在同等蛋白质含量的条件下，LMW-GS 比 HMW-GS 具有更多的物理交联特性。LMW-GS 含量相对多的小麦品种，面团延伸性较大。

一般来讲，蛋白质含量高的小麦，其麦谷蛋白大聚合体含量也较高。麦谷蛋白大聚合体的含量相对较高时，面团抗延伸力增强。在面团搅拌过程中，麦谷蛋白大聚合体通过巯基-二硫键交换反应或者氢键以及疏水相互作用，与其他蛋白质分子结合，形成面团结构的骨架。谷蛋白大聚合体决定面团的强度，与蛋白质含量相比，对面团稳定时间、拉伸特性和面包体积影响更大（郭兴凤等，2018）。王晶等（2007）认为，麦谷蛋白聚合体的组成、分子量的分布或麦谷蛋白大聚合体含量可作为育种早代材料品质性状选择的一个可靠的生化指标。高庆荣等（2003）研究显示，含有 5+10、14+15 亚基的品种一般具有较好的面筋质量（但不是绝对的），小麦籽粒硬度、容重、面筋指数、蛋白质含量与干、湿面筋含量及面筋指数均呈显著或极显著的正相关。

刘丽等（2004）曾介绍，以面包加工品质差异较大的普通小麦 DH 群体（Pavon×Avocet），其等位变异位点为 *Glu-A*1（N 和 2*）、*Glu-B*1（7+8 和 17+18）、*Glu-D*1（2+12 和 5+10）、*Glu-A*3（a 和 b）和 *Glu-B*3（b 和 h），研究了 HMW-GS 和 LMW-GS 等位变异对小麦加工品质的影响。结果表明，

HMW-GS 和 LMW-GS 等位变异对籽粒蛋白质含量和 SDS 沉降值的影响未达显著水平，对和面时间与耐揉性的影响达 1%显著水平。按位点贡献大小排序，*Glu-D*1>*Glu-B*1>*Glu-B*3>*Glu-A*1>*Glu-A*3；就单个亚基而言，在 *Glu-A*1 位点 N 与 2* 差异较小，在 *Glu-B*1 位点 7+8>17+18，在 *Glu-D*1 位点 5+10>2+12，*Glu-A*3 位点的 *Glu-A3a* 与 *Glu-A3b* 对小麦品质的效应差异不显著，在 *Glu-B*3 位点 *Glu-B3b*>*Glu-B3h*。亚基组合为 2*、7+8、5+10、*Glu-B3b* 和 N、7+8、5+10、*Glu-B3b* 的 DH 系，其加工品质优良；亚基组合为 2*、17+18、2+12 和 *Glu-B3h* 的 DH 系，加工品质较差。

张玲丽等（2006）分析了具有一个或多个突出农艺性状的 186 份优良小麦种质资源的 HMW-GS 组成和 1B/1R 异位分布情况，采用 SDS-PAGE 方法对优良种质资源的 HMW-GS 组成进行了分析，并对麦谷蛋白亚基进行品质评分；同时，用黑麦 1RS 上特有的醇溶蛋白标记对上述材料进行 1B/1R 易位检测。结果表明，供试材料在编码 HMW-GS 位点上具有较大的变异，共发现 16 个等位变异，形成 30 种 HMW-GS 形式。在 *Glu*-1 的 3 个位点具有 2 个及 2 个以上优质亚基的材料占 38.7%（72 份），其中，烘烤品质评分为 10 分且具有高产、矮秆、抗病、抗逆等一个或多个突出农艺性状的新种质 13 份。携带有 1B/1R 易位的材料为 68 份，占供试材料的 36.6%。

孙学永等（2007）曾采用郑麦 9023/安农 9267、皖麦 19/安农 9267/皖麦 19、#445/陕 225//安农 91168/繁 3/皖麦 19 的 F_5 代株系，烟农 19/安农 9914、烟农 19/安农 9916 的 F_3 代株系，烟农 19/安农 9914 的 F_4 株系组成 9 个群体，共 1562 个株系，分别检测 HMW-GS、LMW-GS 的组成，测定了和面图参数和 SDS 沉降值，分析了麦谷蛋白亚基等位基因对品质性状的影响。结果表明，在 *Glu-A*1 位点，1 亚基的 SDS 沉降值显著高于 N 亚基，1 亚基的峰高显著大于 N 亚基，对于和面时间、衰落角（耐揉性），2 种亚基间差异不显著。在 *Glu-D*1 位点，5+10 亚基 SDS 沉降值显著高于 2+12，和面图参数中峰高及和面时间 5+10 显著高于 2+12，衰落角差异不明显；2+12 亚基与 4+12 亚基对 SDS 沉降值及和面图参数的影响差异不显著。*Glu-B*1 位点，SDS 沉降值 17+18 亚基高于 14+15 亚基，峰高与衰落角两对亚基间差异不显著，和面时间 17+18 亚基显著高于 14+15 亚基；对于 LMW-GS，Ⅱ-1 群体的 *Glu-D3e* 亚基 SDS 沉降值显著高于 *Glu-D3a*，其他 3 个群体亚基间差异不显著，在和面时间、峰高及衰落角 3 项指标中，*Glu-D3a* 与 *Glu-D3e* 间差异不显著。

姚金保等（2007）为给弱筋小麦蛋白质含量的改良提供依据，以 7 个弱筋小麦品种双列杂交的 F_1 及其亲本为材料，研究了弱筋小麦蛋白质含量的遗传规律。结果表明，在 7 个小麦品种中，宁麦 9 号蛋白质含量的一般配合力最高，能极显著地降低杂种后代的蛋白质含量。小麦蛋白质含量的遗传符合加性-显性模型，同时，受加性和显性效应的作用，显性程度为完全显性到超显性。控制蛋白质含量的增效等位基因为隐性，增减效等位基因频率在亲本中的分配无明显差异。宁麦 13 和宁麦 9 号控制蛋白质含量遗传的显性基因最多，蛋白质含量可能受 2~3 对主效基因的控制，狭义遗传力中等。

刘宁涛等（2009）曾对黑龙江省各育种时期具有代表性的克字号小麦主栽品种 HMW-GS 组成进行分析。结果表明，各阶段育成的小麦品种中，含有 5+10 优质亚基的比例为 33.33%，其中，品质阶段育成品种中带有 5+10 亚基的占 23.81%。建议在育种中应引入一些如 13+16，17+18，14+15，5+12 等含优质亚基的亲本材料，并注重对各位点亚基组合的筛选。

裴玉贺等（2010）为了探索小麦谷蛋白大聚合体对小麦品质的影响，采用 SDS-PAGE 方法，分析了 166 个来自不同地区的小麦品种高分子量谷蛋白亚基（HMW-GS）的组成，并对不同亚基与小麦谷蛋白大聚合体（GMP）的关系进行了分析。结果表明，所用小麦材料 HMW-GS 的变异类型丰富，但亚基组合仍以 N/7+9/2+12 为主。HMW-GS 对面粉 GMP 含量有显著影响，*Glu-A*1 位点亚基 1>N，*Glu-B*1 位点亚基 13+16>7+9 或 7+8 或 14+15 或 17+18，*Glu-D*1 位点亚基 5+10>2+12，其他亚基差异不显著，说明含亚基 1、13+16 和 5+10 的品种能形成较多的 GMP。HMW-GS 评分与面粉 GMP 含量的相关系数为 0.288，达到极显著水平。

高文川等（2010）曾选用高分子量麦谷蛋白亚基（HMW-GS）组成不同的 3 个强筋和 4 个弱筋小麦品种，研究了其籽粒发育过程中麦谷蛋白亚基、谷蛋白聚合体的形成和累积动态。结果表明，强筋小麦籽粒 HMW-GS 和 B 区低分子量麦谷蛋白亚基（LMW-GS）从花后 9~12d 开始表达；而弱筋小麦从花后 12~15d 开始表达，即强筋小麦麦谷蛋白亚基开始形成时间早于弱筋小麦。各品种的 HMW-GS 一旦形成，其累积速度较快，花后 27d 基本达到稳定值，之后维持稳定量；而 LMW-GS 形成后，累积较慢，直到花后 30d 左右达到稳定量。3 个强筋小麦品种籽粒灌浆期谷蛋白总聚合体百分含量（TGP%）和谷蛋白大聚合体百分含量（GMP%）累积动态趋势基本一致，即在花后 12~30d 一直持续增加，花后 30d 至成熟达到最大值并保持稳定水平。4 个弱筋小麦 TGP% 和 GMP% 累积动态均表现为在花后 12~24d（灌浆早中期）形成和持续累积，花后 24d 至成熟逐渐降低。麦谷蛋白亚基表达模式以及谷蛋白聚合体累积动态的差异可能是导致小麦强筋或弱筋品质形成的关键。

张树华等（2011）利用含有不同高分子量麦谷蛋白亚基的2个小麦种质配制的杂交组合群体，研究了1B和1D位点不同亚基和亚基组合与面团形成时间和稳定时间的关系。结果表明，不同亚基和亚基组合的上述品质性状都存在明显差异，形成时间、稳定时间与亚基组合的品质评分值呈极显著正相关。经方差分析，不同亚基和亚基组合的面团形成时间差异达到极显著水平，1B和1D位点之间的互作效应达到极显著水平；不同亚基和亚基组合的稳定时间差异达到极显著水平，1B和1D之间的互作效应达到显著水平。

闫媛媛等（2012），通过农艺性状综合评价筛选来的403份来自国家重点科技攻关获得的优良种质为材料，采用SDS-PAGE方法分析其高分子量麦谷蛋白亚基（HMW-GS）组成。结果表明，供试材料在编码HMW-GS位点上具有较大的变异，共检测到了30个等位变异，形成64种HMW-GS组合形式。同时，在供试材料中不仅出现了“7*+9”“2+12.2*”和“1.5*+10”等在现代小麦育种材料中的稀有亚基，而且出现了“1+2*”“7+8+9”“6+7+8+9”和“2+5+12”等特殊的亚基组合形式。其中，有24.32%（98份）材料在*Glu*-1的位点具有2个优质亚基，有9.93%（40份）材料在*Glu*-*A*1、*Glu*-*B*1和*Glu*-*D*13个位点均携带有小麦加工品质所需优质亚基。研究结论是403份具有优良农艺性状的小麦种质资源在编码HMW-GS的3个基因位点上表现出丰富的多态性，共有30种HMW-GS等位变异，64种亚基组合形式；其中，40份材料在*Glu*-1的3个位点均携带小麦加工品质所需优质亚基，值得进一步研究和利用。

程西永等（2014）以6个国家的532个品种（系）为材料，分析了小麦高、低分子量麦谷蛋白亚基与品质性状的关系。结果表明，各位点上不同的等位变异对品质性状的效应存在显著差异，亚基1、2*、17+18、5+10、*Glu*-*A*3*f*、*Glu*-*B*3*b*和*Glu*-*B*3*g*对面团形成时间和稳定时间具有显著的正向效应；亚基N、1、14+15、17+18、7+8、2+12、3+12、4+12、*Glu*-*B*3*d*、*Glu*-*B*3*f*、*Glu*-*B*3*h*和*Glu*-*B*3*g*对蛋白质和湿面筋含量具有显著正向效应；从亚基对品质性状的综合影响来看，1、17+18、*Glu*-*A*3*f*、*Glu*-*B*3*g*和*Glu*-*B*3*f*可作为优势亚基。具有1、17+18、2+12和1、17+18、5+10高分子量麦谷蛋白亚基组合的品种（系）综合品质性状显著优于含有N、14+15、2+12亚基组合的品种（系）；具有低分子量麦谷蛋白亚基组合*Glu*-*A*3*c*、*Glu*-*B*3*g*、*Glu*-*A*3*d*、*Glu*-*B*3*g*和*Glu*-*A*3*f*、*Glu*-*B*3*b*品种（系）的综合品质性状

显著优于含有 *Glu-A3b*、*Glu-B3j* 亚基组合的品种（系）。

三、影响弱筋小麦品质的因素

小麦品种的优质专用特性，既表现为品种的遗传特性，又依赖于发挥优质专用特性的生态环境，是基因型和环境互作的综合表现。弱筋小麦籽粒品质受品种本身的遗传特性、地域生态环境、栽培措施等因素的综合影响。因小麦营养品质的影响和小麦加工品质的制约，在对小麦各种性状影响的研究中，大多数集中在营养品质方面。

（一）品种间差异

小麦品种的遗传基础对籽粒品质起重要作用。澳大利亚昆士兰小麦研究所 1997 年报道了 11 个早熟小麦品种的籽粒蛋白质含量和面筋含量，用 Keng-Jones 法测定的颜色等级、淀粉损失率、吸水率、烘烤指数等品质指标，结果表明不同基因型之间差异很大，成熟籽粒蛋白质组分在品种之间不同的原因主要是由于不同基因表达所致（Rogers et al.，1997）。张平平等（2012）介绍了江苏沿江地区弱筋小麦的品质现状，在 4 个弱筋小麦品种中，仅宁麦 9 号的蛋白质含量、湿面筋含量和面团稳定时间同时符合国家标准，分别为 10.5%、22%和 1.7min，其余的宁麦 13、扬麦 13 和扬麦 15 虽然籽粒蛋白质含量小于 11.5%，但湿面筋含量较高，其中，宁麦 13 的稳定时间也较高，为 2.9min。此外，各品种面团稳定时间的变异系数较大，以扬麦 13 为例，稳定时间变幅为 0.9~5.5min，变异系数达 104.3%。

优质弱筋小麦品种如下。

1. 宁麦 9 号

宁麦 9 号是江苏省农业科学院粮食作物研究所选育的优质、高产、稳产、具有广泛适应性的弱筋专用小麦品种。1997 年 10 月通过江苏省农作物品种审定委员会审定，2000 年被列入国家农业科技跨越计划项目，作为优质饼干、糕点专用小麦进行示范开发。经南京经济学院粮油食品质量检测中心分析，宁麦 9 号容重 785g/L，水分含量 11.4%，粗蛋白含量 10.6%，湿面筋含量 19.3%，干面筋含量 6.3%，沉降值 26ml，降落值 323s，面团吸水率 53.3%，形成时间 1.5min，稳定时间 1.5min，断裂时间 2.2min，粉质评价值 30，完全符合《优质小麦　弱筋小麦》（GB/T 17893—1999），是一个优质的饼干、糕点专用小麦品种，可以与从美国、澳大利亚进口的优质弱筋小麦——软红冬小麦（面粉厂称之为“黄麦”）相媲美。

2. 宁麦13

2004年、2005年分别测定混合样，容重790g/L、798g/L，蛋白质（干基）含量12.5%、12.44%，湿面筋27.1%、25.8%，沉降值36.2ml、35.7ml，吸水率59.4%、58.9%，稳定时间5.7min、6.1min，最大抗延阻力295E. U、278E. U。杭雅文等（2020）对弱筋小麦宁麦13的品质指标进行了相关性分析及筛选，宁麦13蛋白质含量变化范围为10.82%~13.72%，变异系数达5.79%。湿面筋含量变化范围为27.09%~30.65%，变异系数为2.95%，均高于弱筋小麦国家标准要求。

3. 扬麦13

扬麦13原名为扬97-65，是国家小麦改良中心扬州分中心和江苏里下河地区农业科学研究所采用综合育种技术路线育成，2002年通过安徽省审定定名，并被列为安徽省重点推广小麦品种，2003年通过江苏省引种认定，与扬麦9号一同成为长江下游弱筋小麦优势产业带建设核心品种之一，被誉为全国弱筋小麦优势产业带建设的新动力，已申报植物新品种保护。该品种品质优良。2003年，农业部谷物品质监督检验测试中心检测结果：水分9.7%，粗蛋白（干基）10.24%，容重796g/L，湿面筋含量19.7%，沉降值23.1ml，吸水率54.1%，形成时间1.4min，稳定时间1.1min，达到国家优质弱筋小麦的标准，适宜作为优质饼干、糕点专用小麦生产。2003年9月，经全国优质专用小麦食品鉴评，扬麦9号、扬麦13分别在弱筋小麦食品蛋糕、饼干组的综合评分中列居首位，超过对照品种美国软红冬小麦。

4. 扬麦15

品质优良。2003年全国优质专用小麦食品鉴评，在饼干组中超过对照美国软红麦。农业部谷物品质监督检验测试中心检测结果：粗蛋白（干基）9.78%，湿面筋（14%水分基）22%，容重796g/L，沉降值18.8ml，吸水率53.2%，稳定时间0.9min，达到优质弱筋小麦的国家标准，适宜作为优质饼干、糕点专用小麦，高产稳产。作为优质弱筋专用小麦，该品种适宜在长江下游麦区沙土-沙壤土地区推广应用。

5. 扬辐麦2号

扬辐麦2号系江苏里下河地区农业科学研究所育成的优质、高产、多抗、弱筋小麦新品种。该品种被农业农村部确定为2004年全国推广的12个主导品种之一，并且是农业农村部确定的可在长江中下游地区推广种植的唯一的弱筋小麦新品种。扬辐麦2号籽粒商品性好，粉质，皮色略淡，饱满，品质优，蛋白质含量11.3%，湿面筋含量21.89%，形成时间1min，稳定时间 1. 9min，达到国家优质弱筋专用小麦品种标准，是江苏省第一个通过国家审定的弱筋小麦新品种。它的审定和推广使用将对长江中下游地区优质弱筋专用小麦的生产和产业化发展起到积极的推动作用。

6. 光明麦 1311

品质检测结果：籽粒容重 780g/L、783g/L，蛋白质含量 11. 38%、12. 63%，湿面筋含量 22. 5%、26. 4%，稳定时间 2. 5min、4min。2015 年主要品质指标达到弱筋小麦标准。

7. 皖西麦 0638

经农业农村部谷物及制品质量监督检验测试中心（哈尔滨）检验，2013—2014 年度品质分析结果：容重 798g/L，粗蛋白（干基）11. 16%，湿面筋 23. 8%，稳定时间 1. 1min，吸水率 52. 8%，硬度指数 49. 3；2014—2015 年度品质分析结果，容重 772g/L，粗蛋白（干基）12. 03%，湿面筋含量 22. 1%，稳定时间 1. 3min，吸水率 52. 6%，硬度指数 48. 7。

8. 农麦 126

品质检测结果：籽粒容重 770g/L、762g/L，蛋白质含量 11. 65%、12. 85%，湿面筋含量 21. 3%、24. 9%，稳定时间 2. 1min、2. 6min。2015 年主要品质指标达到弱筋小麦标准。

9. 绵麦 51

混合样测定显示，籽粒容重 772g/L、750g/L，蛋白质含量 11. 71%、12. 71%，硬度指数 46. 4、51. 5，湿面筋含量 23. 2%、24. 9%；沉降值 19. 5ml、28ml，吸水率 51. 3%、51. 6%，稳定时间 1. 8min、1min，最大拉伸阻力 495E. U、512E. U，延伸性 121mm、132mm，拉伸面积 76. 8cm^2、89. 8cm^2。品质达到弱筋小麦品种审定标准。

10. 豫麦 50

参加全国小麦品质鉴评，分析结果为沉降值 13. 5ml，湿面筋含量 24. 6%，吸水率 52. 9%，形成时间 1. 15min，稳定时间 1. 05min，烘焙评分 88. 29 分，综合评价优于对照澳洲白麦和饼干粉，达到优质软麦标准，并荣获第二届全国农业博览会金奖。农业农村部农产品质量监督检验测试中心（郑州）测定：粗蛋白含量 9. 98%，湿面筋含量 20. 8%，吸水率 54. 2%，形成时间 1. 3min，稳定时间 1. 5min，均超过国家优质弱筋小麦标准，是农业农村部认可的全国仅有的 8 个优质弱筋小麦品种之一。同时，豫麦 50 面粉白度高，适于面粉加工作配粉和生产不含增白剂的面粉。此外，豫麦 50 粗蛋白含量低、芽率高、芽势强且整齐，是啤酒厂生产小麦啤的优质原料。

11. 郑麦 103

2012 年，农业部农产品质量监督检验测试中心（郑州）检测，蛋白质含量 14.84%，容重 783g/L，湿面筋含量 25.2%，降落数值 247s，沉淀指数 46ml，吸水量 566ml/kg，形成时间 2.2min，稳定时间 1.8min，弱化度 160F.U，硬度 65HI，白度 72.4%，出粉率 70.5%。2013 年，农业部农产品质量监督检验测试中心（郑州）检测，蛋白质含量 14.07%，容重 775g/L，湿面筋含量 28.9%，降落数值 267s，沉淀值 50ml，吸水量 581ml/kg，形成时间 2.2min，稳定时间 1.5min，弱化度 184F.U，硬度 65HI，白度 72.7%，出粉率 72.9%。

12. 郑麦 004

2003—2004 年分别测定混合样，容重 786～799g/L，蛋白质含量 12%～12.4%，湿面筋含量 23.2%～5.1%，沉降值 11～12.8ml，吸水率 53.2%～53.7%，稳定时间 0.9～1min，最大抗延阻力 32～120E.U，拉伸面积 4～13cm^2。

13. 徐州 25

又称徐州 9233，半冬性，中晚熟，耐寒性较好，株高 85cm，株形紧凑。长芒，白壳，白粒，穗长方形，千粒重 40g。经鉴定，轻感叶锈病，中感条锈病和纹枯病，高感秆锈病、白粉病和赤霉病，容重 750g/L，蛋白质 12.7%，湿面筋 29.2%，沉降值 29.9ml，吸水率 58.56%，稳定时间 3.2min。

（二）地域间差异

小麦籽粒品质除取决于基因型外，还显著受生态环境的影响，一般表现为随纬度增加，籽粒蛋白质含量上升。何中虎等（2002）将中国小麦产区分为三大品质区域，其中，长江中下游、云贵高原和青藏高原春麦区这 3 个亚区可发展弱筋小麦，长江中下游最适宜发展优质弱筋小麦。禾军（2003）研究也认为长江中下游麦区由于气候温暖潮湿，小麦生育后期雨水多日照偏少，气候相对冷凉，而且其沿江沿海地区土壤沙性强，有机质含量低，因而尤其适于生产弱筋小麦，是全国的主要弱筋小麦产区。江苏省小麦种植区跨越黄淮和长江中下游两个冬麦区，从总体上看，苏北地区较适宜种植蛋白质含量较高的中强筋小麦，而苏中南地区则适宜种植蛋白质含量较低的弱筋小麦（周琴等，2002）。王龙俊等（2002）根据江苏麦作生产中主推品种的品质潜力和生态环境因子（土壤类型、质地和肥力水平）对小麦品质影响的分析，将江苏划分为四大小麦品质区和 12 个亚区，其中，沿江、沿海和丘陵麦区属弱筋小麦产区。

小麦籽粒品质性状在地域间的变化较为复杂。兰涛（2005）在江苏省选择6个代表性小麦生态点，选用大面积推广的弱筋小麦品种建麦1号、宁麦9号和扬麦9号，中筋小麦品种扬麦10号和淮麦18，强筋小麦品种皖麦38和徐州26等不同品质类型的专用小麦品种7个，研究了小麦籽粒品质性状的生态变异特点。发现除籽粒淀粉含量不受环境主效应的影响外，其余各品质性状均受基因型和环境主效应以及二者互作效应的显著影响。籽粒蛋白质含量和面粉降落值受基因型和环境主效应的影响相近，而其余品质指标的基因型主效应明显大于环境效应，表明在区域化优质小麦生产中，品质的遗传改良和地域生态区划都有非常重要的意义。在盐都试验点，仅建麦1号的品质性状满足弱筋小麦品质的要求，其他品种的品质性状更接近中筋品质的要求，而徐州26在徐州点表现出中强筋小麦的品质特性，但在海安点则更接近弱筋小麦的品质要求，这表明，不同品种在不同生态点品质性状的表现趋势不同。

张向前等（2018）的研究显示，在舒城县和庐江县试验点蛋白质质量分数、湿面筋质量分数、硬度指数和沉淀值指标均符合国家弱筋小麦品质标准的品种为扬麦15、宁麦9号、扬麦9号和皖西麦0638，在怀远县为扬麦15、宁麦9号和皖西麦0638。相同施肥水平下，不同弱筋小麦品种在同一生态区种植产量、产量构成及品质间的差异可达显著水平；相同弱筋小麦品种在不同区域种植产量、体积质量和品质会发生一定变化，其中部分小麦品种的产量、体积质量及蛋白质质量分数、湿面筋质量分数、硬度指数和沉淀值指标变化显著。

孙丽娟等（2018）利用地理信息系统（GIS），绘制了2010—2015年历年弱筋小麦济麦22籽粒品质空间分布图，分析了小麦籽粒品质不同年份空间分布特征、变化规律以及影响籽粒品质的因子。数据显示，不同年份、麦区间小麦籽粒品质存在差异，变异系数为蛋白质含量>硬度>容重。籽粒硬度6年总趋势呈东北低西南高分布，并逐年下降。不同年份、纬度间呈多态分布，华北北部强筋麦区和黄淮北部强筋中筋麦区多数年份高于黄淮南部中筋麦区，硬度与灌浆期总降水、成熟期总降水量、成熟期光照数和纬度呈显著负相关，其中，灌浆期总降水量和纬度是主要因子。蛋白质含量总趋势呈东北高西南低分布，并逐年下降，6年间多呈带状分布，北方整体高于南方，纬度是主要影响因子。因此，灌浆期总降水量、成熟期气温日较差和纬度是影响籽粒品质不同年份空间分布变化的主要因子。

吴豪等（2019）分析了长江中下游麦区江苏省、安徽省和湖北省3个省份间13个弱筋小麦品种的品质性状差异。研究表明，长江中下游地区的小麦在不同品种间和不同种植区间的品质性状存在着极显著差异，淀粉糊化特性指数等品质性状表现易受环境的影响，且是影响该区总体品质评价的第一主导因子，江苏省、安徽省和湖北省3个省份间小麦品种在回生值、终值黏度、谷值黏度和峰值黏度等淀粉糊化特性的差异最大，在选育该区中弱筋小麦品种和评价其品质时，应加强对谷值黏度、终值黏度、峰值黏度等淀粉糊特性的重视，影响面条品质（感官评价）的主要因素是破损淀粉率，破损淀粉率高的面粉，适合制作优质面条。

（三）环境因素和栽培措施的影响

1. 环境因素的影响

小麦品种的优质专用特性，既表现为品种的遗传特性，又依赖于发挥优质专用特性的生态环境，是基因型和环境互作的综合表现。研究表明，小麦籽粒蛋白质和氨基酸含量的差异中，基因型差异只起较小作用，差异的主要因素是环境。

（1）生态环境　生态环境对小麦品质的影响作用十分显著，环境间的小麦蛋白质差异往往超过品种差异。为了解决中国市场上专用小麦品质不优、不稳和供不应求的状况，农业农村部根据《中国小麦品质区划方案》制定了中国《优质专用小麦优势区发展规划》，拟在全国建成3个优质专用小麦区域产业带，即：黄淮海优质专用小麦优势区域产业带，发展优质强筋小麦；长江下游优质专用小麦产业带，发展优质弱筋小麦；大兴安岭沿麓优质专用小麦产业带，发展强筋春小麦。

潘洁等（2005）选用徐州26、皖麦38、扬麦10号、徐州25和宁麦9号等6个不同品质类型小麦品种，在黄淮海和长江下游冬麦区4个代表性生态点进行分期播种试验，系统分析不同生态环境下小麦籽粒产量与品质的变异特征及其与主要气候生态因子间的关系。发现生态点、品种以及地点×品种互作对籽粒产量、千粒重、蛋白质、湿面筋和淀粉含量、沉降值与降落值的影响均达到显著水平，在4个不同生态点中，南京试验点的籽粒蛋白质与湿面筋含量最低，但淀粉含量最高；徐州试验点的产量和千粒重最大；泰安试验点的蛋白质含量与湿面筋含量最高，沉降值最小；保定试验点的产量，千粒重最小，但沉降值最大。不同播期处理下，适播与晚播的籽粒蛋白质含量、湿面筋含量、淀粉含量、沉降值与降落值都显著高于早播，而早播期的产量和千粒重最大。各小麦品种在不同地点与播期下产量与品质性状的变异中以降落值的变异系数为最大，淀粉的变异为最小。

（2）温度 温度影响小麦生长发育过程中所有的生理机能，决定着物质生产中生理生化反应的速度和方向及其对营养物质的吸收强度。蛋白质和淀粉含量是衡量小麦品质的重要指标。小麦开花至成熟期间是籽粒淀粉和蛋白质形成的关键时期，因此也是温度影响籽粒品质的重要阶段。

多项研究表明，温度对小麦籽粒品质的影响很大。开花至成熟期适度增温有利于小麦籽粒蛋白质的积累，在一定范围内（25~32℃）蛋白质含量随温度上升而提高（Blumenthal et al.，1995；孙彦坤等，2003），与面团特性呈正相关（Sofield et al.，1997；Stone et al.，1994）。而当温度高于32℃临界温度，小麦穗粒数、千粒重、籽粒产量降低，蛋白质含量随温度升高而下降，高温胁迫使其面团强度、面包体积和评分等有关烘烤品质变劣（李向东等，2015）。曹广才等（2004）发现，春小麦蛋白质含量与抽穗至成熟期间日均温呈正相关，但与昼夜温差呈负相关。

灌浆期是小麦开花至成熟期间的关键时期，70%以上的小麦产量都来源于花后光合产物的积累。灌浆过程和籽粒发育状况决定小麦籽粒品质的好坏。大量研究显示，灌浆期温度变化能够影响籽粒的品质。灌浆期增温超过30℃，直链淀粉含量显著提高（Panozzo et al.，1998），而温度高于32℃则能够阻碍蔗糖向淀粉的转化，降低籽粒中淀粉含量，影响籽粒的品质特性（赵春等，2005；马冬云等，2004）。Deslippe等（2011）研究显示，冬小麦籽粒蛋白质含量与灌浆期日平均气温及昼夜温差均呈正相关。小麦灌浆期冠层温度与籽粒中蛋白含量呈正相关，而且灌浆后期冠层温度影响更大（李向阳等，2004）。灌浆期增加温度会增加籽粒蛋白质的氮含量，增加谷/醇比例（Stnoe and Nicolas，1998；吴东兵等，2003），而Tian等（2014）研究认为，增温处理会使籽粒氮浓度降低，蛋白质含量下降。兰涛（2005）以扬麦9号和徐州26两个蛋白质含量不同的小麦品种为材料，研究了灌浆期日均温度和温差对小麦籽粒品质形成的影响。结果表明，随着温度的提高，小麦籽粒蛋白质含量及清蛋白、球蛋白和醇溶蛋白含量明显提高，但谷蛋白含量降低，导致麦谷蛋白/醇溶蛋白比值降低。不同品质类型小麦籽粒蛋白质形成需要不同的适宜温度和昼夜温差。温度升高，缩短了籽粒灌浆进程，籽粒成熟提前，籽粒总淀粉含量降低。不同品种籽粒淀粉含量对温差的反应趋势不一致，但在常温条件下，两品种总淀粉、直链淀粉和支链淀粉含量均以温差较大的处理下较高。可见，环境温度变化对小麦淀粉和蛋白含量及组分的影响显著。

随着全球气候变化的加剧，气候变暖呈现明显的非对称性，冬春季和夜间的增温趋势显著。田云录等（2011）研究表明，全生育期全天增温、白天增温和夜间增温 3 种非对称性增温处理显著提前了冬小麦的灌浆期，并改变了灌浆期高于 32℃高温的出现时间和天数，引起籽粒中淀粉组分、蛋白质含量及蛋白质组分的明显变化，夜间开放式增温会导致小麦蛋白质含量降低。也有研究指出，花后非对称性增温提高了小麦籽粒蛋白质含量，夜间增温 3℃处理增加了小麦籽粒粗蛋白和湿面筋的含量，增温处理对淀粉及其组分的影响较小（卞晓波等，2012）。

为明确非对称性增温对小麦籽粒品质的影响及其机理，闫艳艳等（2018）以不同品质类型的扬麦 13（弱筋）和烟农 19（中筋）为材料，采用大田模拟增温的方法研究了冬春季夜间增温对小麦籽粒蛋白质形成的影响。结果表明，冬季增温、春季增温及冬春季持续增温均不同程度提高了冬小麦籽粒清蛋白、球蛋白、醇溶蛋白和谷蛋白含量，进而显著提高了小麦籽粒蛋白质含量，且冬季增温的调控效应较春季增温更大。各增温处理对谷蛋白含量的提升幅度最大，从而提高了谷/醇比。夜间增温处理显著提高了小麦植株氮素积累量及贮存氮素转运量，增加了氮素向籽粒的分配，促进了籽粒蛋白质合成。因此，冬春季夜间增温提高了小麦氮素吸收同化能力及氮素在籽粒中的分配比例，提高了小麦籽粒蛋白质含量，且冬春季持续增温对籽粒蛋白质形成有更大的促进效应。气候变暖不仅影响作物的生育时期，而且直接影响生育期温度高低，增温对冬小麦品质的影响比较复杂，不同年份及变暖情景之间的增温效应差异显著。

（3）水分　在诸多制约因素中，水分是影响小麦籽粒品质的主要因素之一，它通过影响小麦籽粒储藏物质及其组分的含量来改变小麦籽粒品质。影响小麦品质的水分包括降水和土壤水分。降水或灌溉可使根系活力降低，造成土壤中 NO_3^- 下移，使氮素供应不足和延长营养运转时间而降低籽粒蛋白质产量，有碍于蛋白质合成（李金才等，2000；周苏玫等，2001）。研究认为，小麦籽粒蛋白质含量与降水量或灌溉水量呈负相关，水分对小麦籽粒品质性状具有稀释效应（王立秋等，1997；黄严帅等，2004）。小麦抽穗至成熟期间，适宜的田间持水量既有利于增加小麦产量，又可改善小麦籽粒品质；在 55%的土壤相对含水量下小麦多数品质性状最优，土壤水分过多或过少均不利于籽粒品质的改善（王月福等，2002；关二旗等，2010）。过多降水导致籽粒蛋白质含量下降，面筋弹性降低，张力增加，影响烘烤品质（赵广才，1989；姜东燕，2007）。干旱虽有利于土壤中氮素的积累和小麦籽粒蛋白质的形成，但也使小麦生长受阻，籽粒产量和蛋白质产量下降。

国内外学者研究表明，花后土壤干旱使专用小麦的籽粒品质特性发生明显变化。范雪梅等（2004）通过池栽试验发现，花后干旱降低旗叶硝酸还原酶活性、叶片总氮含量和游离氨基酸含量，干旱处理提高了蛋白质含量、干面筋含量、湿面筋含量、沉降值和降落值。王晨阳等（2004）在池栽防雨条件下研究了花后灌水对籽粒产量及品质性状的影响，结果表明，在花前限量灌水条件下（135mm），花后灌水（45~90mm）可显著提高小麦产量及蛋白质产量，且灌水一次未引起品质性状明显下降，但增加灌水次数（超过2次），部分品质性状呈显著或极显著下降。

长江中下游是中国主要的弱筋小麦产区，该地区小麦生育后期涝渍害频发，多项研究显示，涝渍害能够显著降低弱筋小麦籽粒蛋白质及其组分的积累量，严重影响弱筋小麦的品质。兰涛等（2004）在温室盆栽条件下以黑小麦76、皖麦38、扬麦10号、扬麦9号等4个蛋白质含量不同的冬小麦基因型为材料，研究了花后土壤干旱（土壤相对含水量45%~50%）、渍水和适宜水分条件（土壤相对含水量75%~80%）下小麦籽粒蛋白质与淀粉产量和含量的差异。研究显示，花后土壤干旱显著提高各品种籽粒蛋白质含量、谷蛋白含量及谷蛋白/醇溶蛋白比值，显著提高面粉干/湿面筋含量。渍水显著降低了籽粒谷蛋白含量及谷蛋白/醇溶蛋白比值。干旱和渍水均显著降低籽粒淀粉产量和支链淀粉含量，直链淀粉含量提高，从而不同程度地降低籽粒直/支链淀粉比。姜东等（2004）的研究表明，干旱处理明显降低扬麦9号小麦花后同化物输入籽粒量，而渍水处理则明显降低花前贮藏氮素再运转和花后同化氮素输入籽粒量，导致不同水分处理下籽粒蛋白质、淀粉产量和含量的差异。小麦花后同化氮素输入籽粒量、花前贮藏氮素再运转量可能分别是干旱和渍水条件下影响蛋白质产量的重要因素。向永玲等（2020）的研究显示，干旱和渍水胁迫对小麦籽粒蛋白质与淀粉的含量和组分等均有不同程度的影响，从而改变了弱筋小麦的籽粒品质。

赵辉等（2007）以2个蛋白质含量不同的小麦品种扬麦9号和豫麦34为材料，在人工气候室条件下研究了花后高温和水分逆境对小麦籽粒蛋白质组分含量的影响。研究表明，籽粒蛋白质及其组分含量显著受温度、水分和温度×水分互作的影响，且温度的影响大于水分及温度×水分效应。无论高温或适温，干旱胁迫均提高籽粒蛋白质含量，谷/醇比在适温干旱下升高，高温干旱下降低，渍水降低籽粒蛋白质含量和谷/醇比。籽粒蛋白质含量在高温干旱下最高，适温渍水下最低。在温度和水分逆境下，籽粒醇溶蛋白和谷蛋白的变化是导致蛋白质含量和谷/醇比差异的主要原因。

李诚永等（2011）以扬麦9号为材料，研究花前渍水预处理对花后渍水逆境下小麦籽粒产量和品质的影响。结果表明，花前渍水预处理显著提高花后氮素积累量及其对籽粒氮素的贡献率，降低了花前贮藏氮素运转量及其对籽粒氮素的贡献率，籽粒球蛋白含量提高，但显著降低了清蛋白、醇溶蛋白、谷蛋白和全蛋白质含量以及干湿面筋含量和沉降值；花前渍水预处理还提高了籽粒直链淀粉和总淀粉含量和降落值，降低了支/直链淀粉比，显著提高了面粉峰值黏度、谷值黏度、崩解值、终值黏度、回复值和峰值时间，但对糊化温度无显著影响。

（4）光照　光照是影响作物生长的重要环境因子，是光合作用的能量来源及形成叶绿素的必要条件，光还调节着碳同化中许多酶的活性和气孔开度，因此光是影响光合作用的重要因素。弱光条件下，光强度降低，影响光化学反应速率、气孔开度及光呼吸速率等。光照条件的改变直接影响作物光合产物的积累与分配，对作物的品质产生影响。

长江流域是中国弱筋小麦主产区之一，小麦灌浆期的连阴雨天气是该地区多发的不利天气事件之一。连阴雨造成的弱光直接影响小麦产量和籽粒品质。研究显示，光照对小麦籽粒蛋白质的合成有重要影响，不同生育时期光辐射强度对籽粒蛋白质含量具有不同的效应。小麦籽粒蛋白质含量与日照时数呈负相关，籽粒蛋白质含量较高的地区，开花至成熟期间的平均日照时数都较少（雷振生等，2005）。众多学者研究了弱光对小麦籽粒蛋白质含量的影响，结果表明，在小麦抽穗至成熟期间遮光使籽粒蛋白质含量升高，且以灌浆前期遮光对籽粒蛋白质含量的影响最大（罗忠新，2001；李文阳等，2008；于振文，2006）。研究指出，出苗至抽穗期间高辐射强度能提高蛋白质含量，北方13省（区）小麦全生育期平均日照总时数高于南方12省（区），前者比后者小麦蛋白质含量高2.05%，说明长日照有利于小麦籽粒蛋白质形成和积累（张增敏，1994）。金艳等（2009）也指出，播种至拔节期长日照有利于蛋白质含量的提高，开花至成熟期日照时数的减少则会使蛋白质含量增加。牟会荣等（2009）对不同耐阴性品种进行遮阴处理，结果表明，遮阴对小麦籽粒淀粉积累及其组成产生影响，从而对淀粉的糊化特性产生一定的影响，使籽粒淀粉的峰值黏度显著下降，不耐阴品种扬麦11的谷值黏度降低，糊化温度提高，但对耐阴品种扬麦158的谷值黏度和糊化温度无显著影响。由此可见，光照对籽粒蛋白质形成的影响在整个生育期都存在，但不同时期的影响并不相同，小麦营养生长阶段光辐射强度的提高可增加籽粒蛋白质含量，而籽粒生长阶段的光辐射强度则与蛋白质含量呈负相关关系。

一般情况下，当矿质营养元素的可用量没有发生改变时，植物体中氮的相对含量受光合产物增多稀释作用的影响，光合作用减弱时，其百分含量会相对提高（刘贤赵等，2003）。有学者研究指出，弱光下，植株氮素分配发生变化，氮素优先分配到叶、茎等营养器官中（任万军等，2003；秦建权等，2010），补偿遮阴对作物光合作用的影响，使分配到籽粒中的氮素含量减少，但由于遮光下籽粒氮素减少的量低于籽粒光合产物的降低量，使得籽粒蛋白含量随遮阴处理显著升高（任万军等，2003）。

弱光下小麦籽粒蛋白质含量发生变化的同时，湿面筋、沉淀值及面团流变学特性等与蛋白质相关的指标也发生变化。李永庚等（2005）的研究表明，弱光下小麦蛋白质含量、湿面筋含量、淀粉的膨胀势及峰值黏度升高，且灌浆前期遮光处理升高的幅度最大，但小麦品质的形成与灌浆后期的光照条件关系更为密切，灌浆前期或中期遮光对小麦籽粒麦谷蛋白、醇溶蛋白含量、谷/醇比、麦谷蛋白大聚合体含量、粉质仪参数等的影响较小，灌浆后期遮光，上述指标显著提高。郭翠花等（2010）对小麦进行花后 30d 不同程度的连续遮阴，研究发现，遮阴使小麦谷蛋白、醇溶蛋白含量及谷/醇比显著升高，湿面筋含量显著升高，面团延展性、形成时间、稳定时间和面团吸水率等面团流变学特性也提高。牟会荣等（2010）研究了拔节至成熟期间遮光对小麦蛋白品质的影响，发现遮光处理下，成熟期小麦籽粒清蛋白和球蛋白含量无显著变化，但显著提高了醇溶蛋白和麦谷蛋白含量，导致小麦湿面筋含量、面团形成时间和稳定时间提高，面团弱化度降低。石玉等（2011）的研究显示籽粒品质的形成与灌浆中期的光照条件更为密切；灌浆中期和后期遮光处理显著提高了宁麦 9 号籽粒面团形成时间、面团稳定时间和沉降值等各蛋白质组分含量，但降低了小麦籽粒产量。李文阳等（2012）的研究显示灌浆期短暂的弱光照对改善强筋小麦粉质仪参数有利，但使弱筋小麦品质变劣，籽粒氮素积累量及氮素收获指数减少，籽粒产量显著降低。

牟会荣等（2011）以耐阴品种扬麦 158 和不耐阴品种扬麦 11 为材料，研究了弱光条件下小麦籽粒及面粉加工品质的变化。研究表明，小麦支链淀粉含量在遮阴条件下显著降低，而直链淀粉含量变化不明显，小麦籽粒总淀粉含量和支/直显著下降；遮阴降低了 2 个品种的峰值黏度和扬麦 11 的谷值黏度，提高了 2 个品种的降落值和扬麦 11 的糊化温度；在长期弱光条件下，小麦籽粒蛋白质含量提高，醇溶蛋白、麦谷蛋白、麦谷蛋白大聚合体和高分子量谷蛋白亚基含量显著增加，引起湿面筋含量、沉淀值、面团形成时间和稳定时间的提高，面团弱化度的降低。因此，拔节到成熟期的弱光处理对小麦蒸煮品质不利，却提高了小麦的烘焙品质。

（5）土壤　土壤类型对小麦品质的形成有很大影响。一般认为，小麦籽粒蛋白质含量随土壤熟化度的好、中、差程度而逐渐降低，随土质的黏重程度而增加，但若土壤过于黏重，则蛋白质含量又下降。章练红等（1994）对60个试验点的小麦（相同品种）蛋白质含量与土壤质地种类进行了分析，结果表明，随土壤质地由沙土-沙壤-中壤（重壤）变化，小麦蛋白质含量由10.4%上升到14.9%，但土壤继续变黏，蛋白质含量又有下降趋势。土壤的营养状况对小麦品质有直接影响，土壤表层的腐殖质通过化学作用或微生物降解，流失到土壤中，增加了土壤肥力，从而改善了作物品质。高肥力土壤栽培的小麦比低肥力土壤栽培的小麦，其籽粒蛋白质及各组分含量都显著较高，小麦湿面筋含量、沉降值、吸水率、面团形成时间、稳定时间、断裂时间和评价值均显著或极显著高于或长于低肥力的（王月福等，2002）。

王浩等（2006）为了研究不同土壤类型对优质小麦品质和产量的影响，以10个不同基因型优质小麦品种（系）在5种不同土壤类型区的11个地点进行试验。结果表明，蛋白质含量表现为河潮土>棕壤>潮土>砂姜黑土>褐土。湿面筋含量和沉淀值表现为河潮土>棕壤>砂姜黑土>潮土>褐土，但变异系数相对较小，容重、硬度、面团形成时间、断裂时间、公差指数和评价值表现为砂姜黑土最优，褐土、棕壤次之，河潮土最差。容重、硬度变异系数较小，为1.27%、6.38%，粉质参数变异较大，变异系数分别为10.08%、14.62%、16.9%和13.3%。产量表现为砂姜黑土>潮土>褐土>棕壤>河潮土。因此，不同土壤类型对优质小麦品质性状、产量和产量因素有较大影响，但各性状在不同土壤类型间的变异不同。

2. 栽培措施的影响

（1）栽培措施的综合影响　优质专用小麦的生产不仅依赖于优良的基因型，还需要适宜的生态环境以及科学的栽培技术措施，以定向调控专用小麦的品质形成，确保优质高产高效生产目标的实现。通过栽培措施的调控，可以使产量和品质潜力得到充分发挥，不少学者对此作了大量研究。结果表明，许多栽培措施都可以影响小麦籽粒产量和品质，如播种时间、播种密度、肥料、灌水等。

蛋白质和淀粉品质是小麦品质研究最重要的内容。淀粉品质一般使用

RVA 参数表示，由于各参数间存在显著的相关性，一般以峰值黏度、谷值黏度和终值黏度作为主要指标。刘艳阳等（2009）研究认为，小麦淀粉糊化特性峰值黏度、谷值黏度和终值黏度随播期推迟呈逐渐增加的趋势，强筋、中筋小麦的淀粉糊化特性与弱筋小麦的淀粉糊化特性有明显区别，强筋和中筋小麦的淀粉糊化特性受播期的影响较弱筋小麦大。同时也有研究显示，环境与品种相比，无论是对直链淀粉含量、RVA 参数等理化特性，还是面条品质，品种均起主导作用（宋建民等，2005）。王晨阳等（2005）研究认为，从不同播期的影响看，糊化温度随播期推迟呈明显增大趋势，峰值黏度及终值黏度等参数在晚播条件下则有所下降，但处理间差异均未达显著水平。王东等（2004）认为增加氮肥用量和适当的基本苗可改善淀粉的峰值黏度等性状。刘萍等（2006）认为适当增加弱筋小麦扬麦 9 号的种植密度，面粉峰值黏度、谷值黏度和终值黏度增加，当密度超过 240×10^4 株/hm^2 时则下降；适当增加扬麦 12 号的种植密度，面粉峰值黏度、谷值黏度和终值黏度则会增加，当密度超过 150×10^4 株/hm^2 时则下降。

蛋白质含量受环境因素和栽培措施影响较大，前人对播期和密度影响弱筋小麦籽粒蛋白质的研究结果不尽相同。多项研究指出，在一定范围内适当推迟播期有利于弱筋的形成。王爱荣等（2002）、潘洁等（2005）、吴九林等（2005）、闰翠萍等（2008）研究均认为随播期推迟，小麦籽粒粗蛋白含量增加，而范金萍等（2003）研究认为早播和晚播都会降低籽粒蛋白质含量。程振勇等（2005）研究表明蛋白质含量随着播期的增加呈先升后降趋势。刘艳阳等（2009b）研究认为宁麦 9 号蛋白质含量总体上比较稳定，但也随播期的推迟有升高的趋势。

播种密度会造成小麦群体结构不同而带来温光等生态条件的差异，最终影响籽粒品质。赵广才等（2005）研究认为播种密度对蛋白质组分及总蛋白含量基本没有影响；刘萍等（2006）、陈俊才等（2007）研究则认为在一定的密度范围内，随着密度增加，宁麦 13、扬麦 9 号籽粒粗蛋白质含量降低，但超过一定的范围，随着密度增加，其籽粒粗蛋白质含量增加；陆成彬等（2006）的研究结果表明，扬麦 9 号群体密度大有利于提高弱筋小麦的产量，且群体密度为 225×10^4 株/hm^2 时籽粒蛋白质含量最低，有利于弱筋品质的形成。多项研究显示，小麦蛋白质含量对密度反应呈曲线关系，随密度增加，小麦品质呈抛物线形变化，减少后期氮肥施用比例，可以稳定籽粒产量而降低籽粒粗蛋白、湿面筋含量，提高籽粒淀粉含量，有利于弱筋小麦籽粒品质的改善（邢光贵等，1996；周如美等，2007）。

关于栽培密度与施氮量之间的协调比例，前人指出，弱筋小麦栽培采取“适度增密，适量减氮，施氮前移”措施，能较好地协调优质与高产之间的矛盾，但是若过分注重后期少施氮肥提高品质，则会降低产量（李春燕等，2005）。葛自强等（2011）研究认为，密度和施氮量对弱筋小麦扬麦15籽粒蛋白质含量和面粉面筋含量均有显著的同步调控效应，均随着密度的增加而显著降低，随施氮量的增加而显著升高。在中等施氮条件下，高密度处理无论何种行距均能使籽粒蛋白质含量和面筋含量符合国家标准。郑宝强等（2018）的研究也显示，随着施氮量减少和密度增加，宁麦13籽粒和面粉中的总蛋白和贮藏蛋白含量、湿面筋含量、面筋指数、面粉吸水率和碱水保持力均呈现下降趋势，面筋微观结构孔径变大，数量变少，面团强度变小，而张平平等（2016）的研究显示，晚播、高密度和氮肥后移处理显著提高了宁麦14的面团弹性，降低了其饼干直径。胡文静等（2018）的研究显示，扬麦20、扬麦22的籽粒蛋白质含量和氮肥利用率主要受播期和施氮量影响，随着施氮量增加，籽粒蛋白质含量显著升高，氮肥利用率显著降低。

以上研究结论表明，密度和播期对蛋白质含量的影响不尽相同，可能由于不同基因型、不同地域及气候特点影响。

（2）施肥的影响 小麦的产量和品质除受到自身的基因影响外，还受到栽培措施与环境因素的交互影响。氮、磷、钾三种元素是影响小麦生长发育、产量和品质的主要营养元素。肥料的施用量是影响小麦产量和品质的重要因素。氮、磷、钾肥合理配合施用能够有效促进小麦的生长发育，合理协调产量的结构因素，能够有效提高小麦生育期的光合叶面积、茎蘖数、茎蘖成穗率、花后干物质的积累量以及籽粒产量，对小麦产量的提高有重要作用。

氮肥的影响：氮素是影响小麦籽粒产量和品质最重要的因子，合理的氮肥运筹不仅决定着小麦的生长发育状况和产量的高低，对小麦籽粒品质的形成亦有显著的调节作用。王化敦等（2017）研究了长江中下游麦区105个小麦品种品质性状对氮素的敏感性，根据籽粒品质性状对氮素的敏感性程度，将长江中下游地区的小麦品种分为氮敏感型（34个）、氮迟钝型（25个）和中间型（46个）三大类。15个生产应用弱筋小麦品种籽粒蛋白质含量在不同施氮量下的效应分析结果表明，主要弱筋小麦品种在低氮条件下均可达到《优质小麦　弱筋小麦》（GB/T 17893—1999）的标准，其中，宁麦9和扬麦15籽粒蛋白质含量对不同施氮量具有较好的稳定性，宁麦13、鄂麦520、扬麦9号和宁麦20等品种对氮素较敏感。因此，根据不同小麦品种籽粒品质对氮素的敏感性差异，生产上应合理控制氮肥用量，以达到品质与产量的协调和平衡。

优质弱筋小麦的蛋白质含量和湿面筋含量不宜过高，实现小麦优质高产高效的重要措施就是要合理运筹氮素。多项研究显示，在一定范围内，小麦籽粒蛋白质含量随着施氮量的增加或追氮时期后移而增加（钱存鸣等，2008；姚国才等，2009；王慧等，2015）。陆成彬等（2006）研究显示，增加施氮量虽然可显著提高籽粒产量、蛋白质含量、湿面筋含量、沉降值以及籽粒硬度等主要指标，但降低弱筋小麦品质。姚金保等（2009）也指出，在一定范围内增施氮肥或追氮时期后移能提高弱筋小麦的籽粒产量，但蛋白质、湿面筋含量也随之提高，导致小麦品质指标不符合弱筋小麦国家标准。张军等（2004，2007）研究认为，增加施氮量使得宁麦 9 号的产量、蛋白质含量、面粉品质和磨粉品质等主要指标提高，但不利于弱筋专用品质的优化。吴培金等（2019）的研究表明，弱筋小麦宁麦 13 和扬麦 13 开花期、成熟期植株及成熟期籽粒氮素积累量均随施氮量增加而显著增加；籽粒蛋白质含量也随施氮量的增加而增高。在保证弱筋小麦籽粒品质的同时，又有相对较高的籽粒产量、氮肥生产效率和氮素利用效率，适宜的施氮量应在 105~210kg/hm^2。

增施氮肥对弱筋小麦蛋白质组分的影响已有较多研究，但结论并不一致。王月福等（2002）研究显示，施氮肥能够显著提高籽粒蛋白质各组分的含量，但对各组分含量提高的幅度存在差异，其中，清蛋白、球蛋白和谷蛋白随着施氮量的增加，所占的比例升高，而醇溶蛋白和剩余蛋白则随着施氮量的增加，所占比例下降。赵广才等（2005）认为，施氮量对可溶性蛋白（清蛋白和球蛋白）影响小，对贮藏蛋白（醇溶蛋白和谷蛋白）影响大，施氮可显著提高贮藏蛋白和总蛋白含量，进而改善加工品质。岳鸿伟等（2006）研究发现，增施氮肥有利于宁麦 9 号灌浆后期高分子量麦谷蛋白的积累，但施氮过多则降低宁麦 9 号籽粒高分子量麦谷蛋白和麦谷蛋白大聚体含量。张定一等（2008）的研究也显示施用氮肥能够提高中筋、弱筋小麦高分子量谷蛋白亚基表达量。陆增根等（2006，2007）研究发现，施氮量对籽粒蛋白质组分含量均有提高作用，依次为球蛋白>谷蛋白>醇溶蛋白>清蛋白，而追氮比例处理对醇溶蛋白和谷蛋白含量具有显著的提高效应，清蛋白和球蛋白含量因追氮比例而异。增加施氮量及提高后期追氮比例显著提高了直链淀粉含量和直/支比，但降低了支链淀粉含量。由此可见，施氮肥不仅能显著提高蛋白质及各组分的含量，而且对蛋白质各组分占的比例也有影响，蛋白质各组分所占比例的改变，是增施氮肥调节蛋白质品质的重要原因。对弱筋小麦而言，选择适宜的施氮量，协调品质和产量是十分重要的。

对于弱筋小麦氮肥与品质之间的协调技术，多项研究显示，弱筋小麦品质明显受到施氮量和基追比影响，可通过降低施氮量、在氮肥运筹上后氮前移等措施实现优质高产。王龙俊等（2000）指出通过适当增加密度、降低施氮量以及氮肥前移等调优技术，可以改善弱筋小麦籽粒品质。胡宏等（2004）研究显示弱筋小麦宁麦 9 号栽培应降低总氮肥施用量，控制中后期施氮量并使氮肥前移。李春燕等（2005）的研究进一步表明弱筋小麦品质明显受到施氮量和基追比影响，且施氮量不宜超过 180kg/hm^2，可通过降低施氮量、运筹中后氮前移等措施实现优质高产。戴廷波等（2005）认为，适当降低开花期氮素积累量和花后营养器官贮存氮素向籽粒的运转是降低弱筋小麦籽粒蛋白质含量及改善品质的重要途径，而适当降低施氮量，减少中后期追氮比例可能是提高弱筋小麦产量和改善品质的重要措施。周青等（2005）研究发现，弱筋小麦产量随追肥时期的推迟而提高，于拔节期达到最大值；拔节以后追肥产量下降，返青期及返青期以前追肥蛋白质含量和沉淀值达到弱筋小麦的理想指标，返青期是弱筋小麦实现高产和优质相协调的适宜施氮时期。

陈俊才等（2007）的研究则认为在总施氮量一定的情况下，随着氮肥运筹比例的前移，宁麦 13 号粗蛋白质和湿面筋含量下降。在基本苗 160×10^4 株/hm^2 左右，总施氮量 210kg/hm^2，氮肥运筹（基肥：平衡肥：拔节孕穗肥）7：1：2时，宁麦 13 号表现产量高，品质好。姚金保等（2009）研究发现施氮显著提高宁麦 13 的亩穗数和每穗粒数的同时，籽粒蛋白质含量也相应提高。在相同施氮水平下，增加拔节孕穗期氮肥比例有利于提高产量，但蛋白质含量也有增加的趋势。刘婷婷等（2013）研究认为播期推迟、增加密度和增加中后期追氮比例可以使籽粒和面粉蛋白质含量呈上升趋势。姚金保等（2017）研究显示宁麦 18 的籽粒产量随施氮量和种植密度的增加而增加，但施氮量和种植密度超过适宜值（施氮、种植密度 240×10^4 株/hm^2）后，籽粒产量呈明显下降趋势。

姜朋等（2015）研究认为生选 6 号弱筋小麦随拔节期追肥比例的增加而增加，受氮肥用量影响不大，实现生选 6 号优质与高产相结合的施氮量为 180kg/hm^2，施氮方式即基肥：分蘖肥：拔节肥为 7：1：2。吴宏亚等（2015）研究显示，增加拔节肥比例能显著增加弱筋小麦籽粒蛋白质含量、湿面筋含量和沉降值，而且随氮肥用量后移，籽粒产量显著提高。综合品质和产量，弱筋小麦扬麦 15 的适宜氮肥追施比例为 5：1：4（基肥：壮蘖肥：拔节肥）。高德荣等（2017）的研究显示，施氮量和施氮模式对扬麦 13 蛋白质含量、湿面筋含量及面团形成时间影响显著，但对面粉 SDS 沉淀值、溶剂保持力值、粉质仪参数、吹泡仪参数等多数理化品质指标无显著影响。张向前等（2019）的研究指出，施氮量 180kg/hm^2 左右、基追比 6：4 是安徽省稻茬麦区适宜的氮肥运筹方式。在弱筋小麦生产中，为实现品质和产量的协调，除考虑施氮量及后期追氮比例外，还应考虑区域土壤基础肥力和生态环境的特点。

以上研究表明，在总施氮量相同的条件下，增加中后期用肥比例可以显著提高籽粒蛋白质含量。相反，弱筋小麦要求较低的蛋白质及面筋含量，因此，其施肥应前移，即适当加大前中期而减少后期的氮肥用量。

磷肥的影响：磷是小麦生长发育所需要的重要元素之一，土壤中因缺磷而引起的小麦产量损失仅次于氮。因此，合理施用和运筹磷肥也是发展农业的重要措施之一。磷素营养供应的时间和供应量，可以明显影响小麦生育期干物质的积累以及营养物质向分配中心的转移。小麦增产调优的一项重要措施就是施用磷肥，提高磷肥的利用率，在小麦生产过程中发挥其最大的作用。

施磷对小麦籽粒蛋白质含量有显著的调控作用，小麦籽粒蛋白质含量和施磷量之间呈抛物线关系，但籽粒蛋白质含量较高时所需的施磷量也因品种而有所差异（胡承霖等，1992）。例如，研究显示品种中优 9507 的施磷量为 144kg/hm^2 时，籽粒蛋白质含量最高，而弱筋小麦扬麦 9 号施磷量为 108kg/hm^2 时籽粒蛋白质含量最高，施磷可以使弱筋小麦籽粒蛋白质含量增加 8.22%，不同的施磷量均能使弱筋小麦籽粒蛋白质含量低于 115mg/g，达到国家优质弱筋小麦的要求（姜宗庆等，2006）。在相同氮素水平下，施用磷肥能够改变小麦的加工品质，使籽粒沉降值和湿面筋含量增加，也可延长面团的稳定时间，但磷肥对小麦籽粒品质的影响因不同类型小麦品种表现不一，土壤中速效磷含量为 29.3mg/kg 时，增加磷肥的施用量，对强筋小麦的营养品质没有影响，但降低了弱筋小麦的营养品质，而两类小麦的加工品质都得到明显改善（杨胜利等，2004）。

关于磷素影响不同类型专用小麦蛋白质各组分的报道不尽相同。王旭东等（2003）在 105kg/hm^2 的低磷土壤中研究发现，施磷提高了中筋小麦鲁麦 22 籽粒清蛋白、醇溶蛋白和谷蛋白的含量，降低了球蛋白的含量；而 105kg/hm^2 的低磷水平处理对弱筋小麦的蛋白质各组分影响较小，

210kg/hm^2 的高磷水平处理下醇溶蛋白和谷蛋白有降低的趋势。姜东等（2004）研究显示磷肥的作用因年度和品种而异，但总体表现为随着磷肥施用，小麦产量提高，籽粒蛋白质含量则因“稀释效应”呈一定的下降趋势，干、湿面筋含量亦呈现相近的趋势。施用氮肥可明显提高小麦籽粒蛋白质含量，而与磷肥的配合施用则因产量的提高而不利于提高籽粒蛋白质含量。对于籽粒蛋白质含量较高的小麦品种，应在氮肥充足的基础上，配合施用适量的磷肥，以促进小麦籽粒蛋白质和产量的同步提高；而对籽粒蛋白质含量较低的品种，应在适量氮肥的基础上，配合施用充足的磷肥。李东升（2006）介绍，在豫南弱筋小麦适宜区的高产麦田，增施磷肥能够促进弱筋小麦豫麦 50 的生长发育，并提高其产量。增施磷肥提高了弱筋小麦角质率和加工品质，但降低了营养品质。赵秀峰等（2010）的研究认为，施磷可增加强筋小麦和中筋小麦籽粒蛋白质的含量，但降低了弱筋小麦郑麦 004 的籽粒蛋白质含量；在中磷（90kg/hm^2 P_2O_5）条件下，小麦蛋白质含量最高，效应最佳。

在缺磷土壤中施用磷肥对弱筋小麦蛋白质品质的影响也有部分报道。姜宗庆等（2006）对高沙土地区缺磷土壤（速效磷含量为 4. 1mg/kg）的研究发现，不同类型小麦品种施磷量与籽粒蛋白质含量均呈抛物线关系，不同施磷量处理下弱筋小麦籽粒的蛋白质含量均小于 115mg/g；施磷对不同类型小麦品种籽粒蛋白质各组分含量的调控幅度不一，主要增加中筋、强筋小麦籽粒谷蛋白和醇溶蛋白含量以及弱筋小麦籽粒谷蛋白含量。研究还指出，在高沙土地区的缺磷土壤上综合考虑施磷量对不同类型专用小麦籽粒产量和品质的影响，在设计的试验条件下，强筋小麦适宜施磷（P_2O_5）量为 144kg/hm^2，中筋、弱筋小麦为 108kg/hm^2（姜宗庆等，2006）。

蒋小忠研究团队研究了缺磷土壤（速效磷含量为 6. 37mg/kg）施磷量、基追比例以及不同磷肥种类对弱筋小麦籽粒产量及蛋白质含量的影响。研究指出，施磷有利于提高弱筋小麦扬麦 15 的产量和品质，且磷肥基肥：拔节肥为0. 5：0. 5 处理比磷肥完全施用于基肥更有利于小麦产量和品质的提高。施磷量在 0～108kg/hm^2 范围内，随着施磷量的增加，籽粒的蛋白质含量、直链淀粉含量、支链淀粉含量、总淀粉含量、湿面筋含量均呈下降趋势；继续增加施磷量则各含量均均有所上升，籽粒中的醇溶蛋白和谷蛋白含量呈先上升后下降的趋势。施磷量为 108kg/hm^2 时籽粒的产量表现为最高，蛋白质含量低于 11. 5%，湿面筋含量低于 22%，谷/醇比也表现最高，因此在本试验条件下，当施磷量为 108kg/hm^2 且磷肥运筹比例以基肥：拔节肥为0. 5：

0.5 时最有利于弱筋小麦产量和品质的协调提高（蒋小忠等，2013），该团队研究还指出，在缺磷土壤（速效磷含量为 6.37mg/kg）施用不同种类的磷肥均能提高花后干物质生产和积累量，最终提高籽粒产量；不同磷肥处理的籽粒蛋白质含量均符合《优质小麦 弱筋小麦》（GB/T 17893—1999）；不同磷肥对弱筋小麦的营养品质和加工品质有显著的调节作用，以施用复合肥对弱筋小麦提高产量和改善品质效果最佳，过磷酸钙最低（蒋小忠等，2014）。

关于磷素对小麦淀粉含量及组分的影响也有过部分研究。王兰珍（2003）对含磷量不同土壤的（速效磷 6.6mg/kg 和 2.4mg/kg）研究认为，缺磷对籽粒中淀粉的累积过程没有显著影响，在籽粒成熟时均可达到相近的淀粉含量。王旭东等（2003）研究表明在低磷水平下，籽粒中淀粉总含量有降低的趋势，提高施磷量则会增加淀粉含量。姜宗庆等（2006）研究认为在适宜范围内，不同类型专用小麦直链淀粉、支链淀粉、总淀粉含量均随施磷量增加而下降，继续增加施磷量，直链淀粉、支链淀粉、总淀粉含量则会有所上升。施磷处理对小麦淀粉组分含量的影响又有不同，施用磷肥后直链淀粉含量有降低趋势，支链淀粉含量并没有明显变化。在高磷条件下，小麦的直/支链淀粉比例显著降低。在缺磷土壤（速效磷含量 4.1mg/kg）中，当施磷（P_2O_5）量在 0~108kg/hm^2 范围时，随着施磷量的增加，弱筋小麦扬麦 9 号籽粒直链淀粉、支链淀粉、总淀粉积累量及积累速率上升。施磷量超过 108kg/hm^2 后，直链淀粉、支链淀粉、总淀粉积累量及积累速率随着施磷量增加呈下降趋势（姜宗庆，2006）。

其他肥料的影响：在小麦生产中，肥料施用量及配比合理是形成高产的物质基础。前人研究表明，弱筋小麦产量的肥料影响因子中，氮的影响作用最显著，其次为磷、钾。适当增加氮、磷、钾肥的用量均可明显改善小麦的加工品质，使其容重、沉淀值、湿面筋含量、吸水量、形成时间、稳定时间提高，弱化度降低。磷、钾肥用量过大时，加工品质不能得到进一步改善，甚至有所下降，这可能是由氮、磷、钾各自的营养功能决定。氮肥用量和小麦的吸水率、形成时间、弱化度及拉伸面积、延展性呈正相关，而磷肥对粉质仪参数影响较小，钾肥与强筋小麦粉质仪参数呈正相关，而与弱筋小麦呈负相关（熊瑛等，2005）。姜东等（2004）认为，土壤养分与肥料的均衡对小麦籽粒品质的形成较为重要；对于籽粒蛋白质含量较高的小麦品种，较高的氮肥水平和适宜的磷、钾肥有利于籽粒品质的形成，而对籽粒蛋白质含量较低的品种而言，则需在适宜氮肥用量的基础上增施磷肥。

前人对氮、磷、钾肥配合施用对小麦产量以及品质的影响作用已经作了大量的研究（沈建辉等，2003；李孝良等，1998）。张定一等（1997）的研究显示，氮、磷、钾肥配合施用，对小麦的生长发育均有明显的促进作用，其增产效果是：三元素配合施用效果优于二元素配施，二元素配施高于单独施用，氮、磷、钾肥配合施用比较经济合理的施用量是氮肥 150～225kg/hm^2，P_2O_5 75～150kg/hm^2，K_2O 60～120kg/hm^2。朱树贵等（2010）指出，无论在旱作区或者稻茬麦区都必须严格控制好氮肥的施用量，同时要适量增加磷、钾肥的用量，保证小麦生育后期氮肥的用量，“适量控氮，增施磷肥，补施钾肥”是弱筋小麦增产保优的重要用肥措施，从而达到弱筋小麦优质高产高效的目的。

关于实现籽粒产量和品质协调发展与氮、磷、钾肥配比方式的研究结论并不统一。在豫南中低产水平条件下，当氮肥施用量为 180～240kg/hm^2，过磷酸钙用量为 750～1 050kg/hm^2，可使得弱筋小麦优质、高产（朱树贵等，2010）。王祥菊（2008）研究发现，氮、磷、钾肥配比施用对品质的影响比较复杂。弱筋小麦扬麦 15 在氮：磷（P_2O_5）：钾（K_2O）配比＝1：0.4：0.4 处理和 1：0.6：0.6 处理下的籽粒蛋白质含量均符合《优质小麦　弱筋小麦》（GB/T 17893—1999）规定（≤11.5%）。氮、磷、钾肥配比对小麦蛋白质组分的影响则不全一致。弱筋小麦的沉降值以 1：0.6：0.6 处理下最高，湿面筋含量以 1：0.4：0.4 处理最高但仍低于国标 22%的规定。臧慧等（2009）研究认为，在大田栽培条件下，当施氮量为 150kg/hm^2，N：P_2O_5：K_2O 的比例为 1：0.6：0.6 和 1：0.4：0.4 时，扬麦 15 的产量得到提高，氮、磷、钾肥的配比施用增大了小麦生育期的叶面积，同时提高剑叶 SPAD 值，从而使小麦的光合作用增强，有利于小麦生育期干物质的积累，最终增加产量。王祥菊等（2011）认为氮、磷、钾肥配施不当会对不同类型的小麦品种品质的形成产生不利的影响。弱筋小麦产量达到 7 500kg/hm^2，施氮量为 180～210 kg/hm^2，N：P_2O_5：K_2O 的比例为 1：（0.4～0.5）：（0.4～0.5），钾肥的运筹为 7：3 或 5：5，可达到弱筋小麦优质高产的目的。

钾素能够增加小麦产量，改善籽粒的营养和加工品质。适当施钾既能促进小麦植株对钾的吸收，有利于植株生长，也能抑制植株体内钾的外排，增加植株体内钾元素积累量，提高干物质积累量，以达到增产的目的。王旭东等（2000）的研究显示，增施钾肥能够显著增加小麦籽粒的湿面筋含量、容重以及沉降值，同时明显延长了面团的形成时间和稳定时间。邹铁祥等

（2009）认为在开花期保持较高的氮、钾含量，且保持适宜的氮/钾比（氮肥 225kg/hm^2，钾肥 75kg/hm^2），弱筋小麦宁麦 9 号可达到高产与优质的协调。孙君艳等（2016）研究显示，豫麦 50 在施钾量达到 12kg/hm^2 时籽粒中蛋白含量和沉降值最高，能够满足弱筋小麦对钾素的需求和利用。

施用钾肥还有利于小麦对氮素的吸收和利用。研究显示，与仅施氮肥相比，氮肥和钾肥配合施用可以提高 22%左右氮素利用率（苗艳芳等，1999）。在低钾和中钾土壤中，氮钾肥配合施用促进了弱筋小麦植株中氮、钾含量的提高，氮、钾养分吸收表现出一定的正交互作用；合理配施氮钾肥能够显著提高弱筋小麦产量。适当减少氮肥用量和增加氮、钾肥基施比例有利于改善弱筋小麦的品质（武际等，2007）。

施用有机肥、锌肥对弱筋小麦产量和品质影响方面的研究较少。姜东等（2004）研究发现，有机、无机肥料配合施用提高了包括蛋白质、干面筋含量、湿面筋含量、面团形成时间和稳定时间等在内的小麦大部分品质性状，有利于强筋小麦籽粒产量和品质的同步提高，但不利于弱筋小麦品质的改善。俞建飞（2004）研究显示，土壤养分的平衡对小麦籽粒品质的形成较为重要，强筋小麦需有较高的氮肥水平和适宜的磷钾肥，而弱筋小麦需在适宜氮肥用量的基础上，增施磷钾肥。沈学善等（2006）2004—2005 年在大田条件下研究了不同氮、硫配施对弱筋小麦品种豫麦 50 籽粒淀粉特性的影响。结果表明，氮、硫及其互作对籽粒淀粉组分含量和直/支比的影响均达到了极显著水平，氮肥对峰值黏度、谷值黏度、终值黏度和崩解值的影响也达到了极显著水平，硫肥仅对崩解值和糊化温度的影响达到了显著和极显著水平。每公顷施纯氮 240kg（N240）和纯硫 20~60kg（S20~S60）可提高总淀粉和支链淀粉含量，降低直链淀粉含量和直/支比。每公顷施纯氮 150kg（N150）和纯硫 20kg（S20）可以提高峰值黏度、谷值黏度和终值黏度，改善淀粉品质。

董明等（2018）以小麦品种扬麦 16 为材料，探讨了花后 5d 喷施锌肥的作用。结果显示，拔节期和花后 5d 喷施锌肥显著提高小麦籽粒总蛋白、蛋白组分、麦谷蛋白大聚合体和高/低分子量麦谷蛋白亚基含量（$P<0.05$），面粉总蛋白含量分别较对照提高了 4.2%和 10.3%。叶面喷施锌肥还显著提高面粉干、湿面筋含量和面筋指数，改善了烘焙品质。花后 5d 喷施锌肥比拔节期喷施锌肥对小麦籽粒品质影响更大，对小麦籽粒加工品质的改善效果也更明显。因此，锌肥可促进花后同化氮素在籽粒中的积累是其影响小麦籽粒营养品质和加工品质的主要原因。

第二节 弱筋小麦生产布局

一、研究现状

弱筋小麦（国外通常称为软质小麦）是指籽粒软质，蛋白质含量低，面筋强度弱，延伸性较好的小麦，适用于制作饼干、糕点等食品。早在20世纪50年代，国外就开展了软质小麦品种选育、品质区划等工作。同时，对籽粒质地、籽粒硬度、面团流变学特性、戊聚糖、溶剂保持力、面团强度特性、蛋白质亚基等与饼干、糕点加工品质的关系进行了深入研究，并通过分子标记技术找到了与饼干烘焙品质紧密连系的分子，这对优质弱筋小麦品种选育和生产起到了关键性作用。中国弱筋小麦育种起步较晚，直至20世纪末21世纪初，优质弱筋小麦育种才被列为主要育种目标之一。不仅如此，政府也十分重视弱筋小麦的科研和生产。1999年，国家质量监督检验检疫总局制定颁布了《优质小麦 弱筋小麦》（GB/T 17893—1999）。2003年，农业部制定了《中国小麦品质区划方案》。在此基础上，农业农村部于2003年制定了《专用小麦优势区域发展规划（2003—2007年）》，确定了黄淮海、长江下游和大兴安岭沿麓等3个专用小麦带。长江中下游专用小麦优势产业带成为中国唯一的优质弱筋小麦产业带。

农业农村部在制定优质专用小麦优势区划的同时，还加大了对优质弱筋小麦品种的示范推广力度，宁麦9号、建麦1号、扬麦13、扬辐麦2号、宁麦13和扬麦15等均列入农业农村部科技跨越计划，这对于优质弱筋小麦的生产起到了积极的推动作用。曹广才等（1994）曾介绍，经过对全国各地同一批次秋播小麦品种籽粒蛋白质含量的测定，并分析平均含量的地区间差异，结果发现长江中下游麦区的籽粒蛋白含量最低。何中虎等（2002）在关于中国小麦品质区划的研究中提出，中国小麦产区可以初步划分为3大品质区域，即北方强筋、中筋白粒冬麦区，南方中筋、弱筋红粒冬麦区，中筋、强筋红粒春麦区，而南方中筋、弱筋红粒冬麦区又包括长江中下游秋播麦区和西南秋播麦区，长江中下游麦区包括江苏、安徽两省淮河以南部分地区、湖北省大部分及河南省南部地区，西南秋播麦区包括四川盆地麦区和云贵高原麦区，四川盆地麦区再分为盆西平原和丘陵山地麦区，云贵高原麦区包括四川省西南部、贵州全省和云南省大部分地区。王绍中等（2001）对河南省的小麦品质生态进行了区划，将小麦类型按强筋、中筋和弱筋划分，共分为豫西、豫西北强筋、中筋小麦适宜区，豫东北、中东部强筋、弱筋小麦次适宜区，豫中、豫东南部强筋小麦次适宜区、中筋麦适宜区，豫南弱筋小麦适宜区、中筋小麦次适宜区及山丘普通麦区等5大区。其中，豫南弱筋小麦适宜区，包括信阳地区和驻马店地区南部，属于长江流域麦区。该地区气候属于北亚热带，年降水量在800mm以上，小麦生育期降水在500mm左右。水稻种植面积较大，旱地土壤以黄棕壤和砂姜黑土为主。由于小麦灌浆期高温、多雨、昼夜温差较小，多数年份湿害较重，不利于小麦籽粒蛋白质和面筋的形成，面团强度较低，对弱筋小麦的生长发育有利。

孙君艳等（2006）在介绍信阳地区弱筋小麦生态区划时指出，结合当地自然条件和品质化验结果，将信阳地区划分为3个弱筋小麦生态区，即北部平原弱筋小麦种植区，适宜生产弱筋小麦，包括淮滨、息县的24个乡镇；沿淮洼地弱筋小麦种植区，包括息县、淮滨、固始3县沿淮的12个乡镇；中部缓丘垄岗普通小麦种植区，弱筋小麦次适宜区，包括平桥区、河区和罗山县等7个县（区）的116个乡镇。王龙俊等（2002）在江苏省小麦品质区划研究初报中指出，江苏小麦品质区划可分为淮北中筋、强筋白粒小麦品质区，里下河中筋红粒小麦品质区，沿江、沿海弱筋红（白）粒小麦品质区和苏南太湖、丘陵中筋、弱筋红粒小麦品质区等4个大区。其中，沿江、沿海弱筋红（白）粒小麦品质区又可分4个亚区，包括高沙土优质酥性饼干、糕点小麦亚区，沿江沙土发酵饼干、蛋糕小麦亚区，沿海南部酥性饼干、糕点小麦亚区和沿海北部发酵饼干及啤酒小麦（白）亚区。苏南太湖、丘陵中筋、弱筋红粒小麦品质区可分为2个亚区，分别为丘陵饼干、糕点小麦亚区和太湖蒸煮类小麦亚区。

近年来，江苏省弱筋小麦生产得到了较快的发展，弱筋小麦被列为《江苏省优势农产品产业化发展总体规划（2003—2007年）》中第二大项目，明确了主攻弱筋小麦的发展战略。江苏省优先安排弱筋小麦优势区域实施良种推广补贴，尤其是2009年以前采用与良种挂钩的良种推广补贴政策，有力促进了品种统一布局，规模化种植，推动了弱筋小麦产业优势的形成。2005—2006年，江苏省弱筋小麦种植以宁麦9号、扬麦13为主，面积达$38\times10^4hm^2$，比上年度增加$14.6\times10^4hm^2$；2007—2008年度，江苏省弱筋小麦种植以扬麦13、扬麦15、宁麦9号、宁麦13为主，面积达$20\times10^4hm^2$；截至2009年，江苏沿江、沿海弱筋小麦种植面积约$53.3\times10^4hm^2$，年产量280×10^4t左右，已成为全国最大的优质弱筋小麦生产基地，国内面粉加工企业所需的国产优质弱筋小麦主要来自江苏省，江苏省在优质弱筋小麦品种选育、示范推广、产业化开发等方面均居全国领先地位。

在河南南阳和信阳部分地区，弱筋小麦的种植面积也在逐步扩大。2009年，弱筋小麦种植面积为13.3×$10^4$$hm^2$，品种主要以郑麦004为主，部分种植扬麦15、豫麦50和太空5号。经过十多年的发展，2020年，仅信阳市弱筋小麦种植面积就达13.94万hm^2，品种仍以场麦15、扬麦13为主，搭配种植郑麦113、郑麦103、扬麦24、杨麦30、农麦126等品种。安徽省沿淮地区及江淮之间丘陵地区弱筋小麦种植面积常年稳定在23.3×$10^4$$hm^2$左右，目前品种主要是扬麦13、扬麦15、皖麦48等。

二、江淮平原弱筋小麦分布

（一）自然条件

江淮平原地处北亚热带区域，水、热资源丰富，年均降水量1 100~1 500mm，年均温15.5~16.5℃，无霜期多在230~240d，主要种植水稻和冬小麦，作物一般一年两熟，也可一年三熟。盛产水稻、棉花等，也适宜柑橘等亚热带果木栽培和油桐等经济林木生长。中华人民共和国成立后，开辟了苏北灌溉总渠，修建了运河堤闸和江都水利枢纽等工程，江淮平原成为中国重要的农业区。

江淮平原在地理区划上是指安徽省和江苏省的淮河以南、长江下游一带，主要为长江和淮河冲积而成的平原地带，而从小麦种植区划上来看则属于长江中下游冬麦区，该区域也是中国唯一的优质弱筋小麦产业带。长江中下游弱筋小麦产业带涵盖了江苏、河南、安徽和湖北等4省，其中主要以江苏沿江沿海弱筋小麦产区为重点，此外，还包括河南省南部的信阳、南阳2地（市）的3个县（市），安徽省的合肥、六安等3地（市）5个县（市）以及湖北省北部襄阳的2个县（市）等区域。

（二）小麦种植的地域范围

中国小麦分布地区极为广泛，由于各地气候条件悬殊、土壤类型各异、种植制度不同、品种类型有别、生产水平和管理技术存在差异，因而形成了明显的自然种植区域。中国不同时期的研究者依据当时的情况多次对全国小麦的种植区域进行划分。赵广才（2010）在前人研究的基础上，重点参照金善宝、曾道孝、张锦熙和李希达等人的小麦种植区划，并根据人们对上述区划应用的情况以及当前生产的发展需要，充分考虑区划的简洁和实用性，将全国小麦种植区域划分为4个主区，即北方冬（秋播）麦区、南方冬

（秋播）麦区、春（播）麦区和冬春兼播麦区，进一步划分为10个亚区，即北部冬（秋播）麦区、黄淮冬（秋播）麦区、长江中下游冬（秋播）麦区、西南冬（秋播）麦区、华南冬（晚秋播）麦区、东北春（播）麦区、北部春（播）麦区、西北春（播）麦区、新疆冬春播麦区和青藏春冬兼播麦区。

江淮平原地处黄淮冬（秋播）麦区南部和长江中下游冬（秋播）麦区北部地带。该地区温光资源丰富，自然降水充沛，是中国最主要的小麦产区，直接影响全国小麦的生产形势。江苏小麦分布广泛，从东到西，从南到北，各市（县）均有种植。由于地处南北过渡地带，江苏的地域生态类型较为复杂，不同农区间小麦品质存在较大的差异，总体来说，以淮河-苏北灌溉总渠为界，分属两大类型，淮河以北属北方冬麦区黄淮平原生态型，淮河以南属南方冬麦区长江中下游平原生态型。长江以北是江苏小麦的主要集中产区，占全省小麦种植面积的87%，而长江以南的小麦种植面积仅占13%。种植在淮河以南的小麦在生育后期易遭受多雨寡照，进而抑制了小麦籽粒蛋白质积累和面筋的形成，非常有利于大面积生产中筋、弱筋小麦，特别是沿江沿海、丘陵地区，小麦生长后期温度偏低，温差偏小，降水相对较多，土壤沙性强，供肥保肥能力差，使得商品小麦的蛋白质及面筋含量、沉降值及面团形成时间、稳定时间等均低于淮北麦区，弱筋优势较为明显，是种植饼干、糕点等专用弱筋小麦的理想产区。因而，江苏的弱筋小麦主要集中在沿江、沿海和太湖周边等地。沿江沿海地区是指沿长江两岸和沿海一线，沿江以江北为主，沿海以中部、南部为主，沿海北部部分地区与淮北麦区重叠，该区种植小麦以春性、红粒为主，沿海北部种植部分弱春性和半冬性的白粒品种。太湖地区位于江苏省最南部，小麦生育期间热量和降水资源最为丰富，但种植面积小，目前仅有300多万亩。该区多种植春性品种，品质介于里下河和沿江、沿海麦区之间，在品种的选用和栽培措施上会根据用途而有所侧重。据江苏省农林厅统计，2005年、2006年、2007年全省弱筋小麦播种面积呈逐年上升的趋势，分别为24.3×10^4hm^2、36.7×10^4hm^{2}和36.9×10^4hm^2。截至2009年，江苏沿江、沿海弱筋小麦种植面积约53.3×10^4hm^2，年产量280×10^4t左右，已成为全国最大的优质弱筋小麦生产基地。从弱筋小麦品种的推广和分布来看，2005—2006年度江苏省弱筋小麦种植以扬麦13、宁麦9号为主，面积达38×10^4hm^2，比上年度增加14.6×10^4hm^2；2007—2008年度江苏省弱筋小麦种植以扬麦13、扬麦15、宁麦9号、宁麦13为主，面积达20×10^4hm^2。特别在长江下游地区，弱筋小麦主导品种的推广优势尤为突出，扬麦 13 累计推广面积为 $206.7\times10^4hm^2$，扬麦 15 累计推广面积为 $66.7\times10^4hm^2$，郑麦 004 累计推广面积为 $86.7\times10^4hm^2$，豫麦 50 累计推广面积为 $66.7\times10^4hm^2$。江苏省在优质弱筋小麦品种选育、示范推广、产业化开发等方面均居全国领先地位。

（三）熟制、作物种类和小麦生产地位

江淮地区地处中国南北气候过渡带，光、温、水资源充足，农业自然资源条件优越。本地区种植制度多为一年二熟或一年三熟。二熟制以稻-麦或麦-棉为主，间有小麦-杂粮的种植方式；三熟制主要为稻-稻-麦（油菜）或稻-稻-绿肥。丘陵干旱地区以一年二熟为主，麦收之后复种玉米、花生、芝麻、甘薯、豆类、杂粮、麻类、油菜等。全区小麦适播期为 10 月下旬至 11 月中旬，本区小麦播种方式多样，旱茬麦多为播种机器条播，播种期偏早。稻茬麦播种方式根据水稻收获期不同而异，水稻收获早的有板茬机器撒播或机器条播；水稻收获偏晚的则在水稻收获前人工撒种套播，但目前建议推广机条播。北部地区小麦成熟期在 5 月底，南部地区略早，生育期多为 200~225d，品种为弱冬性或春性。

本章参考文献

卞晓波，陈丹丹，王强盛，等，2012. 花后开放式增温对小麦产量及品质的影响［J］. 中国农业科学，45（8）：1 489-1 498.

曹广才，王绍中，1994. 小麦品质生态［M］. 北京：中国科学技术出版社.

曹广才，吴东兵，陈贺芹，等，2004. 温度和日照与春播小麦品质的关系［J］. 中国农业科学，37（5）：663-669.

陈俊才，周振元，孙敬东，等，2007. 密度及氮肥运筹对弱筋小麦宁麦 13 号产量和品质的影响［J］. 江苏农业科学（1）：29-32.

陈新民，张艳，夏先春，等，2012. 高分子量麦谷蛋白亚基分子标记在小麦品种改良中的应用［J］. 麦类作物学报，32（5）：960-966.

程西永，吴少辉，李海霞，等，2014. 小麦高、低分子量麦谷蛋白亚基对品质性状的影响［J］. 麦类作物学报，34（4）：482-488.

程振勇，张艳凤，宋小顺，2005. 播量与氮肥用量对优质小麦产量和品质的影响［J］. 土壤肥料（6）：27-30.

代美瑶，巩艳菲，李芳，等，2019. 小麦籽粒不同部位蛋白质理化特性研究进展［J］. 中国粮油学报，34（7）：132-138.
戴开军，高翔，董剑，等，2005. 麦谷蛋白亚基对小麦品质特性的影响及其遗传转化［J］. 麦类作物学报，25（4）：132-137.
戴廷波，孙传范，荆奇，等，2005. 不同施氮水平和基追比对小麦籽粒品质形成的调控［J］. 作物学报，31（2）：248-253.
董明，王琪，周琴，等，2018. 花后5天喷施锌肥有效提高小麦籽粒营养和加工品质［J］. 植物营养与肥料学报，24（1）：63-70.
董中东，陈锋，崔党群，等，2011. 不同高分子量麦谷蛋白亚基小麦品种（系）的粒重增长特性分析［J］. 麦类作物学报，31（3）：493-498.
段淑娥，阮禹松，赵文明，等，2005. 小麦低分子量麦谷蛋白亚基组成研究［J］. 西北植物学报，25（4）：719-722.
段淑娥，2007. 小麦麦谷蛋白亚基及其基因的研究进展［J］. 西安文理学院学报（自然科学版），10（3）：69-73.
范金萍，张伯桥，吕国锋，等，2003. 播期对小麦主要品质性状及面团粉质参数的影响［J］. 江苏农业科学，31（2）：10-12.
范雪梅，姜东，戴廷波，等，2004. 花后干旱和渍水对不同品质类型小麦籽粒品质形成的影响［J］. 植物生态学报，28（5）：680-685.
高德荣，宋归华，张晓，等，2017. 弱筋小麦扬麦13品质对氮肥响应的稳定性分析［J］. 中国农业科学，50（21）；4 100-4 106.
高庆荣，于金凤，柳坤，2003. 小麦籽粒品质、高分子量谷蛋白亚基组成类型与面筋质量相关性的研究［J］. 麦类作物学报，23（2）：30-33.
高文川，马猛，王爱娜，等，2010. 不同品质类型小麦籽粒谷蛋白亚基及谷蛋白聚合体形成和积累动态［J］. 作物学报，36（10）：1 769-1 776.
高振贤，李亚青，田国英，等，2018. 小麦高分子量麦谷蛋白亚基组成和检测研究进展［J］. 中国农学通报，34（16）：35-41.
高振贤、曹巧、何明琦，等，2018. 小麦低分子量麦谷蛋白亚基功能标记研究进展［J］. 生物技术进展，8（3）：221-228.
葛自强，2011. 密肥互作对弱筋小麦产量与品质的影响［J］. 安徽农学通报，17（11）：61-64.

顾蕴倩，刘雪，张巍，等，2013. 花后弱光逆境对弱筋小麦产量构成因素和籽粒品质影响的模拟模型［J］. 中国农业科学，46（21）：4 416-4 426.

关二旗，魏益民，张波，2010. 小麦籽粒品质与基因型及环境条件的关系［J］. 麦类作物学报，30（5）：963-969.

郭翠花，高志强，苗果园，2010. 花后遮阴对小麦旗叶光合特性及籽粒产量和品质的影响［J］. 作物学报，36（4）：673-679.

郭兴凤，张莹莹，任聪，等，2018. 小麦蛋白质的组成与面筋网络结构、面制品品质关系的研究进展［J］. 河南工业大学学报（自然科学版），39（6）：119-123.

杭雅文，武威，张莀茜，等，2020. 弱筋小麦品质指标的相关性分析及筛选［J］. 麦类作物学报（3）：320-327.

禾军，吴晓春，2003. 中国小麦区划研究［J］. 中国农业资源与区划（5）：18-22.

何中虎，林作楫，王龙俊，等，2002. 中国小麦品质区划的研究［J］. 中国农业科学，35（4）：359-364.

胡承霖，范荣喜，姚孝友，等，1992. 小麦籽粒蛋白质含量动态变化特征及其与产量的关系［J］. 南京农业大学学报，15（1）：115-119.

胡宏，盛婧，郭文善，等，2004. 氮素对弱筋小麦宁麦 9 号淀粉形成的调节效应［J］. 麦类作物学报，24（2）：92-96.

胡文静，程顺和，陈甜甜，等，2018. 栽培因子对扬麦 22 产量、品质及氮肥农学利用率的影响［J］. 扬州大学学报（农业与生命科学版），39（1）：89-93.

胡文静，程顺和，程晓明，等，2018. 栽培措施对弱筋小麦品种扬麦 20 产量、品质和氮肥农学利用率的影响［J］. 江苏农业学报，34（3）：487-492.

黄严帅，郭万胜，沈序桃，等，2004. 生态环境和栽培措施对江苏优质专用小麦品质的影响［J］. 耕作与栽培（1）：4-6.

姜东，谢祝捷，曹卫星，等，2004a. 花后干旱和渍水对冬小麦光合特性和物质运转的影响［J］. 作物学报，30（2）：175-182.

姜东，戴廷波，荆奇，等，2004b. 氮磷钾肥长期配合施用对冬小麦籽粒品质的影响［J］. 中国农业科学，37（4）：566-566.

姜东，戴廷波，荆奇，等，2004c. 有机无机肥长期配合施用对冬小麦籽粒品质的影响［J］. 生态学报，24（7）：1 548-1 555.
姜东燕，于振文，2007. 土壤水分对小麦产量和品质的影响［J］. 核农学报，21（6）：641-645.
姜朋，杨学明，张鹏，等，2015. 氮肥用量与基追比例对弱筋小麦“生选 6 号”产量和品质的影响［J］. 西南农业学报，28（4）：1 683-1 688.
姜宗庆，封超年，黄联联，等，2006a. 施磷量对不同类型专用小麦产量和品质的调控效应［J］. 麦类作物学报，26（5）：113-116.
姜宗庆，封超年，黄联联，等，2006b. 施磷量对弱筋小麦扬麦 9 号籽粒淀粉合成和积累特性的调控效应［J］. 麦类作物学报，26（6）：81-85.
姜宗庆，封超年，黄联联，等，2006c. 施磷量对不同类型专用小麦籽粒蛋白质及其组分含量的影响［J］. 扬州大学学报（农业与生命科学版），27（2）：26-30.
蒋小忠，封超年，郭文善，2013. 施磷量与磷肥基追比对弱筋小麦产量和品质的影响［J］. 耕作与栽培（5）：7-10.
蒋小忠，封超年，郭文善，2014. 磷肥种类对弱筋小麦产量和品质的影响［J］. 耕作与栽培（3）：1-3.
金艳，郭慧娟，崔党群，2009. 环境因素对小麦蛋白质含量和品质的影响研究进展［J］. 中国农学通报，25（17）：250-254.
兰涛，姜东，谢祝捷，等，2004. 花后土壤干旱和渍水对不同专用小麦籽粒品质的影响［J］. 水土保持学报（1）：193-196.
雷昌贵，卢大新，陈锦屏，2006. 小麦蛋白质的特性与面条品质［J］. 食品与药品，8（6A）：27-30.
雷振生，吴政卿，田云峰，等，2005. 生态环境变异对优质强筋小麦品质性状的影响［J］. 华北农学报，20（3）：1-4.
李诚永，蔡剑，姜东，等，2011. 花前渍水预处理对花后渍水逆境下扬麦 9 号籽粒产量和品质的影响［J］. 生态学报，31（7）：1 904-1 910.
李春燕，封超年，张容，等，2005. 密度、氮素对优质弱筋小麦宁麦 9 号旗叶早衰的调控效应［J］. 麦类作物学报，25（5）：60-64.
李春燕，张翠绵，柴建芳，等，2019. 分离小麦麦谷蛋白亚基的几个关键因素研究［J］. 华北农学报，34（4）：32-36.

李东方，薛香，张胜利，等，2011. 氮肥基追比对不同筋度小麦产量和品质的影响［J］. 贵州农业科学，39（3）：69–70.
李东升，2006. 磷肥用量对弱筋小麦产量及品质的影响［J］. 中国农村小康科技（9）：62–63.
李金才，魏风珍，余松烈，等，2000. 孕穗期渍水对冬小麦根系衰老的影响［J］. 应用生态学报，11（5）：723–726.
李文阳，闫素辉，王振林，2012. 强筋与弱筋小麦籽粒蛋白质组分与加工品质对灌浆期弱光的响应［J］. 生态学报，32（1）：265–273.
李文阳，尹燕枰，闫素辉，等，2008. 小麦花后弱光对籽粒淀粉积累和相关酶活性的影响［J］. 作物学报，34（4）：632–640.
李向东，张德奇，王汉芳，等，2015. 越冬前增温对小麦生长发育和产量的影响［J］. 应用生态学报，26（3）：839–846.
李向阳，朱云集，郭天财，2004. 不同小麦基因型灌浆期冠层和叶面温度与产量和品质关系的初步分析［J］. 麦类作物学报（2）：88–91.
李孝良，1998. 氮磷钾肥对小麦生长发育及品质的影响［J］. 安徽农业技术师范学院学报，12（4）：12–14.
李永庚，于振文，梁晓芳，等，2005. 小麦产量和品质对灌浆期不同阶段低光照强度的响应［J］. 植物生态学报，29（5）：807–813.
李志敏，董中东，阎旭霞，等，2007. 弱筋小麦农艺性状与籽粒蛋白质含量的相关性分析［J］. 安徽农业科学，35（31）：9 805–9 806.
刘会云，刘畅，王坤杨，等，2016. 小麦高分子量麦谷蛋白亚基鉴定及其品质效应研究进展［J］. 植物遗传资源学报，17（4）：701–709.
刘丽，周阳，何中虎，等，2004. 高、低分子量麦谷蛋白亚基等位变异对小麦加工品质性状的影响［J］. 中国农业科学，37（1）：8–14.
刘丽，杨金华，胡银星，等，2012. 麦谷蛋白亚基与小麦品质的关系研究进展［J］. 中国农业科技导报，14（1）：33–42.
刘宁涛，邵立刚，王岩，2009. 不同育种阶段主栽品种麦谷蛋白亚基组成分析［J］. 安徽农学通报，15（17）：21–22，59.
刘萍，郭文善，徐月明，等，2006. 种植密度对中、弱筋小麦籽粒产量和品质的影响［J］. 麦类作物学报，26（5）：117–121.
刘锐，魏益民，张影全，等，2014. 谷蛋白大聚体在小麦加工中的作用［J］. 中国粮油学报，29（1）：119–122，128.
刘婷婷，张平平，姚金保，等，2013. 施氮模式对冬小麦花后氮素同化转运及品质性状的影响［J］. 麦类作物学报，33（3）：472-476.
刘贤赵，宿庆，康绍忠，等，2003. 不同生育期遮阴对番茄氮素分配的影响［J］. 应用与环境生物学报，9（5）：493-496.
刘艳阳，张洪程，蒋达，等，2009. 播期对不同筋型小麦品种淀粉糊化特性的影响［J］. 华北农学报，24（4）：169-173.
刘艳阳，蒋达，李伟海，2009. 播期对小麦宁麦 9 号淀粉糊化特性的影响［J］. 浙江农业科学（1）：127-129.
陆成彬，张伯桥，程顺和，2002. 弱筋小麦扬麦 9 号的应用前景探讨［J］. 江苏农业科学（3）：7-8，15.
陆成彬，张伯桥，高德荣，等，2006a. 栽培措施对弱筋小麦产量和蛋白质含量的影响［J］. 江苏农业学报，22（4）：346-350.
陆成彬，张伯桥，高德荣，等，2006b. 施氮量与追肥时期对弱筋小麦扬麦 9 号产量和品质的影响［J］. 扬州大学学报（农业与生命科学版），27（3）：62-64，75.
陆增根，戴廷波，姜东，等，2006. 不同施氮水平和基追比对弱筋小麦籽粒产量和品质的影响［J］. 麦类作物学报，26（6）：75-80.
陆增根，戴廷波，姜东，等，2007. 氮肥运筹对弱筋小麦群体指标与产量和品质形成的影响［J］. 作物学报，33（4）：590-597.
罗勤贵，张娜，张国权，2007. 弱筋小麦 SRC 特性与饼干品质关系的研究［J］. 粮食加工，32（6）：20-24.
罗忠新，杨功德，2001. 德阳气候对小麦品质影响的探讨［J］. 四川气象（1）：40-41.
马冬云，郭天财，王晨阳，等，2004. 不同麦区小麦品种子粒淀粉糊化特性分析［J］. 华北农学报（4）：59-61.
马冬云，郭天财，查菲娜，等，2007. 种植密度对两种穗型冬小麦旗叶氮代谢酶活性及籽粒蛋白质含量的影响［J］. 作物学报，33（3）：514-517.
苗艳芳，李友军，张会民，等，1999. 氮钾肥对小麦养分吸收的影响及增产效应［J］. 西北农业大学学报，7（2）：43-47.
牟会荣，姜东，戴廷波，等，2009. 遮光对小麦籽粒淀粉品质和花前贮存非结构碳水化合物转运的影响［J］. 应用生态学报，20（4）：805-810.
牟会荣，姜东，戴廷波，等，2010. 遮光对小麦植株氮素转运及品质的影响［J］. 应用生态学报，21（7）：1 718-1 724.
潘洁，姜东，戴廷波，等，2005. 不同生态环境与播种期下小麦籽粒品质变异规律的研究［J］. 植物生态学报，29（3）：467-473.
裴玉贺，潘启苗，宋琳，等，2010. 小麦谷蛋白大聚合体与 HMW-GS 的关系［J］. 麦类作物学报，30（1）：61-65.
钱存鸣，姚金保，姚国才，等，2008. 优质高产小麦新品种宁麦 14 的选育与应用［J］. 江苏农业科学（3）：89-90.
秦建权，唐启源，李迪秦，等，2010. 抽穗后光照强度对超级杂交稻干物质生产及氮素吸收与分配的影响［J］. 四川农业大学学报，28（1）：29-34.
任万军，杨文钰，张国珍，等，2003. 弱光对杂交稻氮素积累、分配与子粒蛋白质含量的影响［J］. 植物营养与肥料学报，9（3）：288-293.
沈建辉，姜东，戴廷波，等，2003. 施肥量对专用小麦旗叶光合特性及籽粒产量和蛋白质含量的影响［J］. 南京农业大学学报，26（1）：1-5.
沈学善，朱云集，郭天财，等，2006. 氮、硫配施对弱筋小麦籽粒淀粉特性的影响［J］. 西北植物学报，26（8）：1 633-1 637.
石玉，陈茂学，于振文，等，2011. 灌浆期不同阶段遮光对小麦籽粒蛋白质组分含量和加工品质的影响［J］. 应用生态学报，22（10）：2 504-2 510.
宋贺，袁世桂，董召荣，2008. 主要栽培因素对弱筋小麦产量性状的影响［J］. 安徽农业科学，36（21）：8 975-8 977，8 980.
宋建民，刘爱峰，刘建军，等，2005. 环境与品种对小麦淀粉理化特性和面条品质的影响［J］. 作物学报，31（6）：796-799.
宋韵琳，蔡剑，2018. 小麦籽粒淀粉理化特性与品质关系及其生理机制研究进展［J］. 麦类作物学报，38（11）：1 338-1 351.
孙君艳，程琴，2016. 不同施钾水平对弱筋小麦产量和品质的影响分析［J］. 中国农业信息（13）：117-118.
孙君艳，孙文喜，张淮，2006. 信阳地区弱筋小麦生态区划研究［J］. 河南农业科学（8）：72-73.
孙丽娟，胡学旭，陆伟，等，2018. 基于 GIS 的小麦籽粒品质空间分布特征和影响因子分析［J］. 中国农业科学，51（5）：999-1 011.

孙学永，马传喜，王威，等，2007. 几对麦谷蛋白亚基对小麦面筋品质的影响［J］. 南京农业大学学报，30（2）：6-12.
孙彦坤，李文雄，王丽娟，2003. 籽粒灌浆过程气候因子对不同品质类型春小麦产量和蛋白质含量的影响之一：温度的影响［J］. 中国农业气象，2（1）：33-35.
陶海腾，王文亮，程安玮，等，2011. 小麦蛋白组分及其对加工品质的影响［J］. 中国食物与营养，17（3）：28-31.
田云录，陈金，邓艾兴，等，2011. 非对称性增温对冬小麦籽粒淀粉和蛋白质含量及其组分的影响［J］. 作物学报，37（2）：302-308.
王爱荣，王远芹，2002. 栽培措施对小麦品质的影响［J］. 中国农垦（9）：32.
王晨阳，马冬云，郭天财，等，2004. 不同水、氮处理对小麦淀粉组成及特性的影响［J］. 作物学报，30（8）：739-744.
王晨阳，欧阳光，马冬云，等，2005. 播期对小麦面粉粉质参数及糊化特性的影响［J］. 华北农学院，20（2）：49-52.
王东，于振文，贾效成，2004. 播期对强筋冬小麦籽粒产量和品质的影响［J］. 山东农业科学（2）：25-26.
王浩，马艳明，宁堂原，等，2006. 不同土壤类型对优质小麦品质及产量的影响［J］. 石河子大学学报（自然科学版），24（1）：75-78.
王化敦，史高玲，张平平，等，2017. 长江中下游小麦品种籽粒品质对氮素的敏感性分析［J］. 南方农业学报，48（9）：1 568-1 573.
王慧，张晓，高致富，等，2015. 氮肥运筹对弱筋小麦扬麦 20 产量和品质的影响［J］. 金陵科技学院学报（2）：49-52.
王姣爱，贾文兰，1999. 小麦品种与氮、磷、钾肥的综合效应研究［J］. 麦类作物学报，19（6）：53-55.
王晶，肖安红，2007. 小麦中麦谷蛋白亚基组成及其含量与面粉品质关系的研究进展［J］. 武汉工业学院学报，26（4）：33-35.
王兰珍，米国华，陈范骏，等，2003. 不同产量结构小麦品种对缺磷反应的分析［J］. 作物学报，29（6）：867-870.
王立秋，靳占忠，曹敬山，等，1997. 水肥因子对小麦籽粒及面包烘烤品质的影响［J］. 中国农业科学，30（3）：67-73.
王龙俊，陈荣振，朱新开，等，2002. 江苏小麦品质区划研究初报［J］. 江苏农业科学（2）：15-18.

王龙俊，郭文善，封超年，2000. 小麦高产优质栽培新技术［M］. 上海：上海科学技术出版社.

王曙光，许轲，戴其根，等，2005. 氮肥运筹对太湖麦区弱筋小麦宁麦9号产量与品质的影响［J］. 麦类作物学报，25（5）：65-68.

王祥菊，杜庆平，徐月明，等，2011. 氮磷钾肥配比对弱筋小麦扬麦15产量形成的影响［J］. 江苏农业科学（6）：146-149.

王旭东，于振文，2003. 施磷对小麦产量和品质的影响［J］. 山东农业科学（6）：35-36.

王月福，陈建华，曲建磊，等，2002. 土壤水分对小麦籽粒品质和产量的影响［J］. 莱阳农学院学报，19（1）：7-9.

王月福，于振文，李尚霞，等，2002. 土壤肥力对小麦籽粒蛋白质组分含量及加工品质的影响［J］. 西北植物学报，22（6）：1 318-1 324.

王月福，于振文，李尚霞，等，2002. 施氮量对小麦籽粒蛋白质组分含量及加工品质的影响［J］. 中国农业科学，35（9）：1 071-1 078.

吴东兵，曹广才，王秀芳，等，2003. 生育进程和气候条件与秋播小麦品质的关系［J］. 河北农业科学（1）：5-10.

吴豪，黄园园，姜辉，等，2019. 长江中下游地区小麦品种籽粒和面条品质分析［J］. 中国农业科学，52（13）：2 192-2 209.

吴宏业，江尊杰，张伯桥，等，2015. 氮肥追施比例对弱筋小麦扬麦15籽粒产量及品质的影响［J］. 麦类作物学报（2）：258-262.

吴九林，李世峰，刘蓉蓉，等，2007. 弱筋小麦扬麦13号产量及品质的影响因素研究［J］. 安徽农业科学，35（20）：6 062-6 063.

吴九林，彭长青，林昌明，等，2005. 播期和密度对弱筋小麦产量与品质影响的研究［J］. 江苏农业科学（3）：36-38.

吴培金，闫素辉，张从宇，等，2019. 应用^{15}N分析施氮量对弱筋小麦氮素吸收利用与产量的影响［J］. 中国土壤与肥料（4）：121-126.

武际，郭熙盛，王允青，等，2007. 氮钾配施对弱筋小麦氮、钾养分吸收利用及产量和品质的影响［J］. 植物营养与肥料学报，13（6）：1 054-1 061.

向永玲，方正武，赵记伍，等，2020. 灌浆期涝渍害对弱筋小麦籽粒产量及品质的影响［J］. 麦类作物学报，272（6）：90-96.

邢光贵，朱旭彤，1996. 优质小麦品种在不同栽培条件下的产量和品质的表现［J］. 华中农业大学学报，15（2）：117-121.

熊瑛，李友军，2005. 氮、磷、钾对不同筋型小麦产量和品质的影响［J］. 河南科技大学学报（自然科学版），26（3）：58-61.
闫翠萍，张永清，张定一，等，2008. 播期和种植密度对强、中筋冬小麦蛋白质组分及品质性状的影响［J］. 应用生态学报，19（8）：1 733-1 740.
闫艳艳，胡晨曦，樊永惠，等，2018. 冬春季夜间增温对冬小麦植株氮代谢和籽粒蛋白质形成的影响［J］. 麦类作物学报，38（2）：81-90.
闫媛媛，郭晓敏，刘伟华，等，2012. 具有优良农艺性状的小麦种质资源高分子量麦谷蛋白亚基组成分析［J］. 中国农业科学，45（15）：3 203-3 212.
杨胜利，马玉霞，冯荣成，等，2004. 磷肥用量对强筋和弱筋小麦产量及品质的影响［J］. 河南农业科学（7）：54-57.
杨淑萍，张宏纪，2008. 小麦谷蛋白大聚合体研究现状与进展［J］. 黑龙江农业科学（3）：125-129.
姚国才，杨勇，马鸿翔，等，2009. 不同氮肥运筹对弱筋小麦产量与品质的影响［J］. 中国农学通报，25（8）：159-163.
姚金保，马鸿翔，姚国才，等，2009. 氮素对弱筋小麦宁麦 13 籽粒产量和蛋白质含量的影响［J］. 江苏农业学报，25（3）：474-477.
姚金保，马鸿翔，张平平，等，2017. 施氮量和种植密度对弱筋小麦宁麦 18 籽粒产量和蛋白质含量的影响［J］. 西南农业学报，30（7）：1 507-1 510.
姚金保，杨学明，姚国才，等，2007. 弱筋小麦品种蛋白质含量的遗传分析［J］. 麦类作物学报，27（6）：1 005-1 009.
于振文，2006. 小麦产量与品质生理及栽培技术［M］. 北京：中国农业出版社.
岳鸿伟，秦晓东，戴廷波，等，2006. 施氮量对小麦籽粒 HMW-GS 及 GMP 含量动态的影响［J］. 作物学报，32（11）：1 678-1 683.
臧慧，沈会权，陈晓静，等，2009. 钾肥对弱筋小麦苗期植株性状的影响［J］. 江西农业学报，21（3）：29-31.
张定一，王姣爱，贾文兰，等，1997. 小麦氮、磷与钾配合施用的研究［J］. 土壤肥料（4）：22-25.
张定一，张永清，杨武德，等，2008. 施氮量对不同小麦品种高分子量麦谷蛋白亚基表达量及品质影响的研究［J］. 植物营养与肥料学报，

14（2）：235-241.
张金锐，刘勇，林刚，等，2006. 小麦高分子量麦谷蛋白亚基序列及其结构与加工品质的关系［J］. 中国生物工程杂志，26（8）：103-110.
张军，许轲，张洪程，等，2004. 氮肥施用时期对弱筋小麦宁麦 9 号品质的影响［J］. 扬州大学学报（农业与生命科学版），25（2）：39-42.
张军，许轲，张洪程，等，2007. 稻田套播和施氮对弱筋小麦产量和品质的调节效应［J］. 麦类作物学报，27（1）：101-111.
张君艳，程琴，2016. 不同施钾水平对弱筋小麦产量和品质的影响分析［J］. 中国农业信息（13）：117-118.
张玲丽，李秀全，杨欣明，等，2006. 小麦优良种质资源高分子量麦谷蛋白亚基组成分析［J］. 中国农业科学，39（12）：2 406-2 414.
张平平，耿志明，杨丹，等，2012. 江苏沿江地区弱筋小麦品质现状分析［J］. 江西农业学报，24（5）：4-6，12.
张平平，刘婷婷，姚金保，等，2016. 栽培措施对软红冬小麦加工品质的效应［J］. 麦类作物学报，36（6）：789-794.
张树华，杨学举，张彩英，2011. 小麦高分子量麦谷蛋白亚基重组对面团流变学特性的影响［J］. 华北农学报，26（2）：133-137.
张向前，陈欢，乔玉强，等，2018. 安徽不同生态区弱筋小麦产量和品质差异分析［J］. 西北农业学报，27（12）：1 763-1 771.
张向前，徐云姬，杜世州，等，2019. 氮肥运筹对稻茬麦区弱筋小麦生理特性、品质及产量的调控效应［J］. 麦类作物学报，39（7）：810-817.
张雪梅，蒋雨，2009. 食品中蛋白质的功能（二）蛋白质结构与食品功能性质的关系研究［J］. 肉类研究（5）：71-74.
张影全，张晓科，魏益民，等，2013. 高分子量麦谷蛋白亚基对小麦蛋白质品质特性的影响［J］. 西北农业学报，22（1）：48-53.
张政，王晓曦，马森，2019. 大分子交互作用对小麦粉品质影响的研究进展［J］. 粮食与油脂（1）：13-15.
章练红，王绍中，1994. 小麦品质生态研究概述与展望［J］. 麦类作物学报（6）：42-44.
赵春，宁堂原，焦念元，等，2005. 基因型与环境对小麦籽粒蛋白质和淀粉品质的影响［J］. 应用生态学报，16（7）：1 257-1 260.

赵广才，1989. 不同肥水对冬小麦植株性状、产量和品质的影响 [J]. 北京农学院学报，4 (3)：57-61.
赵广才，张燕，刘利华，等，2005a. 施肥和密度对小麦产量及加工品质的影响 [J]. 麦类作物学报，25 (5)：56-59.
赵广才，刘利华，杨玉双，等，2005b. 不同追氮比例对小麦产量和品质的影响 [J]. 北京农业科学，18 (5)：7-9.
赵辉，荆奇，戴廷波，等，2007. 花后高温和水分逆境对小麦籽粒蛋白质形成及其关键酶活性的影响 [J]. 作物学报 (12)：2 021-2 027.
赵新淮，徐红华，姜毓君，2009. 食品蛋白质：结构、性质与功能 [M]. 北京：科学出版社.
赵秀峰，王文亮，贺德先，2010. 施磷水平对小麦根系生理及籽粒蛋白质含量的影响 [J]. 麦类作物学报，30 (5)：870-874.
赵永涛，薛国典，沈向磊，等，2010. 小麦低分子量麦谷蛋白亚基研究进展 [J]. 安徽农业科学，38 (3)：1 185-1 187，1 193.
周琴，姜东，戴廷波，等，2002. 不同基因型小麦籽粒蛋白质和淀粉积累与碳氮转运的关系 [J]. 南京农业大学学报，25 (3)：1-4.
周青，陈风华，张国良，等，2005. 施氮时期对弱筋小麦产量和品质的调节效应 [J]. 麦类作物学报，25 (3)：67-70.
周如美，陆成彬，范金平，2007. 密度、氮肥及其运筹对弱筋小麦扬麦 15 籽粒产量和品质的影响 [J]. 农业科技通讯 (11)：48-49.
周苏玫，王晨阳，张重义，等，2001. 土壤渍水对小麦根系生长及营养代谢的影响 [J]. 作物学报，27 (5)：674-679.
朱树贵，李强，张强，等，2010. 氮磷肥施用时期和数量对弱筋小麦产量和品质的影响 [J]. 农技服务，27 (6)：717-718.
朱新开，郭文善，周君良，等，2003. 氮素对不同类型专用小麦营养和加工品质调控效应 [J]. 中国农业科学，36 (6)：640-645.
邹铁祥，戴延波，姜东，等，2006. 不同氮、钾水平对弱筋小麦籽粒产量和品质的影响 [J]. 麦类作物学报，26 (6)：86-90.
BLUMENTHAL C S，BEKES F，GRAS P W，et al.，1995. Identification of wheat genotypes tolerant to the effects of heat stress on grain quality [J]. Cereal Chemistry，72 (6)：539-544.
DESLIPPE J R，HARTMANN M，MOHN W W，et al.，2010. Long-term experimental manipulation alters the ectomycorrhizal community of Betula

nana in Arctic tundra [J]. Global Change Biology, 17 (4): 1 625-1 636.

PANOZZO J F, EAGLES H A, 1998. Cultivar and environmental effects on quality characters in wheat. II. protein [J]. Australian Journal of Agricultural Research, 49 (5): 629-636.

ROGERS W J, MILLER T E, PAYNE P I, et al., 1997. Introduction to bread wheat (*Triticum aestivum* L.) and assessment for bread-making quality of alleles from *T. boeoticum* Boiss. ssp. thaoudar at *Glu-A*1 encoding two high-molecular-weight subunits of glutenin [J]. Euphytica, 93 (1): 19-29.

SOFIELD I, EVANS L T, COOK M G, et al., 1977. Factors influencing the rate and duration of grain filling in wheat [J]. Functional Plant Biology, 4 (5): 785-797.

STONE P J, NICOLAS M E, 1994. Wheat cultivars vary widely in their responses of grain yield and quality to short periods of post-anthesis heat stress [J]. Functional Plant Biology, 21 (6): 887-900.

STONE P J, NICOLAS M E, 1998. The effect of duration of heat stress during grain filling on two wheat varieties differing in heat tolerance: grain growth and fractional protein accumulation [J]. Functional Plant Biology, 25 (1): 13-20.

TIAN Y L, ZHENG C Y, CHEN J, et al., 2014. Climatic warming increases winter wheat yield but reduces grain nitrogen concentration in East China [J]. Plos One, 9 (4): 95 108.

第二章　弱筋小麦品种资源和实用栽培技术

第一节　江淮平原弱筋小麦品种资源

一、资源丰富

江淮平原位于中国的淮河以南、长江以北一带，特指今河南省南部、江苏省以及安徽中部地区。位于江苏省、安徽省、河南信阳的淮河、长江下游一带地区主要由长江、淮河冲积而成。地势低洼，海拔一般在 10m 以下，水网交织，湖泊众多。该地区土壤以沙壤土-沙土为主，热量充足，气候湿润，年降水量充沛。小麦灌浆期间经常阴雨连绵，湿害较重，降水量较多，不利于小麦蛋白质和面筋高含量的形成。江淮平原独特的生态气候资源有利于低筋品质的形成，是中国弱筋小麦优势产业带。林作楫（1994）认为弱筋小麦由于软质的籽粒、低含量的蛋白质、低含量的吸水率以及较弱的面筋强度导致其面粉颗粒细，淀粉破损少，吸水少，在和面及搅拌面糊时可以避免形成完全的面筋，多能满足饼干、糕点酥脆松软的要求，是加工饼干、糕点、南方馒头等食品的主要配料之一。《优质小麦　弱筋小麦》（GB/T 17893—1999）中规定，弱筋小麦是粉质率不低于 70%，干基粗蛋白质含量≤12. 5%，面粉湿面筋含量≤22%，稳定时间≤2. 5min，适合制作蛋糕和酥性饼干等食品的小麦。

小麦是中国的主要粮食作物之一，随着人们生活水平的提高和饮食结构的改善，中国饼干、蛋糕等消费需求快速增长，优质弱筋小麦需求量随之也不断增加，而国内目前的弱筋小麦生产尚不能满足市场需求。直至 20 世纪末 21 世纪初，优质弱筋小麦育种才被列为主要育种目标之一，弱筋小麦的区域规划也列为优质小麦区划生产布局的重点之一，因此加强弱筋小麦育种及推广是一项十分紧迫的任务。品种的遗传特性、气象因素（温度、日照和水分）、土壤和栽培措施等环境条件都会对小麦品质的优劣产生影响。影响小麦品质的三大因子（气象、土壤、品种）中，气象因素的影响作用最大。大量研究表明，小麦抽穗至成熟时期的温度、日照和水分是直接影响小麦品质的主要因子。

蛋白质含量在小麦灌浆期平均温度在 15～32℃随温度上升而提高。

小麦籽粒蛋白质含量随降水量增多而呈减少趋势，小麦籽粒淀粉产量随降水量增多而提高，但是降水量的增多会稀释籽粒 N 含量或因对土壤有效 N 的淋溶和反消化作用而减少籽粒蛋白质的形成。小麦生育后期面筋弹性随着降水量的增多而呈下降趋势，同时过多的降水量也会影响烘烤品质。

蛋白质数量和质量与光照有密切联系，较充足的光照有利于蛋白质数量和质量的提高。

蛋白质含量与土质的黏重程度密切相关，蛋白质含量随土质的黏重程度提高而增加，但是土壤过于黏重则又会降低蛋白质含量。沙土、沙壤土和黏土以及盐碱土地块不利于提高蛋白质含量，中壤及重壤土地块有利于提高蛋白质含量（何中虎等，2002；章练红等，1994；王绍中等，1994）。

长江下游以江苏为主体的淮河以南地区及皖豫鄂接壤地区，其沿江、沿海地区土壤沙性强，呈微碱性、质地较轻、含水量低、盐分含量高，保肥供肥能力差；降水量较多，光照较少，小麦生长易早衰，不利于较高的蛋白含量和面筋等的形成，有利于低蛋白和低筋力小麦的形成，是弱筋小麦产业发展的核心区域。

中国优质专用小麦需求量巨大，特别是弱筋小麦缺口比例最大。近些年中国弱筋小麦生产发展速度较快，江苏地区处于长江下游，小麦生育期平均温度为 8～9.8℃，灌浆期平均温度 18～20℃；小麦生育期降水量 400～500mm，灌浆期平均降水量为 80～120mm；小麦生育期日照时数 1 000～1 200h，灌浆期日照时数为 180～200h。小麦生长后期温度偏低，温差较小，日照较少，降水量相对较多，不利于小麦籽粒蛋白质的积累和强力面筋的形成，是弱筋小麦理想生产区（郭绍铮等，1994；杨学明等，2002）。江苏沿江、沿海弱筋小麦种植面积在 2009 年达到约 $53.3\times10^4hm^2$，年产量 280×10^4t 左右，成为全国最大的优质弱筋小麦生产基地，各种面粉加工企业以及饼干糕点加工企业所需的弱筋小麦主要来自该区域（张晓等，2012）。安徽省沿淮地区及江淮之间丘陵地区弱筋小麦种植面积常年稳定在 $23.3\times10^4hm^2$ 左右。河南省信阳地区的息县、固始和淮滨弱筋小麦种植面积也在逐步扩大稳定，信阳发展优质弱筋小麦具有得天独厚的区位与气候条件，有利于实施弱筋小麦区域化布局、规模化生产、产业化经营，2019 年，信阳弱筋小麦推广种植面积达到 13. 93×10^4hm^2。其中，淮滨县 4×10^4hm^2，息县 3. 33×10^4hm^2，淮滨成为“中国弱筋小麦第一县”和“五粮液原料供应基地”，息县和固始县成为“茅台原料供应基地”。

早在 20 世纪 50 年代，国外就开展了软质小麦品种选育、品质区域划分等一系列研究工作，加拿大、澳大利亚、美国等国根据其生态环境的不同将全国小麦主要产区分成不同品质区域，同一类型品种集中连片种植，并严格监控其生产、运输、贮藏、加工等环节，从而保证小麦品质的纯度、优质与稳定。同时，对籽粒质地和硬度、戊聚糖、面团流变学特性、溶剂保持力、面团强度特性、蛋白质亚基等与饼干和糕点加工品质密切相关的因素进行了深入研究（Kaldy et al.，1991；Yamamotohy et al.，1996；Houg et al.，1996；Bettge et al.，1996；Guttieri et al.，2001；Morris et al.，2005；陈俊才等，2007；姚国才等，2008）；与饼干烘焙品质紧密连锁的分子标记通过分子标记技术已经获得（Campbell et al.，2001；Flávio Breseghello et al.，2005；Campbell et al.，2007），这对优质弱筋小麦品种选育和生产推广起到了重要作用（Souzae et al.，2007）。

过去一直认为红皮小麦低含量的粗蛋白以及低含量的湿面筋是“劣质小麦”，导致中国小麦品质的研究起步较晚，直至 20 世纪 90 年代以来，弱筋小麦的科研和生产推广得到政府的高度重视。《优质小麦　弱筋小麦》（GB/T 17893—1999）1999 年制定，农业部于 2003 年先后制定了中国小麦品质区划方案和中国优质专用小麦优势区发展规划。同时，优质弱筋小麦品种选育及示范推广也得到了政府的高度重视，弱筋小麦取得了突飞猛进的发展。据统计，至今，中国已先后审定了 40 余个弱筋小麦品种（表 2-1）。这些品种品质指标达到国家弱筋小麦标准，产量比当地大面积推广品种有明显增加，稳产性好，综合抗性显著增强。

表 2-1　江淮平原常规栽培弱筋小麦品种（按审定年份排序）

	品种名称	组合或来源	审定时间（年）	蛋白质含量（%）	湿面筋含量（%）	稳定时间（min）
1	皖麦 18	百农 3217×安农 8108	1992（安徽）	11. 60	20. 90	1. 0
2	皖麦 19	博爱 7422/豫麦 2 号	1994（安徽）	14. 88	35. 60	

（续表）

	品种名称	组合或来源	审定时间（年）	蛋白质含量（%）	湿面筋含量（%）	稳定时间（min）
3	扬麦 9 号	鉴三/扬麦 5 号	1996	10.90	21.80	1.4
4	宁麦 9 号	扬麦 6 号/西风	1997	10.20	20.15	1.3
5	滇麦 24	78-3845×980	1997（云南）	10.90	22.50	1.0
6	豫麦 50	抗白粉病轮选群体中系谱法选育	1998	9.98	20.80	1.5
7	扬辐麦 1 号	（1-3058×扬麦 5 号）F_1 辐射诱变	1998（江苏）	10.50	26.70	2.8
8	扬麦 158	扬麦 4 号/ST1472/506	1999（浙江）	13.30	26.40	6.0
9	川农麦 1 号	绵阳 11×川农 84-1	1999（国）	12.20	19.80	1.5
10	豫麦 60	组合为豫麦 13/郑州 831，F_1 代花药培养，诱导出单倍体苗，进行染色体加倍后筛选而成	1999 年通过河南省审定并命名	11.86	20.20	4.7
11	建麦 1 号	泗阳 936 小麦田中抗赤变异株选育	2001（江苏）	13.50	23.00	1.2
12	皖麦 47	皖西 8906//博爱 7422/宁麦 3	2002（安徽）	11.60	22.70	1.5
13	克丰 9 号	九三 88D-25×新克旱 9 号	2002（黑龙江）	11.60	18.90	1.0
14	太空 5 号	豫麦 21 进行太空诱变选育而成	2002（河南）	9.98	20.80	1.5
15	川农 16	川育 12×87-429	2003（国）	10.90	20.90	1.9
16	绵阳 30	（绵阳 01821 × 83 选）13028×绵阳 05520-14	2003（国）	11.60	20.10	1.4
17	浙丰 2 号	皖鉴 7909×浙 908	2003（国）	11.90	23.90	1.8
18	川麦 41	91T4135/88 繁 8	2003（四川）	11.10	22.70	1.1
19	扬辐麦 2 号	（扬麦 158×1-9012）F_1 辐射诱变	2003（国）	11.10	18.90	1.3
20	皖麦 48	矮早 781/皖宿 8802	2004（国）	11.23	23.23	0.9

（续表）

	品种名称	组合或来源	审定时间（年）	蛋白质含量（%）	湿面筋含量（%）	稳定时间（min）
21	郑麦 004	（豫麦 13/90M434）F_1/石 89-6021（冀麦 38）	2004（国）	11.96	23.20	0.9
22	皖麦 48	矮早 781×皖宿 8802	2004（国）	11.20	23.30	0.9
23	靖麦 11	78-3845/980	2004（四川）	10.00	22.00	1.4
24	扬麦 13	扬 88-4×扬麦 3 号×Marit-Dove	2003（皖） 2004（苏）	10.20	19.70	1.1
25	扬麦 15	扬 89-40（扬麦 4 号/扬 80 鉴三选系）×川育 21526	2004（国） 2005（江苏）	9.80	22.00	0.9
26	郑丰 5 号	Ta900274/豫麦 13 号	2006（河南）	12.42	23.60	1.4
27	宁麦 13	宁麦 9 号系选	2006（国）	11.10	21.80	3.5
28	苏申麦 1 号	扬麦 1 号变异株辐照后代系选而成	2007（上海）	11.10	23.70	1.9
29	安农 0305	豫麦 18/皖麦 19	2007（安徽）	12.55	24.80	1.9
30	扬麦 18	宁 94/3 扬 1586/2/88-128/南农 P045	2008（皖）	10.04	17.50	1.1
31	扬麦 19	扬 96/4/扬 1583/3/（Y. c. 扬 5）F_1/2/扬 85-854	2008（皖）	10.57	17.90	1.1
32	鄂麦 251	S048/B41062-1//鄂麦 11	2009（鄂）	12.56	22.90	1.4
33	扬麦 20	扬麦 10 号/扬麦 9 号	2010（国）	12.10	22.70	1.2
34	扬麦 21	宁麦 9 号/红卷芒	2011（苏）	11.50	24.00	2.4
35	绵麦 51	1275-1（绵麦 37）/99-1522（川麦 43）	2012（国）	12.71	24.90	1.8
36	鄂麦 580	太谷核不育系/小麦品系 957565 杂交	2012（鄂）	12.18	23.73	1.3
37	扬麦 22	扬麦 9 号×3/97033-2	2013（国）	11.70	24.00	1.4
38	川麦 10	2469×80-28-7	2001（国）	12.00	16.30	2.0

（续表）

	品种名称	组合或来源	审定时间（年）	蛋白质含量（%）	湿面筋含量（%）	稳定时间（min）
39	宁麦 22	在宁麦 12 初始群体（繁殖区）中（宁麦 12 来源于宁 9170/扬麦 158，宁 9170 来源于鄂麦 9 号/Sunety）	2013（国）	12.82	26.10	2.4
40	郑麦 103	周 13/D8904 - 7 - 1//郑 004	2014（河南）	14.84	25.20	2.2
41	绵麦 285	1275-1/99-1522	2015（四川）	11.10	21.30	0.9
42	绵麦 122	绵 06-367/99-1522	2016（四川）	10.50	20.30	1.2
43	皖西麦 0638	扬麦 9 号/Y18	2018（国）	11.16	23.80	1.1
44	光明麦 1311	3E158/宁麦 9 号	2018（国）	11.38	22.50	2.5
45	农麦 126	扬麦 16/宁麦 9 号	2018（国）	11.65	21.30	2.1
46	森科 093	Tal/偃科 956//周麦 22	2020（河南）	11.70	21.10	2.4

二、弱筋小麦品种演替

中华人民共和国成立以来的一个很长时期内，小麦育种及生产目标均围绕产量指标进行，品质育种工作基本没有开展（杨四军等，1999；姚金保等，2002）。1985 年，我国提出发展专用小麦，到 1996 年发展面积也只有 $106.7\times10^4 hm^2$，直至 20 世纪 90 年代后期才开始对品质真正重视起来（郭志刚等，2002）。那时人们才意识到江淮麦区种植的红皮小麦并非劣质小麦，而是长期自然选择的结果，其较低含量的蛋白含量和湿面筋含量并非其缺点，而是适合制作饼干、糕点、南方馒头等麻脆松软食品以及适合酿酒的优质小麦。到 2001 年，专用小麦面积才迅速发展。以江苏、安徽红麦区域为主的长江中下游地区是中国软质弱筋小麦的优势产区，是全国最大的软质弱筋小麦生产基地（何中虎等，2002；王龙俊等，2002）。但长期以来，软质弱筋小麦品质育种在中国没有引起足够的重视，直至“九五”期间（1996—2000 年）宁麦 9 号和扬麦 9 号等弱筋品种的育成审定并推广，为弱筋小麦产业发展奠定了良好的基础（袁秋勇等，2004）。宁麦 9 号品质达到国家规定的优质弱筋专用小麦品质指标标准，可以与美国、澳大利亚进口的优质饼干专用小麦软红冬小麦相媲美，成为国内公认的第一个品质稳定的优质弱筋饼干专用小麦品种（钱存鸣等，1999）。此后，江苏、安徽和河南育成了多个软质小麦新品种，育成弱筋小麦品种的数量逐渐增多，弱筋小麦的种植面积和产量也逐年稳步提高。江苏省育成并审定了扬麦 9 号、宁麦 9 号、建麦 1 号等弱筋小麦品种，安徽省育成并审定了皖麦 18、皖麦 19、皖麦 48、皖麦 49 等弱筋小麦品种，河南省育成的有郑麦 004、郑丰 5 号、豫麦 50 等弱筋小麦品种。这些品种的成功育成以及推广应用为中国弱筋小麦产业的起步发挥了不可替代的作用。

江苏省、安徽省中部、湖北省襄阳以及河南省信阳等江淮平原地区为小麦集中产区，也是中国弱筋小麦发展潜力最大的地区之一。中华人民共和国成立以来，江淮平原麦区共经历了 6 次较大的品种更换，大概每 10 年更换 1 次，但是弱筋小麦在国内研究起步较晚，直至 20 世纪 90 年代以来，弱筋小麦的科研和生产推广得到政府的高度重视以后，小麦品质育种才得到了迅速的发展。90 年代该区域的当家弱筋小麦品种是扬麦 158，扬麦 158 年最大推广面积 $148\times10^4hm^2$，占本麦区面积的 50%以上，到 2013 年累计推广 $1\times10^7hm^2$（邱军等，2015）。“十五”期间，针对弱筋小麦育种目标以及产业发展需求，育成了扬麦 13、扬麦 15、扬辐麦 2 号、宁麦 13、皖麦 48，同时创新了弱筋种质资源和亲本选用，在弱筋小麦育种过程中研究并且制定了不同阶段的品质筛选鉴定方法；2001 年以来，该麦区随着扬麦 13、宁麦 13、扬麦 15 等品种的推广和面积扩大，完成了第 2 次弱筋小麦品种更换；育成的扬麦 13、扬麦 15 和宁麦 13 不仅在综合抗性、品质、产量等方面均有综合提高，最显著的改变是品质。扬麦 15 的饼干和蛋糕烘烤评分均赶上美国软红麦。扬麦 13 饼干烘烤评分超过了作为对照的美国软红麦，扬麦 13 属春性弱筋品种，综合性状较好，稳产性好，好种易管，弱筋品质稳定，受到生产和市场欢迎，适宜在淮南麦区推广种植。该品种 2003 年在安徽、江苏、河南 3 省开始推广，2009 年达到年最大推广面积 $25.9\times10^4hm^2$，到 2013 年累计推广 $193\times10^4hm^2$，是目前中国种植面积最大的弱筋小麦品种（邱军等，2015）。宁麦 13 产量高，稳产性好，但是抗倒春寒能力较差，在生产推广过程中因为遭遇了几次倒春寒造成产量损失，从而制约了其面积进一步扩大，该品种适宜在长江中下游冬麦区的江苏和安徽 2 省淮南地区、湖北省鄂北麦区、河南省信阳的中上等肥力田块种植。该品种 2005 年开始推广，到 2013 年累计推广面积 $86.7\times10^4hm^2$，是长江中下游冬麦区第 6 次品种更换的主要品种群之一（邱军等，2015）。当前，随着苏申麦 1 号、扬麦 18、扬麦 19、扬麦 20、扬麦 21、宁麦 21 和农麦 126 等品种的成功育成和推广（张晓等，2012），已进入又一次品种更换。

三、江淮平原弱筋小麦代表性品种选育

1. 扬麦 13

选育单位　扬州大学农学院、江苏省里下河地区农业科学研究所。

选育人员　程顺和、吴宏亚、张晓强、张伯桥、高德荣。

选育方法　扬麦 13 由江苏里下河地区农业科学研究所（国家小麦改良中心扬州分中心）选育而成，组合为扬 88-84/扬麦 3 号/Marist Dove（吴宏亚等，2004）。

审定年代　2002 年通过安徽省审定，2003 年江苏审定。

推广时间　自 2003 年以来。

种植面积　该品种综合性状较好，稳产性好，好种易管，弱筋品质稳定，受到广泛欢迎。适宜在安徽、江苏 2 省淮南麦区推广种植。该品种 2003 年开始推广，2009 年，达年最大推广面积 $25.9\times10^4hm^2$，到 2013 年累计推广 $193\times10^4hm^2$，是中国种植面积最大的弱筋小麦品种，目前种植面积开始下降，是长江中下游冬麦区第 6 次品种更换的主要品种群之一（邱军等，2015）。

应用前景　弱筋小麦的市场需求随着工业化、城市化的发展以及人民较高的生活水平而呈逐年上升趋势。据专家测算，中国每年大约需要优质专用小麦 $1\ 600\times10^4t$，其中，优质饼干和糕点用小麦（弱筋）350×10^4t（面包小麦 260×10^4t），生产饼干、糕点等优质弱筋小麦原料由于中国弱筋小麦的缺口很大，基本上依赖进口，而江苏又处于农业农村部规划的弱筋小麦优势区划带，安徽省西部地区以及江苏省的沙土-沙壤土地区的土壤、光、温度、降水量等生态因子适合扬麦 13 种植推广。同时，长江、淮河等水路发达，扬麦 13 从主产区运输至东南沿海城市弱筋小麦主销区，水运成本低，相比国外进口小麦在价格上具备竞争优势（吴宏亚等，2004）。

近年国家十分重视“三农问题”，不断加大对农业的支持力度，再加上农民种粮积极性的提高，扬麦 13 得以大力示范推广，并配套以区域化布局、规模化种植、规模化经营、标准化生产等对小麦生产品种结构进行调整，对满足市场需求，实现农民增收、农业增效均有重要意义。江苏省里下河地区

农业科学研究所采用综合育种科技路线育成的优质抗病弱筋小麦新品种扬麦13已被苏、皖两省列为重点推广的弱筋小麦品种，并已申请品种权保护（CNA001089E），占据一定的弱筋小麦市场份额，前景十分看好。扬麦13经农业农村部谷物品质监督检验测试中心检测，符合国家优质弱筋小麦标准。同时，它还能抗赤霉病、白粉病、纹枯病等。专用于做饼干、糕点的优质弱筋小麦新品种扬麦13于2010年被列为全国农业主导品种。由此，它已连续6年获此殊荣。研究人员称，中国弱筋小麦需求量每年 35×10^8kg。2009年，扬麦13推广种植面积 33.33×10^4hm^2，小麦总产 18×10^8kg，占全国总需求的1/2。这意味着，每吃两块饼干、两块糕点和两个南方馒头，其中一半原料来自扬麦13小麦，即“一半饼干糕点‘扬麦造’”（中国食品质量报，2010）。

2. 郑麦004

选育单位　河南省农业科学院小麦研究中心。

选育人员　杨会民、雷振生、吴政卿、赵献林、王美芳、杨攀、何宁、何盛莲、徐福新。

选育方法　1993年，组配了豫麦13号/90M434组合。豫麦13号高产、稳产，适应性广，免疫条锈病，抗纹枯病，叶枯病轻，感白粉病，不抗倒伏。在河南省及黄淮南片麦区有较大的种植面积，是河南省小麦品种第6次换代的主体品种之一。90M434来源于CIMMYT，矮秆抗倒，抗条锈病、抗白粉病，大穗多粒，灌浆较慢，叶片下披，株形松散。由于对此组合的株形不理想，1994年以（豫麦13号/90M434）F_1代为母本、石89-6021为父本进行杂交，组合代号为94661。石89-6021（河北省审定名为冀麦38，1998年国审）是石家庄农业科学院选育的高产小麦品种，分蘖力较强，叶片较小、上冲，株形紧凑，株高80cm左右，中早熟，熟相好，籽粒饱满度好，抗条锈病、叶锈病和白粉病，轻感叶枯病，抗干热风。另外，此组合也充分考虑了品质性状，90M434和石89-6021的沉降值均较低，豫麦13号的蛋白质含量也较低。1994年将 F_0 代种子秋播，1995年选6个单株，F_2 代种5个单株，1996年选9个单株，F_3 代全部种植，1997年选12个单株，F_4 代种植7个单株（淘汰了千粒重低的5个单株），1998年夏选出94661-1-2-4株系，此系偏弱春性，叶片上冲、叶面干净，中矮秆，穗较多，壳色一致，混收经室内考种籽粒饱满度较好，又从此系中选4个单株。1998—1999年度（F_5 代）种植了此系中的3个单株，94661-1-2-4参加春水组鉴定，折合产量8 469kg/hm^2，比对照豫麦18号增产51.2%，居参试各系之首。此系丰产性较好，但整齐度稍差。从中选出的94661-1-2-4-2，半冬性，整齐度好，抗病性及熟相均优于94661-1-2-4。1999—2000年94661-1-2-4-2参加冬水组鉴定，折合产量8 137.5kg/hm^2，比对照增产17.2%，居第5位。2000—2001年度参加多点产量比较试验。在4个试验点平均产量7 816.5kg/hm^2，较对照豫麦49号增产7.3%，增产达显著水平，在试验中为第1位。2001—2002年度参加区试预试，2002—2003年度参加黄淮南片冬水组区试，2003—2004年度继续参加黄淮南片冬水组区试，同时也参加黄淮南片冬水组生产试验（杨会民等，2010）。

审定年代　2004年国审。

推广时间　自2004年国审以来。

种植面积　安徽省及江苏省北部、河南省南部、湖北省北部弱筋小麦适宜种植区累计推广面积超过67×10^{4}hm^2，产生了较好的经济效益。

应用前景　郑麦004系谱中有多个国外品种，对国外品种进一步进行系谱分析发现其国外品种遍布20多个国家，其中，阿夫、欧柔、碧玉麦这些品种在中国有较大种植面积，而且广适性强。因此，郑麦004遗传基础丰富，遗传背景广泛，是其良好的高产、稳产、优质、广适等诸多优点集于一体的基础（杨会民等，2010）。

3. 郑丰5号

选育单位　河南省农业科学院小麦研究中心。

选育人员　吴政卿、雷振生、何盛莲、赵献林、杨攀、何宁、王美芳、凡军洲。

选育方法　面对日益增长的物质的需要，专用小麦的需求越来越迫切。以往比较重视中强筋小麦品种的选育，而忽视了弱筋小麦品种的选育，导致河南省主要种植小麦品种以及生产与加工部门都缺少弱筋专用小麦品种。现在河南省小麦品种产量逐年提高，但病害发生越来越重。抗病小麦品种比较少，基于现实情况制订了如下育种目标：抗性好，主要包括抗生产中的主要病害，抗旱抗涝抗干热风，产量水平稳定，适应性广，产量稳定在7 500kg/hm^{2}左右，品质性状优良，达到弱筋小麦标准，适合专用品质加工利用。根据制订的育种目标，1992年以Ta900274为母本，以豫麦13号为父本组配“Ta900274/豫麦13号”杂交组合，母本Ta900274具有抗条锈病、抗白粉病、成熟较早，熟相好等优良性状，父本豫麦13号具有高产、稳产、适用性广、推广面积大等优良性状。F_1代混合收，从F_2代开始采用系谱法进行定向选择和鉴定，经过9年的连续选择于2003年育成性状稳定一致抗病性强的小麦新品系郑麦2441。2004—2006年通过河南省区试和生产试验，于2006年推荐报审，更名为郑丰5号（吴政卿等，2009）。选育过程如下：

1992年	Ta900274/豫麦13号
	↓
1993年	F_1代混收
	↓
1998年	F_6代6个株系
	↓
1999年	F_7代5个株系
	↓
2000年	Ta2441 16个株系
	↓
2001年	春水鉴定
	↓
2002年	多点品比
	↓
2003年	省春水组预试郑麦2441
	↓
2004年	省高春Ⅰ组区试
	↓
2005年	省高春Ⅰ组区试
	↓
2006年	省高肥春水Ⅱ组生试
	↓
	郑麦2441（后更名郑丰5号）

审定时间　2006年9月。

推广时间　自2006年以来。

应用前景　据农业农村部农产品质量监督检验测试中心（郑州）对2006年度生试混合样进行检测，检测报告显示：容重782g/L、粗蛋白（干基）12.42%、湿面筋含量23.6%、稳定时间1.4min、降落值376s、形成时间1.7min、弱化度200F.U，郑丰5号（郑麦2441）品质指标达到国家弱筋小麦品质标准，是制作饼干、糕点以及啤酒的优质原料（吴政卿等，2009）。小麦是中国第二大粮食作物，优质专用小麦需求量较大，同时销路好，价格也高。大力推广达到国家标准的弱筋小麦新品种郑丰5号不仅可以提高小麦单价，同时可以增加农民收入，增加我国农产品的国际竞争力，这对我国农业供给侧结构改革具有重要的意义。

4. 宁麦 13

选育单位　江苏省农业科学院农业生物技术研究所和江苏省农业科学院粮食作物研究所。

选育人员　杨学明、姚金保、姚国才、钱存鸣。

选育方法　宁麦 13（原名宁 9 系选、宁 0078）系江苏省农业科学院粮食作物研究所从宁麦 9 号原始群体中经系统选择育成。宁麦 9 号具有分蘖成穗数较多，结实率高，穗粒数较多，赤霉病轻，抗梭条花叶病，丰产性、稳产性和适应性较好等特点，但该品种存在茎秆偏软、抗倒性偏弱、籽粒偏小、千粒重较低等不足之处。宁麦 9 号是采用集团选择法育成的品种，在其育成初期的原始群体中存在一定程度的剩余变异，因而针对宁麦 9 号茎秆偏软、抗倒性偏弱、籽粒偏小的弱点，以期在其原始群体中继续选拔以选择出优点明显，且抗倒性增强、茎秆结实、籽粒大、千粒重提高、产量潜力更大的优质小麦新品种。鉴于以上育种目标，1997 年 5 月在宁麦 9 号原始群体中采用选择单穗的方法，经考种发现在选择的 20 000 个单穗中有 230 个籽粒明显大于宁麦 9 号的变异单穗，于当年秋天把选择的 230 个单穗采用穗行播种的方式，以宁麦 9 号为对照，1998 年在后代群体中选择出株高低于宁麦 9 号、千粒重高的优异穗行 18 个，这 18 个穗行分别种成穗系。1999 年对选择的 18 个穗系继续选择，在田间鉴定中发现有 2 个穗系旗叶宽度比宁麦 9 号宽、茎秆较粗壮且抗倒性较强，在这两个穗系中选择其中优异单株，经室内考种，选择千粒重相对比较高的单株 399 株，当年秋播把这 399 个单株种成株系。2000 年根据抗倒性、旗叶宽度、株高、抗病性、熟相等性状进行田间鉴定、筛选，最后选择出了 89 个株系，这些株系抗倒性强、旗叶较宽、株高较矮。经室内考种发现有 9 个株系籽粒不饱满，淘汰掉这 9 个籽粒不饱满的株系，将剩下的 80 个株系选中。2000 年秋播把宁麦 9 号和扬麦 158 作为对照进行产量鉴定和品种比较，综合田间鉴定及室内考种发现宁 9-46 品系表现出较强的分蘖性、较高的成穗率、较好的抗倒性、较高的千粒重、较大的产量潜力、中抗赤霉病、抗梭条花叶病等优良性状特点。2001 年秋播将宁 9-46 以宁 9 系选（后编号为宁 0078）推荐参加江苏省淮南片弱筋小麦新品种区域试验，2003—2004 年参加江苏省淮南片小麦生产试验，2005 年 9 月通过江苏省农作物品种审定委员会审定，定名为宁麦 13。该品种于 2003—

2005 年参加长江中下游冬麦组区域试验，2005—2006 年进入长江中下游冬麦组生产试验，2006 年 9 月通过国家农作物品种审定委员会审定（杨学明等，2007）。

选育过程如下：

1997 年　宁麦 9 号原始群体中选择了 20 000 个单穗
（经考种发现 230 个籽粒明显大的单穗秋天穗行播种）
↓
1998 年　选择出株高低、千粒重高的优异穗行 18 个，分别种成穗系
↓
1999 年　有 2 个穗系旗叶宽度比宁麦 9 号宽、茎秆较粗壮、抗倒性强，选择其中优异单株
（选择千粒重高的单株 399 株，秋播种成株系）
↓
2000 年　选择抗性强、旗叶宽、株高矮的株系 89 个
（经室内考种当选 80 个进行秋播）
↓
2001 年　宁 9-46 品系表现出分蘖性强、成穗率高、抗倒性好、千粒重高、中抗赤霉病
（后编号为宁 0078，参加江苏省淮南片弱筋小麦新品种区域试验）
↓
2002 年　参加江苏省淮南片弱筋小麦新品种区域试验
↓
2003 年　参加长江中下游冬麦组区域试验
↓
2004 年　参加长江中下游冬麦组区域试验
↓
2005 年　江苏省审定（定名为宁麦 13）
（进入长江中下游冬麦组生产试验）
↓
2006 年　通过国家农作物品种审定委员会审定

审定时间　2005 年江苏省审定；2006 年国家审定。

推广时间　宁麦 13 在江苏省国家长江中下游麦区区域试验中，产量均居参试品种的首位，并被江苏省确定为 2007 年农业主导品种之一。自 2007 年以来开始大面积推广种植。

推广面积　该品种主要优点是产量高，稳产性好。主要缺点是抗倒春寒能力较差，推广过程中曾遭遇了几次倒春寒，造成产量损失，制约了其面积进一步扩大。适宜在长江中下游冬麦区的江苏和安徽 2 省的淮南地区、湖北省鄂北麦区、河南信阳的中上等肥力田块种植。该品种 2005 年开始推广，

到2013年累计推广面积86.7×10^4hm^2，是长江中下游冬麦区第6次品种更换的主要品种群之一（邱军等，2015）。

应用前景　经南京财经大学粮油食品检测中心分析，其容重为795g/L，粗蛋白含量10.9%，湿面筋含量21.2%，降落值442s，面团吸水率57.5%、形成时间1.8min、稳定时间2.1min，粉质评价33，符合《优质小麦　弱筋小麦》（GB/T 17893—1999）标准，已达到商业部饼干专用小麦的品质指标（杨学明等，2007）。弱筋小麦是中国优质专用小麦中缺口比例最大的一类，为了加快中国弱筋小麦产业的发展，农业农村部制定优质专用小麦优势区规划，长江中下游麦区是农业农村部颁布标准中中国唯一的弱筋小麦优势产业带，而江淮平原也是弱筋小麦主产核心区，江淮地区在地理位置上交通便捷，同时境内沿江、沿海地区加工企业较多，在弱筋小麦生产加工中的作用特别重要；宁麦13被列入农业农村部科技跨越计划，这对于宁麦13的推广应用起到了积极的作用。

5. 扬麦15

选育单位　江苏里下河地区农业科学研究所、江苏金土地种业有限公司。

选育人员　程顺和、陆成彬、张伯桥、高德荣、张勇、吴宏亚、吕国锋、范金平。

选育方法　1994年，江苏里下河地区农业科学研究所，即国家小麦改良中心扬州分中心以扬89-40（扬麦4号/扬80鉴三）为农艺亲本，与川育21526杂交组配杂交组合，经过1996年、1997年、1998年连续3年连续选株选系，并对该组合的优良品系进行农艺性状的鉴定选择和品质测试筛选鉴定，1999年选育出优质弱筋小麦新品系扬00-118等综合性状表现较好的进入鉴定圃，2000年00-118在鉴定圃中表现优异，2000年秋播进入品种比试验和长江中下游多点适应性试验，2001—2003年同时参加国家长江中下游冬麦区区域试验和江苏省淮南片区域试验，2003年秋播进入长江中下游冬麦区和江苏省生产试验。2004年和2005年分别通过国家和江苏省审定并定名为扬麦15。同年起被江苏省列入国家优质专用小麦良种推广补贴品种。2005年获得国家农业植物新品种权证书（品种权号CNA20030409.7）（陆成彬等，2006）。

选育过程如下：

1994 年	扬 89-40（扬麦 4 号/扬 80 鉴三）/川育 21526
	↓
1995 年	F_1
	↓
1996 年	F_2
	↓
1997 年	F_3
	↓
1998 年	F_4
	↓
1999 年	选出新品系 00-118
	↓
2000 年	进入长江中下游冬麦区和江苏省生产试验
	↓
2001—2003 年	参加国家长江中下游冬麦区区试和江苏省淮南片区试
	↓
2003 年	进入长江中下游冬麦区和江苏省生产试验
	↓
2004—2005 年	通过国家和江苏省审定并定名为扬麦 15

审定年代　2004—2005 年通过国家和江苏省审定。

推广时间　自 2005 年以来。

推广面积　2007—2008 年度江苏省弱筋小麦种植以扬麦 13、扬麦 15、宁麦 9 号、宁麦 13 为主。特别在长江下游地区，弱筋小麦主导品种的推广优势尤为突出，扬麦 15 累计推广面积为 $66.7\times10^4hm^2$。

应用前景　扬麦 15 具有高产稳产，中抗-中感赤霉病，中抗纹枯病、叶锈病等综合抗病性，早中熟，熟期适宜，熟相好，品质优良等优点。该品种在 2001—2002 年度国家冬小麦长江中下游组区试中是唯一 3 项指标均达到国家弱筋小麦标准的。其饼干评分高于美国软红麦，为优质饼干、糕点专用小麦。农业农村部在制定优质专用小麦优势区规划的同时，把扬麦 15 列入农业农村部科技跨越计划，这对扬麦 15 的示范推广起到了积极的推动作用。在 2003 年 9 月全国优质专用小麦示范工作座谈会上，扬麦 15 被专家鉴评为品质较好的弱筋品种。在安徽省、江苏省淮南地区，河南省信阳地区及湖北部分地区具有较大的种植面积，由于其优良的品质性状受到许多加工企业的青睐。扬麦 15 在江苏、信阳等地区已经形成了弱筋小麦-低筋面粉-烘焙食品及工业化主食精深加工产业链的生产模式，把弱筋小麦生产、加工、销售融为一体，形成产加销一条龙的产业格局。

6. 扬麦21

选育单位　江苏里下河地区农业科学研究所、江苏金土地种业有限公司。

选育人员　陆成彬、范金平、褚正虎、彭军成、王朝顺、张伯桥、高德荣。

选育方法　品种系谱为宁麦9号/5/宁麦9号/红蜷芒。其中，宁麦9号是江苏省农业科学院育成的抗黄花叶病小麦品种，红蜷芒是含抗白粉病基因 *Pm5e* 的地方品种。试验育种材料均为普通小麦（*Triticum aestivum*）。自2000年以来在江苏省里下河地区农业科学研究所万福试验基地和昆明夏繁试验站进行杂交配组合与加代试验。以扬麦158和扬麦11号为对照品种进行产量鉴定与品种比较试验。2007年在品比圃中综合性状表现突出，2007年秋播参加长江中下游小麦适应性试验，2008—2011年参加江苏省淮南冬麦区区域试验和生产试验，2009—2012年参加国家长江中下游冬麦区区域试验和生产试验（陆成彬等，2016）。选育过程如下：

1995年　宁麦9号×红蜷芒
↓
1996年—2000年　选择抗病单株连续五次回交　F_1×宁麦9号 … F_1×宁麦9号
↓
F_1
不断鉴定选择性状优良单株
↓
2005年　F_6
↓
2005—2006年　鉴定圃06G138
↓
2006—2007年　品比圃
↓
2007—2008年　适应性试验
↓
2008—2012年　品种区域试验

审定时间　2011年、2013年分别通过江苏省和国家农作物品种审定。

推广时间　2013年以来。

应用前景　扬麦 21 在育种过程中，不仅注重抗病种质资源的利用，同时利用了地方品种红蜷芒，改变了其抗性基因来源。扬麦 21 的广适性强，稳产性较好，综合抗逆性强，适宜作为高产广适性品种推广种植。饼干、糕点的市场需求量随着人民日益增长的物质的需求而不断增长，优质弱筋小麦的需求量也将随之持续增加，而目前生产出来的弱筋小麦尚且不能满足市场需求。2008 年，农业农村部再次制定实施优质专用小麦优势区域发展规划，重点发展优质强筋和弱筋小麦。苏皖两省淮南地区是弱筋小麦产业带核心区，所生产的优质弱筋小麦品质达国家标准，可与美国、加拿大、澳大利亚等国的优质软麦相提并论。采用分子标记辅助育种和综合育种路线育成的扬麦 21，其主要理化品质指标和面团流变学特性指标基本达到弱筋专用小麦要求，能够满足弱筋小麦生产及加工企业的需求。江淮地区小麦商品率较高，且紧邻沿海粮食主销区，规模化集中化种植扬麦 21，利于产供销衔接，促进优质专用弱筋小麦生产持续健康发展，缓解食品加工产业对弱筋小麦的供需缺口较大的矛盾。

7. 扬辐麦 4 号

选育单位　江苏里下河地区农业科学研究所。

选育人员　何震天、陈秀兰、张容、王建华、王锦荣、刘健。

选育方法　在 1996 年以携带抗黄花叶病基因的小麦品种宁麦 9 号与宁麦 8 号杂交，同年将得到的 F_0 的种子经 $^{60}Co\gamma$ 射线辐照处理后用于秋季播种。1997 年得到 F_1 的种子，在 1998 年收获 F_2，同年秋播种植 F_2 代单穗并在抗病穗行中选单株，连续选择 5 年选出（1-3046），鉴定发现选出的后代抗赤霉病，在 2004 年进行品比及多点鉴定，在 2005—2007 年命名为扬辐麦 3046 并参加江苏省淮南麦区区域试验，在 2007—2008 年参加江苏省小麦淮南麦区生产试验和示范，在本年度的区域试验和生产试验中产量均位居第一，在 2008 年通过江苏省审定，并更名为扬辐麦 4 号（何震天等，2011）。选育过程如下：

1996 年	春宁麦 8 号×宁麦 9 号配制杂交组合	
	↓	
1996—1997 年	M_1F_1（F74）	F_1 种子播前辐照
	↓	
1997—1998 年	M_2F_2（小 9846）	种植 F_2 代单穗在抗病穗行中选单株
	↓	
1998—1999 年	M_3F_3（99-1844）	种植株系并在抗病株系中选单株
	↓	

1999—2000 年	M_4F_4（20-958） ↓	种植株系并在抗病株系中选单株
2000—2001 年	M_5F_5（11-621） ↓	种植株系，选择稳定株系
2001—2002 年	M_6F_6（1-2111） ↓	产量等性状鉴定，表现较好
2002—2003 年	M_7F_7（1-3046） ↓	继续鉴定，表现抗赤霉病
2003—2004 年	M_8F_8（1-3046） ↓	进行品比及多点鉴定
2004—2005 年	M_9F_9（1-3046） ↓	进行多点鉴定和试种，表现突出
2005—2007 年	扬辐麦 3046 ↓	参加江苏省淮南麦区区域试验
2007—2008 年	扬辐麦 3046 ↓	参加江苏省小麦淮南麦区生产试验和示范
2008 年	扬辐麦 4 号江苏省审定定名	

审定时间　2008 年通过江苏省审定。

推广时间　自 2008 年以来。

推广面积　截至 2018 年总推广面积超过 $173.34\times10^4hm^2$。

应用前景　扬辐麦 4 号品种产量突出，2011 年破江苏省小麦产量纪录，高抗小麦黄花叶病、中抗赤霉病。该品种在江苏省区试和国家长江中下游区试各试点中均表现较强的抗寒性，文献记载在 2007 年和 2008 年省区试最北边试点白马湖农场试点，大多数品系受低温的影响发生了明显的冻害，该品种未曾发生冻害；该品种茎秆粗壮，植株较矮，抗倒伏性较好（何震天等，2011）。该品种的大面积推广有效减轻了小麦黄花叶病和赤霉病的为害，同时也解决了在生产中倒伏的这一难题。

8. 扬辐麦 2 号

选育单位　江苏里下河地区农业科学研究所。

选育人员　何震天、陈秀兰、韩月澎、王锦荣、杨鹤峰、柳学余。

选育方法　1990 年选用扬麦 158 与突变品系 1-9012 杂交，当年种植 F_1，1991 年秋利用 $300Gy^{60}Co\gamma$ 射线照射后代干种子种植 M_1，1992 年秋播种植 M_2 穗行，1993 年秋播进入株系圃，选择优良抗病单株，经过筛选 1996 年夏混收综合性状优良的株系升入 1996—1997 年度鉴定圃，其中，扬辐麦 9798 农艺性状稳定、产量表现突出，1997—1999 年度进行品比和多点鉴定，

1999—2002年度参加江苏省淮南麦区区域试验和生产试验，2000—2003年度参加国家长江中下游麦区区域试验和生产试验，2002年和2003年分别通过江苏省和国家品种审定委员会审定，定名为扬辐麦2号（何震天等，2004）。选育过程如下：

1990年　扬麦158×突变品系1-9012

↓

1991年　M_1F_1 用300Gy $^{60}Co\gamma$ 射线照射后代干种子种植 M_1

↓

1992年　M_2F_2

↓

1993年　M_3F_3 秋播进入株系圃，选择优良抗病单株

↓

1994年　M_4F_4 选择优良抗病单株

↓

1995年　M_5F_5 选择优良抗病单株

↓

1996年　M_6F_6 扬辐麦9798农艺性状稳定产量表现突出

↓

1997年　扬辐麦9798　品比和鉴定

↓

1998年　扬辐麦9798　品比和鉴定

↓

1999—2002年　扬辐麦9798参加江苏省淮南麦区区域试验和生产试验

↓

2002—2003年　通过江苏省和国家品种审定委员会审定并定为扬辐麦2号

审定时间　2002年通过江苏省审定，2003年通过国家审定。

推广时间　自2003年以来。

应用前景　扬辐麦2号籽粒粉质，经农业农村部谷物及制品质量监督检验测试中心和南京经济学院粮油食品检测中心检测表明其品质指标达到国家弱筋小麦标准，而且其产量高，品质优，适应性广，抗逆性强，千粒重高，后期熟相好，适应长江中下游淮南麦区种植（何震天等，2004）。随着人们生活水平的提高，对小麦品质的要求愈来愈高，对弱筋小麦的需求随着以弱筋小麦为原料制作的各种食品市场占有率不断增加而呈逐年递增趋势。中国每年约需60亿kg的弱筋小麦原料，其中90%左右依靠进口，而采用辐射诱变法育成的扬辐麦2号其品质指标能够满足弱筋小麦生产及加工企业的需

求，大面积推广应用扬辐麦 2 号可以缓解我国弱筋小麦缺口较大的矛盾。

9. 扬麦 9 号

选育单位　江苏里下河地区农业科学研究所。

选育人员　程顺和、张伯桥、吴宏亚、张勇、陆成彬、高德荣、陆维忠。

选育方法　扬麦 9 号（原名 92P28）是江苏里下河地区农业科学研究所与江苏省农业科学院遗传生理研究所采用辐射诱变与花药培养技术相结合共同育成的一个矮秆、多穗、高产、抗赤霉病小麦新品种。其组合为鉴 3×扬麦 5 号。1984 年 1 月，温室配组，并春播加代。1986 年，该组合 F_3 各系性状表现都较突出，同年，秋播将其 F_2 集团筛选收藏的麦种经 ^{60}Co2.5 万居里辐照后播种，1987 年春天，收集花药、进行组织培养，获得 300 多个花粉植株，建立了类型丰富、性状稳定的花培株行，经连续 2 年选株选系，1990 年进入鉴定圃，1991 年进入品比圃，1992 年进入长江中下游小麦新品系适应性试验，1995 年通过江苏省小麦区域试验并进入生产试验，1997 年通过江苏省农作物品种审定委员会审定（张伯桥等，2000）。选育过程如下：

1984 年　　鉴 3×扬麦 5 号

（1 月温室配组，并春播加代）　↓

1985 年　　F_2

↓

1986 年　　F_3（将 F_2 集团选藏种经 ^{60}Co2.5 万居里辐照后播种）

↓

1987 年　　获得 300 多个花粉植株

↓

1988 年　　选株选系

↓

1989 年　　选株选系

↓

1990 年　　进入鉴定圃

↓

1991 年　　进入品比圃

↓

1992 年　　进入长江中下游小麦新品系适应性试验

↓

1995 年　　通过江苏省小麦区域试验并进入生产试验

↓

1997 年　　通过江苏省农作物品种审定委员会审定

审定时间　1997年江苏省审定。

推广时间　自1997年以来。

推广面积　年最大推广面积达 $7.53\times10^4hm^2$，已累计推广约 $21.3\times10^4hm^2$。

应用前景　随着人民日益增长的物质需求以及市场经济的高速发展，人们的膳食结构正在发生改变，对饼干、蛋糕等食品的需求越来越多，食品加工企业随之越来越多，弱筋小麦的需求也越来越大。以往推广的小麦品种产量较高，但品质不达标，无法满足加工企业的要求，同时，以往小麦种植没有实现区域化、规模化，阻碍了小麦产业化生产与经营，因此每年中国大量的优质弱筋小麦大部分都依靠进口。采用辐射诱变以及生物技术相结合育成的小麦新品种扬麦9号，稳产性好，抗倒性强，中抗赤霉病，而且其粉质仪面团流变学指标均达到了饼干专用粉原需求，适宜生产优质饼干（张伯桥等，2000）。饼干专用小麦扬麦9号的推广应用，采用实行育、繁、加、销一体化的生产模式，以科研单位培育新品种为龙头，通过与粮食局、面粉厂、食品加工企业的联系，小麦样品进行送样检测，在其品质指标达标以后联系农场和繁育基地进行大面积的种植，种出来的小麦直接供给面粉厂和食品加工厂，实现扬麦9号的订单生产。这种模式可以实现小麦的规模化经营、标准化生产、产业化发展，同时也可以实现小麦的优质优价，有利解决我国优质专用弱筋小麦原料短缺的难题（张伯桥等，2000）。

10. 豫麦50

选育单位　河南省农业科学院小麦研究所。

选育人员　吴政卿、雷振生、林作楫、赖菁茹、杨会民。

选育方法　豫麦50（即丰优5号）是目前中国少有的白软麦品种之一。是从中国、美国、澳大利亚等国内外20多个优异资源组成的抗白粉病轮选群体中选择的优良可育株，并经多年系谱和混合选择选育而成，利用太谷核不育小麦的特异性，通过回交将 *Tal*（*Ms*2）基因导入丰产、优质、抗病材料，主要农艺亲本百农3217、郑州761、豫麦2号、豫麦16，主要抗源亲本Axmia × 8cc（Pm1）、MarisDore（Mid）、LKa × 8cc（Pm2）、Asosa × 8cc（Pm3a）、Chni × 8cc（Pm3b）、Khaplic（Pm4a）、Hope ×（Pm5）、Tp114（Pm2、Pm4）、CL12633（Pm2，Pm6）、C39（Pm2、Pm4、Pm6）、Maris Huntsnan（Pm6）、郑州831、TJB529/187等。然后，将不育株按比例相间种植，组成抗白粉病原始群体。从原始群体内，收获不育株种子，按比例株行条播种植，组成第一轮轮选群体。以后各轮组群方式相同。丰优5号就是从第四轮选择的优良可育株 TaMPR89-111 再系选和混合选择选育而成，集优质、抗病、丰产于一体（吴政卿等，2002）。

审定时间　1998 年河南省审定。

推广时间　自 1998 年来。

应用前景　经过系谱选育及混合选择筛选出 Ta943410（丰优 5 号）表现抗病性好，沉淀值低，蛋白质含量低，品质指标基本达到优质弱筋小麦国家标准，填补了国内弱筋小麦品种缺乏的空白，并一直受到南方许多省市面粉加工企业和饼干、糕点企业的青睐，丰抗 5 号由于较低含量的蛋白质、较弱强度的面筋、较好的延展性成为加工饼干和糕点的优质原料，受到了国际市场的青睐。是优质突出、丰产稳产、综合抗病性好中早熟蛋糕饼干用软质小麦。1995 年获第二届全国农业博览会金奖（吴政卿等，2002）。

四、江淮平原弱筋小麦品种生态类型和熟期类型

小麦生长发育是一个有序的、复杂的动态过程，在其全生育期伴随着细胞分裂分化、营养器官形态建成和生殖器官形态建成，同时也伴随着内部生理生化的变化和外部形态特征的变化。苏联学者李森科提出阶段发育理论以来，各地小麦研究工作者开展了大量的研究工作，尤其是小麦春化阶段和光周期阶段等的生理生化变化和遗传机理等方面。1935 年，敖德萨提出了冬小麦“春化阶段”理论，将冬小麦经受低温影响的早期阶段称为“春化阶段”（赵大中等，1998）。以前研究认为小麦在经历春化阶段以后还需要经历光照阶段，即在低温春化阶段以后需要长日照或者在不间断光照条件下通过光照阶段才能抽穗结实，在小麦生长发育过程中，低温和日长都是重要的影响因子，低温是必需的条件，日长是控制抽穗的首要因子，所以小麦属于低温春化长日照植物，后来又把这一理论引申到许多重要栽培作物上去，认为阶段发育理论具有普遍的生物学意义（田良才等，1991）。前人研究表明，低温春化可以诱导植株花原基的分化，对作物成花进程具有启动或加速的作用，是越冬作物发育的重要过程。根据小麦在春化过程中不同温度反应的差异，将小麦划分为春性品种、半冬性品种和冬性品种（金善宝等，1996；田良才等，1991；李森科等，1956）。

在阶段发育理论的影响下（金善宝等，1996；田良才等，1991；秦君等，2000；曹新友等，2012）中国许多小麦科学研究工作者对小麦温光特性进行了大量系统的研究，用试验数据充分完善了传统的春化学说阶段发育

理论，同时又提出小麦形态指标的理论，即生理拔节时小麦通过田间春化的形态指标（陈恩谦等，2005）。

金善宝等（1992）认为，在植株个体发育过程中春化作用是其中一个代谢反应过程，而这个过程的诱导因子有低温和短日照及其产生的生态效应。不同小麦品种对完成春化作用所需要的低温程度和时间长短都有所不同（曹卫星，2001）。研究表明，冬小麦品种越往北方，需要越低的温度和越长的短日照时间才能完成其春化作用，相应品种的冬性也越强；而相反的越往南方，春化作用所需要的低温程度和经历短日照时间的要求比较宽泛，主要表现为所需低温程度可以提高、春化时间也可以相应缩短。根据不同小麦品种对春化温度和短日照时间反应程度的差别，将其区分为春性、半冬性和冬性类型（于振文等，2002）。

春性品种的春化特性：春性小麦对春化阶段所需要的低温程度和所需时间的要求，在不同的试验研究中呈现出不同的结果。崔继林等（1955）的研究表明，根据我国华东地区 104 个小麦品种在春化阶段的反应指出，小麦不同品种的春化阶段特性与其原产地的自然环境条件密切相关，并将春麦品种定义为所需低温温度在 0～12℃，经历短日照时间不超 10d 的小麦品种。在中国小麦生态研究结果中金善宝指出（秦君等，2000），普通小麦的春性品种和过渡型品种对于田间春化作用所需要的温度要求一般不是很严格，小麦在 8～15℃ 温度变化范围内即可顺利通过春化进入下一生长阶段。

半冬性和冬性品种的春化特性：在对半冬性和冬性小麦特别是强冬性小麦品种的研究表明，其生长发育的早期要求必须要经历一定时长的低温条件才能顺利通过春化阶段。崔继林等（1955）的研究表明，冬性小麦品种的春化阶段经历时间跟低温的程度密切相关，低温越低，经历的时间越短，低温超过了某个范围，则不能使小麦抽穗；在 0～3℃（或 2～4℃）低温时，春化作用一般需要 30～40d，但如果是 10～12℃ 低温处理，则无论处理多少日数基本都不能使小麦抽穗。一般情况下，在相同低温条件下，小麦品种的冬性强弱跟其通过春化阶段需要的时间长短密切相关，冬性品种通过春化阶段所需要的时间较长，半冬性品种通过春化阶段所需要的时间相对较短，但并不是温度越低越好，过低的温度会对植物产生冻害，从而影响植物的正常生长发育。半冬性品种春化阶段所需要的低温条件介于冬性和春性品种之间。崔继林等认为其春化要求 0～7℃，经历 15～35d（表 2-2）。

表 2–2 中国小麦阶段发育特性的划分

品种类型		春化阶段要求		光照阶段要求		
		温度条件（℃）	需要天数（d）	光长反应	光照条件	需要天数（d）
春性品种	南方秋播	0~12 （春播能抽穗）	5~15	反应迟钝	每天日照 8~12h 可以抽穗	15 以上
春性品种	北方春播	5~20 （春播正常抽穗）	5~15	反应敏感	每天日照 12h 以上抽穗	15 以上
弱冬性品种		0~7 春播抽穗迟或不抽穗）	15~35	反应中等	每天日照 8h 不抽穗，12h 可抽穗	25 以上
冬性品种		0~3 （春播不抽穗）	≥35	反应敏感	每天日照 8h 以上才能抽穗	30~40

注：李德炎等，小麦育种学，1976。

小麦生育期的长短和成熟期的早晚，是各个生育阶段开始的早晚和长短的综合表现。生育期和成熟期首先与阶段发育特性有密切的关系，与各器官发育的速度也有密切的关系。偏于春性的和对日照反应较迟钝的类型，能较快地通过阶段发育，一般具有较早熟的可能性；而冬性强的和对日照反应敏感的类型，在温度、日照等条件相适应的地区，能顺利地通过阶段发育，也可能表现相对早熟，所以阶段发育与成熟期类型的关系还取决于生态条件。

除了阶段发育特性以外，各器官发育的速度对成熟期的早晚起着重要的作用，各器官发育的速度表现在各生育阶段开始的早晚和长短上。小麦的生育期可划分为出苗至拔节期、拔节至抽穗期、抽穗至成熟期等前、中、后三期，其中，抽穗至成熟期还可以分为抽穗至开花期、开花至成熟期两个明显的时期。这些时期的长短在品种间存在明显差异，并对品种成熟的早晚起着重要作用。

在不同地区，小麦的全生育期和成熟期差距很大；在同一地区，不同品种间也有显著差异。品种的全生育期和成熟期，在遗传上首先决定于其阶段发育特性又取决于其各生育时期对温度、光照等要求的特性。即使在同一地区，成熟期相同或相近的一些品种之间的这些特性也互有差异，所以早熟性是这一系列特性在特定条件下所表现的最后性状，其遗传基础是复杂的。小麦的早熟性是生长发育到最后所表现的一种重要的稳定性状。国内外有关学者对其遗传性进行了广泛的研究，并发表了大量报道。在有关早熟性的研究中，大多学者都以抽穗期为指标。抽穗期还不能准确反映成熟期的早晚，因为开花的早晚、籽粒灌浆和脱水的快慢对成熟期也有较大的影响，但由于抽穗期与成熟期高度相关，是完成阶段发育的可靠形态标志，而且标准明确且极易观察方便和准确记载，育种家常乐于采用（Bhatt and Ellison，1977）。Hauft 等（1982）还指出，由于后期各种病害、湿害、干热风等也会影响小麦的成熟，而其所表现的成熟并不能够真实反映正常情况下的成熟早晚，所以在育种工作中很少采用成熟期作为早熟性的指标。

江淮平原弱筋小麦生态类型一般有弱冬性类型和春性类型。春性小麦有扬麦 13 号、扬麦 15 号、宁麦 13 号、扬麦 19 号、扬麦 20 号、扬麦 21 号、扬麦 22 号、扬麦 158 号、绵麦 112 号、扬辐麦 4 号、扬辐麦 2 号、宁麦 22 号、豫麦 50 号、扬辐麦 1 号、川农麦 1 号、皖麦 48 号、皖麦 47 号、绵麦 41 号、川农 16 号、绵阳 30 号、浙丰 2 号、扬辐麦 2 号、苏申麦 1 号、绵麦 51 号、宁麦 22 号、绵麦 112 号和农麦 126 号等品种。弱冬性品种有郑麦 004 号、郑麦 103 号、皖麦 18 号和皖麦 19 号等品种。春性弱筋品种扬麦 15 适宜在长江中下游冬麦区的安徽省、江苏省淮南地区、河南信阳地区及湖北部分地区中上等肥力水平田块种植；春性品种扬麦 13 号适宜在长江下游麦区沙土至沙壤土地区推广应用，在江苏省淮南麦区可推广种植；弱春性品豫麦 50 号河南南部、中北部中晚茬及苏北、鄂北等地区种植，特别是在轻沙地及稻棉晚茬麦区，具有较强的适应性和较大的增产潜力。沿黄冲积地带及淮南稻麦两熟区偏沙性土壤，肥力在中等（亩产 300～350kg）水平地区较适，在晚茬薄地如红薯茬亦可种植。江淮平原常规弱筋小麦品种生态类型以及适宜播种地区详细见表 2-3。

江淮平原弱筋小麦熟期类型一般有早熟、中熟、晚熟三种类型，早熟以及中熟的品种较多，有扬麦 15、扬麦 20、扬麦 158、扬麦 21、扬辐麦 2 号、郑丰 5 号、宁麦 22、豫麦 50、扬麦 9 号、宁麦 22、豫麦 50、扬辐麦 1 号、扬麦 22、宁麦 22、川农麦 1 号、农麦 126 等品种。中熟品种宁麦 13、绵麦 112、郑麦 103、扬辐麦 4 号、扬麦 13 号、郑麦 004、皖麦 18 号、皖麦 19、皖麦 48、皖麦 47、苏申麦 1 号、扬麦 18、扬麦 19、绵麦 51、川麦 107、郑麦 103 和绵麦 112 等品种。晚熟的品种相对较少。早熟品种郑丰 5 号适宜在河南省南部及中部、北部一些轻沙地、漏肥地、瘠薄地和红薯地种植，同时也适于江苏、安徽、湖北的部分地区；早熟品种扬麦 20 适宜在长江中下游冬麦区的江苏省、安徽省淮河以南地区、湖北省中北部、河南省信阳市、浙江省中北部地区种植，已被列为长江中下游冬麦区试验对照品种；中熟品种皖麦 48 适宜在黄淮冬麦区南片的河南省中南部、安徽淮北、江苏北部高中产肥力水地晚茬种植。江淮平原常规弱筋小麦品种熟期类型以及适宜播种地区详细见表 2-3。

表 2-3　江淮平原弱筋小麦品种生态类型和熟期类型

编号	品种名称	生态类型	熟期类型	适宜地区
1	扬麦 15	春性	早中熟	适宜在长江中下游冬麦区的安徽、江苏省淮南地区，河南信阳地区及湖北部分地区中上等肥力水平田块种植
2	宁麦 13	春性	中熟	适宜在长江中下游冬麦区的江苏和安徽两省淮南地区、湖北省鄂北麦区、河南南部信阳的中上等肥力田块种植
3	扬麦 20	春性	早中熟	适宜在长江中下游冬麦区的江苏省、安徽省淮河以南地区、湖北省中北部、河南省信阳市、浙江省中北部地区种植，已被列为长江中下游冬麦区试验对照品种
4	扬麦 158	弱春性	早中熟	适宜在长江流域种植
5	绵麦 112	春性	中熟	适宜在长江中上游中上等水肥地种植
6	郑麦 103	半冬性	中晚熟	适宜范围较广，在河南除南部稻茬麦区外都可种植
7	扬辐麦 4 号	春性	中早熟	适宜在长江中下游不同地区种植
8	扬麦 21	春性	早中熟	适宜在长江中下游不同地区种植
9	扬麦 13 号	春性	中早熟	该品种适宜长江下游麦区沙土至沙壤土地区推广应用，在江苏省淮南麦区可推广种植
10	扬辐麦 2 号	春性	早中熟	适宜江苏、安徽、湖北、浙江、河南等长江中下游淮南麦区广泛种植
11	郑麦 004	半冬性	中熟	适宜河南南部、湖北北部、安徽及江苏北部弱筋小麦适宜种植区种植
12	郑丰 5 号	弱春性	早熟	适宜河南省南部及中、北部一些轻沙地、漏肥地、瘠薄地和红薯地种植，同时也适于江苏、安徽、湖北的部分地区
13	宁麦 22	春性	早中熟	适宜长江中下游麦区的苏皖淮南地区，湖北中北部及河南信阳、浙江中北部地区种植，尤其适合上述地区中晚熟水稻茬推广种植
14	豫麦 50	弱春性	早中熟	适宜河南南部、中北部中晚茬及苏北、鄂北等地区种植，特别是在产量水平地区、轻沙地及稻棉晚茬麦区，具有较强的适应性和较大的增产潜力。沿黄冲积地带及淮南稻麦两熟区偏沙性土壤，肥力在中等（亩产 300～350kg）水平地区较适，在晚茬薄地如红薯茬亦可种植
15	皖麦 18 号	半冬性	中熟	该品种具有广泛的适应性，从黄淮冬麦区到长江中下游麦区均可种植
16	皖麦 19	半冬性	中熟	适宜皖苏两省淮北地区种植
17	扬麦 9 号	春性	早中熟	适宜长江中下游麦区的中高肥水平地区种植
18	扬辐麦 1 号	春性	早中熟	适宜江苏淮南麦区种植
19	川农麦 1 号	春性	早熟	适宜在长江中上游中上等水肥地种植

（续表）

编号	品种名称	生态类型	熟期类型	适宜地区
20	郑麦 004	半冬性	中熟	适宜在广大黄淮麦区高、中肥力地块种植
21	皖麦 48	弱春性	中熟	适宜在黄淮冬麦区南片的河南省中南部、安徽淮北、江苏北部高中产肥力水地晚茬种植
22	皖麦 47	春性	中早熟	淮河以南地区主栽品种扬麦 158 种植区均可推广种植
23	川农 16 号	春性	早熟	适宜在长江流域冬麦区种植
24	绵阳 30 号	春性	早熟	适宜在长江流域冬麦区种植
25	浙丰 2 号	春性	早中熟	适宜在长江中下游冬麦区的浙江省、安徽和江苏淮南地区、河南南部及湖北省等地种植
26	苏申麦 1 号	春性	中早熟	适宜在长江中下游沿江与沿海沙土地区种植
27	扬麦 18	春性	中早熟	适宜在江苏淮河以南麦区种植
28	扬麦 19	春性	中熟	适宜江苏淮河以南麦区种植
29	扬麦 20	春性	早中熟	适宜在长江中下游冬麦区的江苏和安徽两省淮南地区、湖北中北部、河南信阳、浙江中北部种植
30	扬麦 21	春性	早中熟	适宜江苏省淮南麦区种植
31	绵麦 51	春性	中早熟	适宜在长江流域冬麦区种植
32	扬麦 22	春性	早中熟	适宜在长江中下游冬麦区的江苏和安徽两省淮南地区、湖北中北部、河南信阳地区、浙江中北部地区种植
33	川麦 107	春性	中早熟	适宜在长江上游冬麦区亩产 300kg 中上等肥力地种植
34	宁麦 22	春性	早中熟	适宜长江中下游冬麦区的江苏和安徽两省淮南地区、湖北中北部、浙江中北部、河南信阳地区种植
35	郑麦 103	半冬性	中熟	适宜在河南省（南部稻茬麦区除外）早中茬中高肥力地种植
36	绵麦 112	春性	中熟	适宜在长江流域冬麦区种植
37	皖西麦 0638	春性	早中熟	适宜长江中下游冬麦区的江苏淮南地区、安徽淮南地区、上海、浙江、湖北中南部地区、河南信阳地区种植
38	光明麦 1311	春性	早中熟	适宜长江中下游冬麦区的江苏淮南地区、安徽淮南地区、上海、浙江、河南信阳地区种植
39	农麦 126	春性	早中熟	适宜长江中下游冬麦区的江苏淮南地区、安徽淮南地区、上海、浙江、湖北中南部地区、河南信阳地区种植

第二节　江淮平原弱筋小麦常规栽培

一、选茬和整地

（一）选茬

江淮平原作为二熟制向多熟制过渡的地区，小麦前茬既有旱茬作物，如玉米茬、花生茬等，也有水稻茬。一般水稻茬面积较大，占60%以上。不同的茬口可以通过一系列生物因子和非生物因子的作用，对土壤性状产生影响，直接或间接影响后茬作物的生长状况。朱波等（2014）研究发现，豆科作物茬口能够有效改善土壤氮素失衡状况，提高小麦氮素利用效率。宋树慧等（2014）研究指出，改变茬口能够有效控制甘薯农田病虫草害，提高农田生物多样性。张翼等（2014）2010—2013年以不同筋力类型小麦豫麦34、豫麦49、郑麦004为试验材料，进行水稻茬与玉米茬不同播种期对强筋、中筋、弱筋小麦干物质积累和灌浆的影响试验，结果表明，玉米茬小麦干物质积累明显大于水稻茬小麦。黄丽君（2016）通过2013—2015年试验，明确苏南地区小麦大面积生产适播条件下，合理减少播种量降低群体起点、降低施氮量、改变肥料运筹能够实现高产；晚播条件下，合理增加基本苗、降低施氮量、施氮期适当后移，能够实现大面积平衡增产。因此，适当改变单一的种植模式、调整茬口作物的种类、增强农田作物的多样性，能使农田生态系统中光、水、土、气、热以及各种营养元素等自然资源得到充分协调和利用，从而改善农田的持续生产力。在江淮平原旱作物稻茬区域，因受前茬水稻的影响较大，弱筋小麦必须有与之相配套的栽培措施，才能发挥品种应有的生产力，因此稻茬麦在江淮地区有着举足轻重的地位。

（二）整地

耕作整地是小麦播前准备的主要技术环节。高标准、高质量整地既是小麦避灾、防灾、减灾，夺取丰收的基础和保障，也是适应小麦生产机械化、栽培技术轻简化和农村劳动力变化的现实需要。

1. 整地具体要求

（1）深　在土地原有基础上逐年加深耕作层，一年加深一点，不宜一下耕得太深，以免将大量的生土翻出。具体耕地深度：机耕的应在25～27cm，畜力犁地耕的应在18～22cm。资料表明，深耕由15～20cm加深到

25～33cm，一般能使小麦增产15%～25%。深耕可以加厚活土层，改善土壤结构，增加土壤通气性，提高土壤肥力，协调土壤水、肥、气、热，增强土壤微生物活性，促进养分分解，保证小麦播后正常扎根生长。实践证明，深耕的作用是有效的，所以一般麦田可3年深耕1次，其余2年进行浅耕，深度16～20cm即可。

（2）细　小麦幼芽顶土能力较弱，在大土块底下，出现芽干现象，易造成缺苗断垄。所以耕地后必须把土块耙碎、耙细，保证没有明、暗土块，才能有利于麦苗正常生长。

（3）透　将土地耕透、耙透，做到耕耙均匀，不漏耕、不漏耙。把麦田修整得均匀一致，有利于小麦均衡增产。

（4）实　指表土细碎，对耕地下无架空暗垡，达到上虚下实。如果土壤不实，就会造成播种深浅不一，出苗不齐，容易跑墒，不利扎根。所以，对过于疏松的麦田，应进行播前镇压或浇塌墒水。

（5）平　要求对土地做到耕前粗平、耕后复平、作畦后细平，使耕层深浅一致，才能保证浇水均匀，用水经济，播种深浅一致，出苗整齐。一般麦田坡降要求不超过0.3%，畦内起伏不超过3cm。

2. 整地方式

（1）耕翻　耕翻可掩埋有机肥料、粉碎的作物秸秆、杂草和病虫有机体，疏松耕层，松散土壤；降低土壤容重，增加孔隙度，改善通透性，促进好气性微生物活动和养分释放；提高土壤渗水、蓄水、保肥和供肥能力。连续多年种麦前只旋耕不耕翻的麦田，在旋耕15cm以下会形成坚实的犁底层，影响根系下扎、降水和灌溉水的下渗，所以要旋耕3年、耕翻1年，破除犁底层。目前，广大麦田施用有机肥的数量很少，提高麦田耕层土壤有机质含量的唯一途径就是秸秆还田。小麦收获后其秸秆撒于麦田中，玉米秸秆粉碎后耕翻于地下，是培肥地力的良好方式。实施秸秆还田的麦田以耕深20～25cm为宜。

（2）少免耕　以传统铧式犁耕翻，虽具有掩埋秸秆和有机肥料、控制杂草和减轻病虫害等优点，但这种传统的耕作工序复杂，耗费能源较大，在干旱年份还会因土壤失墒较严重而影响小麦产量。由于深耕效果可以维持多年，可以不必年年深耕。对于播种前的土壤耕作可以2～3年深耕1次，其他年份采用“少免耕”，包括旋耕或浅耕等。进行玉米秸秆还田的麦田，也可以采用旋耕的方法，但是由于旋耕机的耕层浅，难以完全掩埋秸秆，所以应将玉米秸秆粉碎，尽量打细，旋耕2遍，效果才好。

（3）耙耢　耙耢可破碎土垡，耙碎土块，疏松表土，平整地面，上松下实，减少蒸发，抗旱保墒，所以在机耕或旋耕后都应根据土壤墒情及时耙地。近年来，河南省冬麦区旋耕面积较大，旋耕后的麦田表层土壤疏松，如果不耙耢直接播种，会发生播种过深的现象，形成深播弱苗，严重影响小麦分蘖的发生，造成穗数不足，降低产量，还会导致土壤表层失墒快而影响根系和麦苗生长。

（4）镇压　镇压有压实土壤、压碎土块、平整地面的作用。当耕层土壤过于疏松时，镇压可使耕层紧密，提高耕层土壤水分含量，使种子与土壤紧密接触，根系及时喷发与伸长，下扎到深层土壤中。一般深层土壤水分含量较高，较稳定，即使上层土壤干旱，根系也能从深层土壤中吸收到水分，提高麦苗的抗旱能力，使麦苗整齐健壮。为了提高土壤肥力，在玉米种植区应提倡玉米秸秆还田。玉米秸秆还田的麦田，无论是通过耕翻还是旋耕掩埋玉米秸秆，均应在播种前灌水造墒，也可在播种后立即浇蒙头水，墒情适宜时搂划破土，辅助出苗。这样有利于小麦苗全、苗齐、苗壮。

3. 旱茬麦整地

小麦常与玉米、大豆等作物换茬。在前茬为玉米地的情况下，整地时一般需经历如下步骤：①利用秸秆粉碎机实现秸秆粉碎还田；②施用底肥，为苗期生长提供充足养分；③重新耙地，将玉米根茬部分清理干净，为精细耕地做准备；④精细耕地，要求深度达标且不留地边；⑤耙碎田间的土块，将地整平。在此过程中，如有条件，应尽量选用农机具代替人力进行，常用机具包括粉碎机、扬肥机、施耕机等。通常来说，整地质量应满足平、细、墒、虚、实和净6个方面。其中，土地平整是基础，墒情好则有利于小麦适时出苗，一般以含水量75%为宜，土壤整体做到上虚下实，既保证通气性又要避免漏水漏肥现象发生，在前茬为玉米地的情况下，还应注意地表不残留秸秆。

4. 稻茬麦整地

稻茬麦的整地应根据土壤类型、土壤墒情及田块规模等客观条件，选择整地方式。水稻秸秆还田方式分旋耕还田、覆盖还田两种。旋耕还田要求收割机配套同步碎草与抛洒匀铺装置，同步完成水稻收割–秸秆切碎–抛洒匀铺作业，提倡反转灭茬还田；覆盖还田则要求水稻收割机配备小麦播种装置，水稻留茬高度30～40cm，水稻收割后用粉碎机粉碎秸秆，粉碎后的秸秆均匀平铺于地面。少免耕的田块通常用旋耕作业代替犁耕和耙地作业，旋耕深度视土壤墒情而定，一般为8～12cm，特别松软的土壤要用麦田镇压器镇压，使土壤保持适当的紧密度。对于秸秆离田的地块，进行浅旋匀播联合作业，用小麦匀播机在板上一次完成播种、旋耕灭茬、盖籽、镇压等多道工序作业，旋耕深度为3~5cm。长期旋耕的田块应间隔2~3年进行1次深耕（松），深度以打破犁底层为宜，三漏田不宜进行深耕（松）。

张秋菊等（2016）指出，在豫南稻茬麦地区，应当在水稻收割前7d，开挖围沟、腰沟，排尽田间积水，并在水稻收割后趁墒及时翻犁，在耕翻前应将有机肥等底肥均匀撒入田面，然后进行翻耕，播种时期一般为10月下旬。由于稻茬麦区大多土质黏重，适耕期短，因此必须选择适墒期抢时翻耕犁耙，提倡机耙，并适当加深耕层，破除犁底层，加厚活土层，尽力耕透。把土壤整细，地面整平，明暗土块少而小，土壤上松下实。以改善土壤的通透性，提高土壤渗水、蓄水、保肥和供肥能力，促进根系生长。

何井瑞等（2016）研究指出，淮北地区稻茬麦整地时间应为水稻收获前7~10d断水，水稻收获后适墒耕作，墒情不足的砂性土壤可先造墒，晾晒后耕作。水稻秸秆还田方式分旋耕还田、覆盖还田两种。总施肥量为纯氮270~300kg/hm^2、P_2O_5 75~90kg/hm^2、K_2O 90~120kg/hm^2、商品有机肥1 500kg/hm^2。全部商品有机肥、磷肥及50%的氮肥作基肥。高产麦田基肥一般施45%高浓度复合肥450~600kg/hm^2、尿素150kg/hm^{2}或相同含量的复混肥，采用先施肥后翻耕的方式，将肥料埋入土中。

二、选用优良品种

目前在江淮平原地区广泛种植的弱筋小麦品种较多。以下介绍常见的20个弱筋小麦品种，分别为扬麦13、扬麦15、扬麦18、扬麦19、扬麦22、扬麦24、宁麦13、宁麦18、宁麦24、豫麦50、郑麦004、郑丰5号、绵麦51、光明麦1311、农麦126、皖西麦0638、皖麦47、镇麦8号、乐麦608、扬辐麦5号。

1. 扬麦13号

选育单位　国家小麦改良中心扬州分中心和江苏里下河地区农业科学研究所。

审定时间　2002年11月通过安徽省审定定名，2003年通过江苏省认定，2005年获国家植物新品种权。

品种类型　春性、中早熟。

特征特性　幼苗直立，分蘖力中等，成穗率高，长势旺盛，株高85cm左右，茎秆粗壮，耐肥抗倒。长芒，白壳，红粒，粉质。大穗大粒，每亩有效穗28万~30万，每穗结实粒数40~42粒，千粒重40g，容重800g/L左右。灌浆速度快，熟相较好。

产量品质　2001—2002年度参加江苏省淮南片弱筋组区试，平均亩产386.9kg，比对照扬麦158增产6.81%。2001年度在扬州生产示范的平均产量为528.4kg/亩，较对照扬麦158增产10.2%；2002年度生产示范平均亩产476.2kg，较对照扬麦158增产6.9%。粗蛋白（干基）10.24%，容重796g/L，湿面筋含量19.7%，沉降值23.1ml，降落值339s，吸水率54.1%，形成时间1.4min，稳定时间1.1min。

抗性表现　高抗白粉病、纹枯病，中感、中抗赤霉病，耐寒性，耐湿性较好。

适宜地区　长江下游麦区沙土至沙壤土地区推广应用，在江苏省淮南麦区可推广种植。

2. 扬麦15

选育单位　江苏里下河地区农业科学研究所。

审定时间　2005年9月通过江苏省品种审定委员会审定。

品种类型　春性，中熟。

特征特性　分蘖力较强，株型紧凑，株高80cm，抗倒性强；幼苗半直立，生长健壮，叶片宽长，叶色深绿，长相清秀；穗棍棒形，长芒，白壳，大穗大粒，籽粒红皮，粉质，每穗36粒，籽粒饱满，粒红，千粒重42g；分蘖力中等，成穗率高，每亩30万穗左右。

产量品质　2001—2003年度参加江苏省区域试验，两年平均亩产352kg，比对照扬麦158增产4.61%。2003—2004年度生产试验平均亩产424.4kg，较对照扬麦158增产9.41%。粗蛋白（干基）10.24%，容重796g/L，湿面筋含量19.7%，沉降值23.1ml，吸水率54.1%，形成时间1.4min，稳定时间1.1min。

抗性表现　中抗至中感赤霉病，中抗纹枯病，中感白粉病。耐肥，抗倒，耐寒，耐湿性较好。

适宜地区　长江下游麦区沙土-沙壤土地区推广应用，在安徽、江苏两省淮南麦区可推广种植。

3. 扬麦18

选育单位　江苏里下河地区农业科学研究所。

审定时间　2008年、2011年分别通过安徽省、浙江省审定，浙审麦2011001。

品种类型 春性品种，中熟。

特征特性 幼苗直立，分蘖力较强，成穗率较高，纺锤形穗，长芒，白壳，红粒，半角质。2005—2006年、2006—2007年两年度区域试验表明，抗寒力与对照品种（扬麦158）相当。全生育期209～214d，熟期比对照品种晚1d左右；株高81cm左右，比对照品种矮10cm左右；亩穗数为30万左右，穗粒数46粒左右，千粒重40g。

产量品质 在一般栽培条件下，2005—2006年区试亩产427kg，较对照品种增产8.5%（显著）；2006—2007年区试亩产432kg，较对照品种增产7.7%（极显著）。两年区试平均亩产430kg，较对照品种增产8.1%。2006—2007年度生产试验亩产425kg，较对照品种增产2.8%。经农业农村部谷物及制品质量监督检验测试中心（哈尔滨）检验，2007年品质分析结果（区试田样品），容重798g/L，粗蛋白（干基）11.49%，湿面筋24.0%，吸水率52.4%，稳定时间3.5min。

抗性表现 经中国农业科学院植物保护研究所抗性鉴定，2006年中抗赤霉病，中感纹枯病，感条锈病、叶锈病和白粉病；2007年高抗秆锈病和赤霉病，中抗白粉病，高感条锈病和纹枯病。

适宜地区 江苏省淮河以南麦区。

4. 扬麦19

选育单位 江苏里下河地区农业科学研究所。

审定时间 2008年、2011年分别通过安徽省、浙江省审定。

品种类型 春性品种，中熟。

特征特性 幼苗直立，分蘖力较强，成穗率较高，纺锤形穗，长芒，白壳，红粒，半角质。2005—2006年、2006—2007年两年度区域试验表明，抗寒力与对照品种（扬麦158）相当。全生育期211d左右，比对照品种晚熟1d；株高76cm，亩穗数约31万，穗粒数38粒，千粒重37g。

产量品质 在一般栽培条件下，2004—2005年区试亩产369kg，较对照品种增产0.2%（不显著）；2005—2006年区试亩产412kg，较对照品种增产4.7%（不显著）。两年区试平均亩产391kg，比对照品种增产2.5%；2006—2007年生产试验亩产446kg，比对照品种增产8.1%。经农业农村部谷物及制品质量监督检验测试中心（哈尔滨）检验，2007年品质分析结果（区试田样品），容重794g/L，粗蛋白质（干基）12.21%，湿面筋24.5%，吸水率52.6%，稳定时间3.1min。

抗性表现 经中国农业科学院植物保护研究所抗性鉴定结果，2005年高抗白粉病，中抗赤霉病，中感纹枯病，中抗至慢条锈病，高感叶锈病；2006年白粉病免疫，中抗赤霉病和纹枯病，中抗至中感条锈病，感叶锈病。

适宜地区　江苏省淮河以南麦区。

5. 扬麦22

选育单位　江苏里下河地区农业科学研究所。

审定时间　2012年12月24日经第三届国家农作物品种审定委员会第一次会议审定通过。

品种类型　春性品种，中熟。

特征特性　幼苗半直立，叶片较宽，叶色深绿，长势较旺，分蘖力较好，成穗数较多。株高平均82cm。穗层较整齐，穗长方形，长芒，白壳，红粒，粉质，籽粒较饱满。2010年、2011年区域试验平均亩穗数30.4万穗、33.8万穗，穗粒数38.5~39.8粒，千粒重38.6~39.6g。

产量品质　2009—2010年度参加长江中下游冬麦组区域试验，平均亩产426.7kg，比对照扬麦158增产5.1%；2010—2011年度续试，平均亩产468.9kg，比扬麦158增产4.3%。2011—2012年度生产试验，平均亩产449.9kg，比对照增产11.2%。籽粒容重778~796g/L，蛋白质含量13.70%~13.73%，硬度指数52.7~56.8，面粉湿面筋含量24.6%~30.6%，沉降值24.6~34.0ml，吸水率54.9%~58.5%，面团稳定时间1.4~4.5min，最大拉伸阻力170~395E.U，延展性151~156mm，拉伸面积38.4~81.5cm^2。

抗性表现　高抗白粉病，中感赤霉病，高感条锈病、叶锈病、纹枯病。

适宜地区　适宜在长江中下游冬麦区的江苏和安徽两省淮南地区、湖北中北部、河南信阳地区、浙江中北部地区种植。

6. 扬麦24

选育单位　江苏里下河地区农业科学研究所。

审定时间　2017年通过江苏省审定，2020年通过国审，审定编号为国审麦20200041。

品种类型　春性品种，中熟。

特征特性　幼苗半匍匐，幼苗半直立，叶片宽，叶色深绿，分蘖力较强。株高79cm，株型较紧凑，抗倒性较好，穗层整齐，熟相好。穗纺锤形，长芒，白壳，红粒，粉质，饱满度较好。亩穗数34万穗，穗粒数34.6粒，千粒重41.3g。

产量品质　2017—2018年度参加国家小麦良种重大科研联合攻关长江

中下游冬麦组区域试验，平均亩产 395. 8kg，比对照扬麦 20 增产 7. 44%；2018—2019 年续试，平均亩产 468. 5kg，比对照扬麦 20 增产 8. 17%；2018—2019 年生产试验，平均亩产 460. 67kg，比对照扬麦 20 增产 6. 08%。两年品质检测籽粒容重 788. 8～792. 5g/L，蛋白质含量 11. 6%～13%，湿面筋含量 23. 7%～26. 5%，稳定时间 3～3. 3min，吸水率 51. 1%～55. 3%，最大拉伸阻力 443. 3～554. 5E. U，拉伸面积 66. 5～87. 5cm^2。

抗性表现　中抗赤霉病，中抗白粉病，高感纹枯病，高感条锈病，高感叶锈病，中抗秆锈病。

适宜地区　适宜在长江中下游冬麦区的江苏和安徽两省淮河以南地区、湖北、河南信阳地区种植。

7. 宁麦 13

选育单位　江苏省农业科学院粮食作物研究所。

审定时间　2005 年江苏省农作物品种审定委员会审定，审定编号为国审麦 2006004。

品种类型　春性，中晚熟。

特征特性　幼苗直立，叶色浓绿，分蘖力一般，两极分化快，成穗率较高。株高 80cm 左右，株型较松散，穗层较整齐。穗纺锤形，长芒，白壳，红粒，籽粒较饱满，半角质。平均亩穗数 31. 5 万穗，穗粒数 39. 2 粒，千粒重 39. 3g。

产量品质　2003—2004 年度参加长江中下游冬麦组品种区域试验，平均亩产 419. 01kg，比对照扬麦 158 增产 4. 70%（不显著）；2004—2005 年度续试，平均亩产 420. 91kg，比对照扬麦 158 增产 6. 79%（极显著）。2005—2006 年度生产试验，鄂皖苏浙四省平均亩产 400. 01kg，比对照扬麦 158 增产 12. 31%；河南信阳点平均亩产 443. 7kg，比对照豫麦 18 增产 19. 5%。容重 790～798g/L，蛋白质（干基）含量 12. 44%～12. 5%，湿面筋 25. 8%～27. 1%，沉降值 35. 7～36. 2ml，吸水率 58. 9%～59. 4%，稳定时间 5. 7～6. 1min，最大抗延阻力 278～295E. U。

抗性表现　抗寒性比对照扬麦 158 弱，抗倒力中等偏弱。中抗赤霉病，中感白粉病，高感条锈病、叶锈病、纹枯病。

适宜地区　长江中下游冬麦区的江苏和安徽两省淮南地区、湖北省鄂北麦区、河南信阳的中上等肥力田块种植。

8. 宁麦 18

选育单位　江苏省农业科学院农业生物技术研究所、江苏中江种业股份有限公司。

审定时间　2012年通过国审，审定编号为国审麦2012003。

品种类型　春性品种，中晚熟。

特征特性　幼苗半直立，叶色淡绿，分蘖力较强，成穗率中等。株高平均89cm，株型略松散，叶片略披。抗倒性中等偏低。穗层整齐，穗纺锤形，长芒，白壳，红粒，籽粒半角质-粉质，籽粒较饱满。2009—2010年区域试验平均亩穗数29.7万~32.7万穗，穗粒数42.7~43粒，千粒重35~35.3g。

产量品质　2008—2009年度参加长江中下游冬麦组区域试验，平均亩产433.1kg，比对照扬麦158增产6.5%；2009—2010年度续试，平均亩产442.7kg，比扬麦158增产9.1%。2010—2011年度生产试验，平均亩产447.7kg，比对照增产7.2%。籽粒容重780~808g/L，蛋白质含量12.4%~12.5%，硬度指数45.9~52.4；面粉湿面筋含量23.8%~24.1%，沉降值22.2~32.2ml，吸水率53.9%~55.4%，面团稳定时间1.3~2.8min，最大拉伸阻力230~348E.U，延伸性142~143mm，拉伸面积46.2~65.8cm^2。

抗性表现　中抗赤霉病，中感白粉病，高感条锈病、叶锈病和纹枯病。

适宜地区　长江中下游冬麦区的江苏和安徽两省淮南地区、河南信阳地区、浙江中北部中上等肥力田块种植。

9. 宁麦24

选育单位　江苏省农业科学院农业生物技术研究所、合肥丰乐种业股份有限公司。

审定时间　2015年审定，审定编号为皖麦2015009。

品种类型　春性，中熟。

特征特性　幼苗半直立，叶色绿。分蘖力一般，成穗率中等，株型较紧凑，旗叶上冲，抗倒伏能力一般。穗呈长方形，长芒，白壳，红粒，籽粒粉质。2011—2012年、2012—2013年两年度区域试验结果：平均株高80cm、亩穗数为35.5万、穗粒数40.1粒、千粒重39.9g。全生育期214d左右，与对照品种（扬麦158）相当。

产量品质　在一般栽培条件下，2011—2012年度区域试验亩产448.49kg，较对照品种增产4.67%（不显著）；2012—2013年度区域试验亩产463.43kg，较对照品种增产6.5%（极显著）。2013—2014年度生产试验亩产429.33kg，较对照品种增产9.36%，容重790g/L，粗蛋白（干基）12.49%，湿面筋26.6%，面团稳定时间4.6min，吸水量63ml/100g，硬度指数67.1。

抗性表现 中感白粉病（6级），中抗赤霉病（严重度2.70），感纹枯病（病指45）。

适宜地区 淮河以南及沿淮地区。

10. 豫麦50

选育单位 河南省农业科学院小麦研究所丰优育种室。

审定时间 1998年河南审定。

品种类型 弱春性，中晚熟。

特征特性 分蘖多，耐寒性好，茎秆粗壮。株高85cm左右，亩成穗数40万左右，穗粒数35粒左右，千粒重40~50g。中早熟，落黄好。大穗，穗长10~15cm，长芒，白粒，粉质。

产量品质 平均亩产都超过450kg。粗蛋白含量9.98%，湿面筋含量20.8%，吸水率54.2%，面团形成时间1.3min，稳定时间1.5min，沉降值13.50ml，烘焙评分88.29分。

抗性表现 高抗白粉病，中抗条锈病、叶锈病、纹枯病。

适宜地区 沿黄冲积地带及淮南稻麦两熟区偏沙性土壤，肥力在中等（亩产300~350kg）水平地区较适，在晚茬薄地如红薯茬亦可种植。

11. 郑麦004

选育单位 河南省农业科学院小麦研究所。

审定时间 2004年9月通过国家审定，审定编号为国审麦2004007。

品种类型 半冬性，中熟。

特征特性 幼苗半匍匐，叶色黄绿。株高80cm，株型较紧凑，穗层整齐，旗叶上冲。穗纺锤形，长芒，白壳，白粒，籽粒半角偏粉质。平均亩穗数40万穗，每穗粒数37粒，千粒重39g。

产量品质 2002—2003年度参加黄淮冬麦区南片冬水组区域试验，平均亩产482.9kg，比对照豫麦49号增产5.5%（极显著）；2003—2004年度续试，平均亩产568.3kg，比对照豫麦49号增产4.3%（显著）。2003—2004年度生产试验平均亩产506.7kg，比对照豫麦49号增产4.3%。容重786~799g/L，蛋白质含量12%~12.4%，湿面筋含量23.2%~25.1%，沉降值11~12.8ml，吸水率53.2%~53.7%，面团稳定时间0.9~1min，最大抗延阻力32~120E.U，拉伸面积4~13cm^2。

抗性表现 中抗至高抗条锈病，中感秆锈病，高感叶锈病、白粉病、纹枯病和赤霉病。

适宜地区　适宜在黄淮冬麦区南片的河南省、安徽省北部、江苏省北部及陕西关中地区高中产水肥地早中茬种植。

12. 郑丰5号

选育单位　河南省农业科学院小麦研究中心丰优育种室。

审定时间　2006年9月由河南省审定。

品种类型　弱春性，早熟。

特征特性　幼苗直立，苗势壮，叶细长，抗寒性较好，起身快，抽穗早。株高80cm左右，株形松紧适中，长方形穗，穗层整齐，后期耐高温，落黄较好。籽粒较长，半角质，饱满度好，容重较高，黑胚率低，籽粒商品性好。一般成穗522.75万/hm^2左右，穗粒数37.8粒，千粒重44g。

产量品质　2005—2006年度参加省春水组生产试验，8点汇总，8点增产，平均6 889.5kg/hm^2，比照豫麦18号增产5.0%。粗蛋白（干基）12.42%，容重782g/L，湿面筋含量23.6%，降落值376s，形成时间1.7min，稳定时间1.4min，弱化度200FU。

抗性表现　高抗白粉病（1）、中抗叶锈病（25/5）、中抗叶枯病（15/30）、中感叶锈病（35/5）、中感纹枯病（3）。

适宜地区　适宜河南省南部及中、北部一些轻沙地、漏肥地、瘠薄地和红薯地种植，也适宜江苏、安徽、湖北的部分地区。

13. 绵麦51

选育单位　绵阳市农业科学研究院。

审定时间　2012年12月经第三届国家农作物品种审定委员会第一次会议审定通过，审定编号为国审麦2012001。

品种类型　春性，中熟。

特征特性　幼苗半直立，苗叶较短直，叶色深，分蘖力较强，生长势旺。株高85cm，穗层整齐。穗长方形，长芒，白壳，红粒，籽粒半角质、均匀，较饱满。2010—2011年区域试验平均亩穗数22.6万~22.9万穗，穗粒数42~45粒，千粒重45.3~45.4g。

产量品质　2009—2010年度参加长江上游冬麦组品种区域试验，平均亩产374.9kg，比对照川麦42减产1%；2010—2011年度续试，平均亩产409.3kg，比川麦42增产3.6%；2011—2012年度生产试验，平均亩产382.2kg，比对照品种增产11.4%。籽粒容重772~750g/L，蛋白质含量11.71%~12.71%，硬度指数46.4~51.5，面粉湿面筋含量23.2%~24.9%；沉降值：19.5~28.0ml，吸水率51.3%~51.6%，面团稳定时间1~1.8min，最大拉伸阻力 495~512E.U，延伸性 121~132mm，拉伸面积 76.8~89.8cm^2。

抗性表现　高抗白粉病，慢条锈病，高感赤霉病，高感叶锈病。

适宜地区　适宜在西南冬麦区的四川、云南、贵州、重庆、陕西汉中和甘肃徽成盆地川坝河谷种植。

14. 光明麦 1311

选育单位　光明种业有限公司、江苏省农业科学院粮食作物研究所。

审定时间　2018 年审定，审定编号为国审麦 20180005。

品种类型　春性，中熟。

特征特性　幼苗直立，叶色深绿，分蘖力较强。株高 84cm，株型较松散，抗倒性较强。旗叶上举，穗层整齐，熟相中等。穗纺锤形，长芒，白壳，红粒，籽粒半角质，饱满度中等。亩穗数 30.1 万穗，穗粒数 38.7 粒，千粒重 38.6g。

产量品质　2014—2015 年度参加长江中下游冬麦组品种区域试验，平均亩产 409.6kg，比对照扬麦 20 增产 2%；2015—2016 年度续试，平均亩产 394.3kg，比扬麦 20 增产 1.3%。2016—2017 年度生产试验，平均亩产 438.6kg，比对照增产 4.6%，籽粒容重 780~783g/L，蛋白质含量 11.38%~12.63%，湿面筋含量 22.5%~26.4%，稳定时间 2.5~4min。

抗性表现　高感条锈病、叶锈病和白粉病，中感纹枯病，中抗赤霉病。

适宜地区　适宜长江中下游冬麦区的江苏淮南地区、安徽淮南地区、上海、浙江、河南信阳地区种植。

15. 农麦 126

选育单位　江苏神农大丰种业科技有限公司。

审定时间　2018 年审定，审定编号为国审麦 20180008。

品种类型　春性，早熟。

特征特性　幼苗直立，叶片较宽，叶色淡绿，分蘖力较强。株高 88cm，株型较紧凑，秆质弹性好，抗倒性较好。旗叶平伸，穗层较整齐，熟相较好。穗纺锤形，长芒，白壳，红粒，籽粒角质，饱满度较好。亩穗数 30.4 万穗，穗粒数 37.1 粒，千粒重 41.3g。

产量品质　2014—2015 年度参加长江中下游冬麦组品种区域试验，平均亩产 419.7kg，比对照扬麦 20 增产 4.5%；2015—2016 年度续试，平均亩产 413.8kg，比扬麦 20 增产 6.3%。2016—2017 年度生产试验，平均亩产 439.4kg，比对照增产 4.8%。籽粒容重 762~770g/L，蛋白质含量 11.65%~

12.85%，湿面筋含量21.3%~24.9%，稳定时间2.1~2.6min。

抗性表现　高感条锈病、叶锈病，中感赤霉病、纹枯病、白粉病。

适宜地区　适宜长江中下游冬麦区的江苏淮南地区、安徽淮南地区、上海、浙江、湖北中南部地区、河南信阳地区种植。

16. 皖西麦0638

选育单位　六安市农业科学研究院。

审定时间　2018年审定，审定编号为国审麦20180009。

品种类型　春性，早熟。

特征特性　幼苗半直立，叶色深绿，分蘖力中等。株高83cm，株型较松散，抗倒性一般。旗叶下弯，蜡粉重，熟相较好。穗纺锤形，长芒，白壳，红粒，籽粒半角质。亩穗数31万穗，穗粒数37.2粒，千粒重39.8g。

产量品质　2014—2015年度参加长江中下游冬麦组品种区域试验，平均亩产411.3kg，比对照扬麦20增产2.9%；2015—2016年度续试，平均亩产402.7kg，比扬麦20增产4.3%。2016—2017年度生产试验，平均亩产444kg，比对照增产5.8%。籽粒容重759~773g/L，蛋白质含量11.18%~12.35%，湿面筋含量19.2%~21.9%，稳定时间1.1~1.6min。

抗性表现　高感纹枯病、条锈病、叶锈病和白粉病，中感赤霉病。

适宜地区　适宜长江中下游冬麦区的江苏淮南地区、安徽淮南地区、上海、浙江、湖北中南部地区、河南信阳地区种植。

17. 皖麦47

选育单位　安徽省六安市农科所。

审定时间　2002年7月30日审定通过，审定编号为02020345。

品种类型　春性，中熟。

特征特性　株高85cm左右，长芒，白壳，红粒，穗长方形，较大，穗粒数40~45粒，千粒重38~40g。后期灌浆快，熟相正常，落黄好，幼苗半直立，分蘖力中等，成穗率较高，一般亩穗数30万左右，穗粒数40粒上下，千粒重38~40g。半角质，饱满度中等。

产量品质　平均亩产319.85kg，比对照扬麦158增产11.56%，1999—2000年度参加安徽省淮南片生产试验平均亩产341.71kg，比对照扬麦158增产4.55%。容重772g/L，粗蛋白11.63%，湿面筋22.7%，沉降值24ml，吸水率58.8%，形成时间1.2min，稳定时间1.5min，最大抗延阻力175E.U，拉伸面积43.7cm^2。

抗性表现　慢条锈病，中感至高感叶锈病，中感白粉病，高感纹枯病和赤霉病。

适宜地区　淮河以南地区主栽品种扬麦 158 种植区均可推广种植。

18. 扬辐麦 5 号

选育单位　江苏金土地种业有限公司、江苏里下河地区农业科学研究所。

审定时间　2011 年通过安徽省审定，编号为皖麦 2011013、（苏）引种〔2017〕第 017 号。

品种类型　春性，中熟。

特征特性　幼苗直立，分蘖性强，成穗率高，穗长方形，红粒，粉质。株高 88cm 左右，亩穗数为 32 万左右，穗粒数 40 粒左右，千粒重 43g 左右。

产量品质　在一般栽培条件下，2007—2008 年度区试亩产 469kg，较对照品种增产 10.4%（极显著）；2008—2009 年度区试亩产 431kg，较对照品种增产 5.7%（显著）。2009—2010 年度生产试验亩产 407kg，较对照品种增产 5.3%。经农业部谷物及制品质量监督检验测试中心（哈尔滨）检验，2009 年品质分析结果，容重 782g/L，粗蛋白（干基）12.58%，湿面筋 26.2%，面团稳定时间 3.6min，吸水率 51.1%，硬度指数 42.5；2010 年品质分析结果，容重 770g/L，粗蛋白（干基）12.92%，湿面筋 23%，面团稳定时间 3min，吸水率 53.3%，硬度指数 49.6。

抗性表现　经中国农业科学院植保所抗性鉴定，高抗穗发芽，高抗梭条花叶病，中抗至高抗赤霉病，中感白粉病、纹枯病。

适宜地区　淮河以南地区。

19. 镇麦 8 号

选育单位　江苏丘陵地区镇江农业科学研究。

审定时间　2008 年 12 月 2 日第二届国家农作物品种审定委员会第二次会议审定通过，审定编号为国审麦 2008004。

品种类型　春性，中晚熟。

特征特性　春性，全生育期 205d 左右，比对照扬麦 158 晚熟 1d。幼苗半直立，叶色深绿，叶片宽大略披，分蘖力强，成穗率较高。株高 88cm 左右，株型较紧凑。穗层较整齐，穗纺锤形，长芒，白壳，红粒，籽粒半角质至角质，籽粒饱满。平均亩穗数 33.05 万穗，穗粒数 35.8 粒，千粒重 43.3g。抗寒性与对照扬麦 158 相当。抗倒性中等。后期转色正常，熟相较好。

产量品质　2005—2006 年度参加长江中下游冬麦组品种区域试验，平均亩产 418. 85kg，比对照种扬麦 158 增产 7. 45%；2006—2007 年度续试，平均亩产 443. 08kg，比对照种扬麦 158 增产 5. 72%。2007—2008 年度生产试验，鄂皖苏浙四省平均亩产 432. 82kg，比对照扬麦 158 增产 9. 1%；河南信阳点平均亩产 482. 90kg，比对照豫麦 18 增产 9. 33%。2006—2007 年分别测定混合样：容重 778～795g/L，蛋白质（干基）含量 13. 52%～13. 59%，湿面筋含量 27. 5%～28. 5%，沉降值 29. 2～33. 2ml，吸水率 58. 6%～59. 3%，稳定时间 2. 8～3. 7min，最大抗延阻力 193～270E. U，延伸性 13～16. 9cm，拉伸面积 47. 4～49. 7cm^2。

抗性表现　中抗秆锈病，中感赤霉病、纹枯病，慢叶锈病，高感条锈病、白粉病。

适宜地区　适宜在长江中下游冬麦区的江苏和安徽两省的淮南地区、湖北中北部、河南信阳、浙江中北部中上等肥力田块种植。

20. 乐麦 608

选育单位　安徽省农业科学院作物研究所。

审定时间　2016 年审定，审定编号为皖麦 2016013。

品种类型　春性，中晚熟。

特征特性　幼苗直立，株型较紧凑。叶色淡绿，分蘖力较强，成穗率一般。抗寒性中等，抗倒性偏弱。长方形穗，长芒，白壳，红粒，半角质，籽粒较饱满，熟相好。2009—2010 年、2010—2011 年 2 年区域试验结果平均株高 83cm，比对照品种低 3cm。亩穗数为 35 万，穗粒数 40 粒，千粒重 40g。

产量品质　2009—2010 年度区试亩产 467. 8kg，较对照品种增产 13. 98%（极显著）；2010—2011 年度区试亩产 489. 46kg，较对照品种增产 7. 72%（极显著）。2011—2012 年度生产试验亩产 421. 83kg，较对照品种增产 10. 35%。2010 年品质分析结果，容重 803g/L，粗蛋白（干基）12. 30%，湿面筋 22. 7%，面团稳定时间 3. 8min，吸水率 53. 3%，硬度指数 51. 0；2011 年品质分析结果，容重 825g/L，粗蛋白（干基）12. 24%，湿面筋 24. 3%，面团稳定时间 3. 6min，吸水率 51. 6%，硬度指数 50. 5。

抗性表现　2010 年中感白粉病（5 级），抗赤霉病（严重度 2），感纹枯病（病指 57）；2011 年高感白粉病（9 级），中抗赤霉病（严重度 2. 95），感纹枯病（病指 46. 0）；2015 年中抗白粉病（3 级）。

适宜地区　淮河以南麦区。

三、播种

（一）种子的播前处理

1. 种子精选

选用饱满的大粒种子，实现幼苗壮苗，未经精选的种子不仅影响出苗，而且出苗势弱，分蘖少，长势差，不利于个体健壮生长和群体良好发育。除去小粒、瘪粒、破碎粒、霉变粒、虫伤粒和杂质，提高用种质量。

2. 发芽试验

种子在存贮期间，如保管不善，受潮受湿，都易引起霉变或虫蛀等而降低发芽率。因此，种子应在播前 10d 做好发芽率试验，以保证种子质量，避免因发芽率低而造成损失，并为确定播种量提供依据。

小麦种子发芽需要适宜的温度、水分和氧气。种子吸收水分达到种子干重的 40%以上，在 15~20℃的适温条件下，积温达到 50℃即可发芽。种子吸足水分后，应保持湿润状态，不能用水淹没，以免缺氧烂种。

种子发芽的好坏，通常用发芽率、发芽势、发芽日数 3 个指标来做参考。发芽率是最为直观的指标，100 粒种子一周以内的发芽粒数。而对于发芽势，由于种子的成熟度不同，发芽早晚有区别，主要看 3d 内集中发芽的粒数。发芽日数是籽粒发芽所需时间的长短。一般来说，发芽率高，发芽势强，发芽日数短的种子，才能出苗快、出苗齐、长势壮。

做发芽试验的种子要具有代表性，从种子堆中各层多点取样，充分混匀，取出试验所需粒数。发芽试验可以分为直接法（常用发芽试验法）和间接法（即染色法）两种。直接法是用培养皿或碟子等，铺上消毒过的吸水纸或卫生纸，预先浸湿，然后将种子摆放在上面，加水淹没种子，5h 后将水倒出，以后随时加水保持湿润，每天检查记载发芽粒数。间接法是通过化学染料是否侵染种子来判断种子是否可以正常发芽，化学染料无法渗透到活的细胞质中，染不上色，而失掉生活力的细胞可被渗透染上颜色。

3. 包衣或拌种

种子包衣或者拌种是为了防治地下害虫为害和防治土传疾病，要根据当地害虫发生和为害的实际情况，先进行试验，选择合适的包衣剂进行统一包衣，包衣剂的选择不得影响种子的发芽率和出苗率。

对于没有包衣设备和条件的，根据往年病虫害的发生特点，统一选购适宜的药剂，分别进行拌种。防治地下虫害，可选用 50%的辛硫磷乳剂，每 100ml 药剂加水 8~10kg，拌种 60~120kg，拌种后堆闷 4h 左右，然后进行播种。防治土传病害一般用20%三唑酮乳剂50ml或15%三唑酮可湿性粉剂75g，加水2～3kg，拌种50kg。对于拌种过后的，要加大播量10%左右，同时，药剂拌种后应在8h以内播种完毕，一般不要隔夜再播，防止烧种或导致麦苗畸变。目前，市场上的生产企业已配好小麦拌种剂，根据当地实际情况选用，不需自行配置，使用较为方便。

（二）适期秋（冬）播

1. 适期播种

（1）播种时期对小麦生育期和产量、品质的影响　江淮地区小麦种植实行秋（冬）播。随着播期的推迟，生育期逐渐缩短，并且主要是营养生长阶段的缩短。适期播种有利于培育冬前壮苗，为丰产奠定基础。

张翼等（2014）试验表明，适期晚播（10月28日）可以提高干物质积累，其干物质的积累量明显大于早播（10月8日）的小麦；中筋小麦品种（豫麦49）花后前期灌浆速度大于强筋（豫麦34）和弱筋品种（郑麦004），强筋品种花后15d后灌浆速度大于中筋与弱筋品种，整体灌浆速度呈快、慢、快的特征。李瑞等（2019）研究结果显示，弱筋小麦晚播不利于籽粒产量的提高和氮素利用效率的提高，与适期播种相比，晚播明显降低弱筋小麦的产量、氮肥生产效率、氮素利用效率及氮素收获指数，但2个播期处理的籽粒蛋白质含量无显著差异。胡文静等（2018）通过对扬麦20最适宜栽培措施的筛选，研究结果表明，播期、施氮量和密度都对产量具有显著影响，穗数和千粒质量是扬麦20产量形成的关键因子，品质性状和氮肥农学利用率主要受播期和施氮量影响，随着施氮量增加，籽粒蛋白质含量显著升高，氮肥农学利用率显著降低。胡文静等（2018）以弱筋小麦扬麦22为研究对象，结果表明播期和密度对产量均有显著影响，11月4日播种和225万苗/hm^2密度处理产量最高，施氮量对产量无显著影响，籽粒蛋白质含量和氮肥农学利用率受播期和施氮量影响，11月19日播种的籽粒蛋白质含量和氮肥农学利用率最高，施氮量增加，籽粒蛋白质含量显著升高，氮肥农学利用率降低。周振元等（2011）通过弱筋小麦宁麦13号的高产配套栽培技术的确定，研究不同播期与密度对生育及产量的影响，结果表明在江苏通南高沙土地区，最佳播期为10月30日左右，密度对产量的影响不大，16万～24万/亩皆可，但在迟播情况下，应适当增加密度，以获得较高产量。

针对江淮地区弱筋小麦的适宜播期可分以下几个地区：①河南省的豫南地区，包括信阳市全部，南阳市南部的桐柏县、新野县、邓州市等，驻马店市南部的确山县、正阳县、新蔡县等。沿淮适宜播期为10月15—31日，淮北10月12—28日，淮南10月18日至11月5日。春性品种适期晚播，半冬性品种适期早播。②安徽省的沿淮地区稻茬小麦区。半冬性品种适宜播期为10月15—31日；晚茬春性品种适宜播期为10月20—31日；江淮地区春性品种适宜播期为10月25日至11月5日。③江苏省江淮弱筋小麦区。应适期播种，保证冬前壮苗。淮安日平均气温17℃左右播种比较适宜，淮北稻茬小麦无公害高产栽培适宜播期10月10—25日；淮南稻茬弱筋小麦高产优质栽培适宜播期为10月25日至11月5日，弱筋小麦不宜迟播；沿淮地区适宜播期10月20日至11月5日。④湖北省的鄂北，包括襄阳市、十堰市、随州市、孝感市等稻茬小麦区。适宜播期为10月20日至11月上旬。

（2）播种方法　播种时间在晴好天气下，整好地后采取机械条播。如遇阴雨天气，采取板茬少免耕机条播措施。条播行距20~23cm，播深2~4cm。秸秆还田，需先采取旋耕灭茬，再条播，提高播种质量。也可采取人工撒播的方式，但应注意提高整地质量、撒种均匀，并注意播后浅耙盖籽，适当镇压。播种后及时采用机械化开沟技术，要求“四沟”（厢沟、腰沟、围沟、田外沟）深度分别达到0.2m、0.3m、0.4m、0.8m左右。厢沟间隔3~4m，“四沟”配套，沟沟相通，达到雨停田干。

江淮地区弱筋小麦的播种方式一般分为等行距条播、宽幅条播、宽窄行条播和撒播四种播种方式。①等行距条播，行距一般有16cm、20cm、23cm等。用耧播或机播。这种播种方式的优点是行距一致，单株营养面积均匀，能充分利用地力和光照，植株生长健壮整齐，对于亩产量350kg以下的麦田较为适宜。②宽幅条播，行距和播幅都比较宽，但是能够减少断垄，播幅增加，种子分布均匀，改善单株营养条件，有利于通风透光，适用于亩产350kg以上的高产水平麦田。③宽窄行条播，宽窄行条播采用的配置多数为：窄行20cm，宽行30cm；窄行17cm，宽行30cm；窄行17cm，宽行33cm这三种。研究表明，高产田用宽窄行播种，比等行距播种产量提高10%左右，主要是因为宽窄行的光照和通风得到改善，大大提高产量。④撒播，目前部分地区稻茬麦采用撒播，而撒播分为人工撒播和机械撒播，机械撒播的均匀度高于人工撒播，因此产量也高于人工撒播。撒播主要适用于土壤墒情差或者土壤过湿、土块较大、难耙磨碎，稻秆较多，此时采用撒播也是适时播种的方式之一。

2. 合理密植

丁扣琪等（2012）研究了播期、播量和施氮水平对弱筋小麦生长及产量的影响。结果表明，播期、播量和施氮量对小麦穗数的影响是导致产量变化的主要原因，并指出在该试验条件下，11 月 5 日播种，播种量为 120kg/hm^2，施氮肥 270kg/hm^2，小麦产量可达最高，为 7 854. 75kg/hm^2。

黄丽君（2016）在苏南地区分适播（11 月初播种）和晚播（11 月 20 日前后播种）两个播种时期，研究结果表明，苏南地区小麦大面积生产适播条件下，合理减少播种量降低群体起点、降低施氮量、改变肥料运筹能够实现高产；晚播条件下，合理增加基本苗、降低施氮量、施氮期适当后移，能够实现大面积平衡增产。适播期的播种密度为 270×10^{4}hm^2 左右，晚播期的播种密度为 320×10^{4}hm^2 左右。

陈世斌（2007）研究了氮量和播种密度对豫南冬小麦产量和品质的调控。试验结果表明，产量及其构成因素随氮量的增加而增加，其中低施氮量条件下增施氮肥产量及其构成因素显著增加，而高施氮量条件下增加不显著，225 万/亩基本苗能较好地协调产量及其构成因素。全生育期不施氮肥蛋白质品质较优，蛋白质含量和产量及蛋白质各组分含量随氮量的增加而增加，播种密度对蛋白质含量和产量影响较小。随氮量增加，湿面筋、稳定时间增加，直链淀粉含量及淀粉直/支比下降，淀粉峰值黏度等糊化参数增大，表明增施氮肥不利于改善弱筋小麦加工品质，播种密度的增加也降低了弱筋小麦的加工品质。综合产量、品质及效益，豫南地区弱筋品种小麦的生产应适当降低氮量与播种密度，合适的氮肥用量和播种密度分别为 180kg/hm^2 和 225 万/亩基本苗。

种植密度对产量构成因素影响较大，随着密度的增加，亩穗数随之增加，穗粒数、千粒重降低。而种植密度直接是由播种量来决定的，因此适宜的播种量对小麦产量有着莫大的关联。播种量的确定应该根据当地土壤肥力、品种特性、种子质量以及栽培技术等因素而定，具体的方法是“以田定产，以产定种，以种定穗，以穗定苗，以苗定播量”。

以田定产和以产定种就是根据土壤肥力高低和以往的产量水平，以及栽培技术等提出产量指标，再根据产量指标确定适宜的品种。以种定穗就是根据不同品种和产量的指标，分别定出每亩的成穗数。根据河南省生产情况，大约亩产在 250kg 以下时，约 5 万穗可得籽粒 50kg；当产量在 350kg 左右时，大穗行品种约 3. 6 万穗可得籽粒 50kg，多穗型品种 4. 5 万穗可得籽粒 50kg。以穗定苗就是根据单株成穗数而定出合理的基本苗数。一般亩产在 250kg 以下时，由于地力较差，个体发育不良，成穗数不高，单株成穗数多在 1. 2 个左右；在高产条件下，播种量较小，个体发育较好，单株成穗数也较高，大穗型品种在2.3个左右，多穗型品种在3.8个左右。因此可根据预定的每亩穗数和单株成穗数计算出相应的基本苗。以苗定播量是在基本苗确定以后，根据品种籽粒大小、发芽率以及田间出苗率等，计算出每亩适宜的播种量。综合各地每年的高肥水平密度试验，亩产400kg以上的高产田，在适期播种条件下，弱冬性品种亩基本苗16万株左右最佳，弱春性品种亩基本苗20万株最佳。

四、田间管理

（一）中耕

中耕是作物生育期中在株行间进行的表土耕作。可采用手锄、中耕犁、齿耙和各种耕耘器等工具。小麦从返青起身期到抽穗期作为生长中期，这个时期中耕管理技术最为重要。中耕的作用主要有以下几点。

1. 增加土壤通气性

小麦等旱作中耕，可增加土壤的通气性，增加土壤中氧气含量，增强农作物的呼吸作用。农作物在生长过程中，不断消耗氧气，释放CO_2，使土壤含氧量不断减少。中耕松土后，大气中的氧不断进入土层，CO_2不断从土层排除，因而农作物的呼吸作用旺盛，吸收能力加强，从而生长繁茂。

2. 增加土壤有效养分含量

土壤中的有机质和矿物质养分，都必须经过土壤微生物的分解后，才能被农作物吸收利用。因旱土中绝大多数微生物都是好气性的，当土壤板结不通气，土壤中氧气不足时，微生物活动弱，土壤养分不能充分分解和释放。中耕松土后，土壤微生物因氧气充足而活动旺盛，大量分解和释放土壤潜在养分，能够促进土壤养分利用率的提高。

3. 调节土壤水分含量

干旱时中耕，能切断土壤表层的毛细管，减少土壤水分向土表运送，减少蒸发散失，提高土壤的抗旱能力。

4. 提高土壤温度

中耕松土，能使土壤疏松，受光面积增大，吸收太阳辐射能力增强，散热能力减弱，并能使热量很快向土壤深层传导，提高土壤温度。尤其对黏重紧实的土壤进行中耕，效果更为明显，可使种子发芽，幼苗快长。

5. 抑制徒长

农作物营养生长过旺时，深中耕，可切断部分根系，控制吸收养分，抑制徒长。

6. 土肥相融

中耕可使追施在表层的肥料搅拌到底层，达到土肥相融的目的。尤其水田中耕还可排除土壤中有害物质和防止脱氮现象，促进新根大量发生，提高吸收能力，增加分蘖。一季作物中耕 3~4 次。如作物生育期长、封行迟、田间杂草多、土壤黏重，可增加中耕次数，以保持地面疏松、无杂草为度。在作物生育期间，中耕深度应掌握“浅-深-浅”的原则。即作物苗期宜浅，以免伤根；生育中期应加深，以促进根系发育；生育后期作物封行前则宜浅，以破板结为主。

小麦生长的过程中，根部的发达决定了小麦茎部生长的状况。江淮平原小麦区冬季多温暖、土质黏湿，杂草多。中耕可以消灭杂草，疏松土壤，减少水分蒸发，增加土壤通气性；当土壤耕层深厚，肥水充足，通气良好时，中耕可以增加耕层内根系比重，促进土壤好气微生物活动和养分释放，提高地温，有利于根系和分蘖生长。

小麦进行中耕要选择恰当的时期，一般第一次中耕在早春，小麦开始分蘖时进行，此时苗小根强，中耕宜浅；浅中耕（1.5~2cm）不仅可以破除板结、增温保墒、消灭杂草，还可以促进麦苗早返青，并健壮生长。据研究，连续中耕 3 次，一般可增产 7.5%左右。无灌水条件的地区要勤中耕、细中耕，雨后必中耕。实践证明，早春适时划锄浇地，5d 后 10cm 深土壤含水量比不划锄的麦田增加 1.5%~2%，旱作麦田增加 0.5%~1%，白天 5cm 深土温可升高 0.5~1°C。盐碱地麦田划锄 20cm 土层内的土壤水分可增加 1.5%~1.7%，表土含盐量明显下降，死苗率减少 5%左右，并能早返青 1~5d，一般可增产 5%~10%。此外，划锄要保证质量，切实做到早、细、匀、平、透，不留坷垃，不压麦苗，真正达到保墒、增温、通气和排盐保苗的作用。划锄深度以 3~4cm 为宜，划锄要因苗而异：对盐碱地麦田，一定要在顶凌期和雨后及时划锄，以抑制返盐；对晚茬麦田，划锄要浅，防止分根和坷垃压苗；对旺苗和徒长麦田，要在返青时深锄断根，控制地上部的生长、抑制小蘖滋生，促蘖促壮，利于根系下扎，增强根系活力，变旺苗为壮苗。

第二次中耕一般在小麦进入起身前，在分蘖盛期进行深中耕，这时苗大根深，且群体茎蘖数已达到预期指标，可以深耕（中耕深度为 3.3~6.7cm）。深中耕并结合培土，可起到伤浮根，控上促下的作用，对小麦抗倒伏起到了良好的根基作用。值得注意的是，在发现小麦有倒伏迹象时应立即进行中耕培土。小麦根系的入土深度虽然很深，但 80%左右分布在 0~50cm 土层内，所以小麦根系发展受犁底层限制。深耕破除了坚实的犁底层，改善了土壤的通透性，增加土壤下层含水量，促进根系下扎使根量增加，增强吸收能力促使产量的提高。深中耕损伤麦根较多，起到了控制春蘖滋生的作用，并且也抑制了中、小分蘖的生长。因此，对于徒长旺苗，可以拔节前进行深中耕，切断部分根系，以减少部分分蘖对肥水的吸收量，加速分蘖的两极分化，改善群体透光条件，以利形成壮秆大穗。

此外，对密度大、长势旺、有倒伏危险的麦田，应及早疏苗，或用横耙耙1~2次，疏掉一部分麦苗，疏苗后浇一次稀粪水。试验表明，深中耕培土，可有效减少分蘖，每亩减少分蘖5万~10万，分蘖消亡过程缩短了10~12d，加速了两极分化，推迟了封垄期，可防倒伏。经过一段时间以后，由于损伤对根系的刺激作用，根系迅速生长，次生根数目、根系入土深度及其吸收作用等都远远超过未进行深中耕的田块。同时，主茎和大蘖的生长得到促进，穗部性状改善，产量提高。

（二）科学施肥

1. 施足基肥

中国农业科学院土壤肥料研究所对高产冬小麦的植株分析结果显示，拔节至扬花是小麦吸收养分的高峰期，约吸收氮48%，磷67%，钾65%。籽粒形成以后，吸收养分明显下降。因此，在小麦苗期应有足够的氮和适量的磷、钾营养。根据小麦的生育规律和营养特点，应重施基肥和早施追肥。

小麦的基肥应以有机肥和缓效肥为宜，如厩肥、堆肥、磷矿粉等。磷、钾肥一般用作基肥，与有机肥料一起施入。速效性氮肥，不宜过多地施用，以免造成养分流失，同时也会使作物初期生长过旺，易染病虫为害。基肥用量一般应占总施肥量的60%~80%，追肥占20%~40%为宜。具体施用还应根据作物种类、土壤条件、耕作方式、基肥用量和肥料性质，采用不同的施用方法。一般在土壤肥力高的地块，可用1/3的氮肥做基肥，每公顷施尿素75~150kg或碳酸氢铵225~300kg。如果土壤肥力很高，农家肥料用量很大，基肥可不施氮肥，将氮肥全部用作追肥。肥力中等的地块，可以将1/2的氮肥用作基肥，每公顷施尿素225kg或碳酸氢铵375~600kg。肥力低的地块，则将2/3的氮肥用作基肥，每公顷施尿素150~255kg或碳酸氢铵450~750kg。在肥力低又无灌溉水条件的地块，通常将氮肥全部用作基肥。一般在土壤速效磷低于20mg/kg的麦田，应增施磷肥。每公顷施过磷酸钙或钙镁磷肥450~750kg。施基肥时，最好将磷与农家肥混合或堆沤后使用，这样可以减少磷肥与土壤接触，防止水溶性磷的固定，利用小麦的吸收。土壤速效钾低于50mg/kg时，应增施钾肥，每公顷施氯化钾75~150kg。

小麦基肥的施用方法主要有表层撒施耕翻法、集中施肥法和分层施肥法。

(1) 表层撒施耕翻法　表层撒施旋耕翻法是较普遍的一种施基肥方法。土地耕翻前将基肥撒施在地表，随撒随耕，把肥料掩入耕作层里，这种方法将新施入的肥料在整个耕作层内与土壤均匀混合和分布，使小麦根系易于吸收利用。该法施肥量大，对全面改善土壤肥力状况非常有益。

(2) 集中施肥法　集中施肥是肥料数量较少时，多采用集中沟施。在播种前结合整地作畦、开沟或开穴，将肥料施入其中后覆土播种。集中施肥，肥效较高。但应注意肥料的浓度不宜过高，所用的有机肥以充分腐熟为宜。

(3) 分层施肥法　分层施肥法是将粗肥深施，细肥浅施，粗细肥结合分层施入。分层施肥能扩大肥料在土壤中的分布范围，使耕层养分分布均匀，有利于幼苗吸收，促进早分蘖、扎根，冬前达到壮苗，当根系伸展到深层时也有充分的养分供应，对麦田增产有明显效果。

小麦播种时，还可以将少量化肥作种肥，以保证小麦出苗后能及时吸收到养分，对增加小麦冬前分蘖和次生根的生长均有良好作用。小麦种肥在基肥用量不足或贫瘠土壤和晚播麦田上应用，其增产效果更为显著。种肥可用尿素每公顷 30~45kg，或用硫酸铵每公顷 75kg 左右和过磷酸钙 75~150kg。种子和化肥最好分别播施。碳酸氢铵不宜作种肥。种肥播种时随着小麦一起播入田中，由于种肥集中在种子附近，对促根增蘖、培育壮苗有明显的作用，特别是在土壤瘠薄、底肥不足或是误期晚播的情况下尤其显著。试验证明，每亩用 2.5~4kg 硫酸铵作种肥，每千克肥料可增产小麦 5kg 左右；每亩用过磷酸钙 5~10kg 作种肥，每千克肥料增产 1.5~3kg。

2. 按需追肥

根据小麦各生长发育阶段对养分的需要，分期进行追肥是获得高产的重要措施。

(1) 追肥时期　①苗期追肥，苗期追肥简称“苗肥”，一般是在出苗的分蘖初期，每公顷追施碳酸氢铵 75~150kg 或尿素 45~75kg 或少量的人粪尿。其作用是促进苗匀苗壮，增加冬前分蘖，特别是对于基本苗不足或晚播麦。丘陵旱薄地和养分分解慢的泥田、湿田等低产土壤，早施苗肥效果好。但是对于基肥和种肥比较充足的麦田，苗期也可以不必追肥。②越冬期追肥，也叫“腊肥”，江淮流域都有重施腊肥习惯。腊肥是以施用半速效性和迟效性农家肥为主，对于弱苗应以施用速效性肥料为主，以促进长根分蘖，长成壮苗，促使三类苗迅速转化、升级。③返青期追肥，对于肥力较差，基肥不足，播种迟，冬前分蘖少，生长较弱的麦田，应早追或重追返青肥。每公顷施碳酸氢铵 225~300kg 或尿素 45~75kg，应深施 6cm 以上为宜。对于基肥充足、冬前蘖壮蘖足的麦田一般不宜追返青肥。④拔节期追肥，拔节肥是在冬小麦分蘖高峰后施用，促进大蘖成穗，提高成穗率，促进小花分化，争取穗大粒多。通常将拔节期麦苗生长情况分为三种类型，并采用相应的追肥和管理措施。过旺苗：叶形如猪耳朵，叶色黑绿，叶片肥宽柔软，向下披垂，分蘖很多，有郁蔽现象。对这类苗不宜追施氮肥，且应控制浇水。壮苗：叶形如驴耳朵，叶较长而色青绿，叶尖微斜，分蘖适中。对这类麦苗可施少量氮肥，每公顷施碳酸氢铵 150~225kg 或尿素 45~75kg，配合施用磷钾肥，每公顷施过磷酸钙 75~150kg，氯化钾 45~75kg，并配合浇水。弱苗：叶形如马耳朵，叶色黄绿，叶片狭小直立，分蘖很少，表现缺肥。对这类麦苗应多施速效性氮肥，每公顷施碳酸氢铵 300~600kg 或尿素 150~225kg。⑤孕穗期追肥，孕穗期主要是施氮肥，用量少。一般每公顷施 45~75kg 尿素。⑥后期施肥，小麦抽穗以后仍需要一定的氮、磷、钾等元素。这时小麦根系老化，吸收能力减弱。因此，一般采用根外追肥的办法。抽穗到乳熟期如叶色发黄、有脱肥早衰现象的麦田，可以喷施 1%~2%浓度的尿素，每公顷喷溶液 750L 左右。对叶色浓绿、有贪青晚熟趋势的麦田，每公顷可喷施适宜浓度的磷酸二氢钾溶液 750L。近几年来，在生产实践中，不少地方在小麦生长后期喷施黄腐酸、核苷酸、氨基酸等生长调节剂和微量元素，对于提高小麦产量起到一定作用。

（2）追肥种类　对于弱筋小麦，氮肥管理在协调产量和品质的矛盾中作用更大。有关相同施氮水平下适宜的基追比，众多的研究者观点不一。由于不同研究者所选用的弱筋小麦品种不同，最终提出的实现弱筋小麦优质高产的氮肥运筹技术亦并不完全一致。刘爱云等（2007）研究认为，精确施氮通过适当降低氮肥用量，合理配施磷钾肥，可比常规氮肥利用率提高 6.42%，增产 7.37%，并改善了小麦品质。适当增加施氮量均能提高不同类型专用小麦籽粒产量和蛋白质含量，但不同类型专用小麦的适宜施氮量不同，例如，宁麦 9 号宜采用基本苗 $240\times10^4/hm^2$、施氮量 $240kg/hm^2$、基肥：平衡肥：倒叶肥比例为 7：1：2 的组合（朱新开等，2003；李春燕等，2007）；稻田套播中宁麦 9 号在总施氮（纯氮）量为 $225kg/hm^2$、基蘖肥与拔节追肥比例为 5：5：0 的条件下可实现高产与优质相协调（张军等，2007）；王曙光等（2005）研究显示宁麦 9 号在总施氮量 $225kg/hm^2$ 和基追比 5∶5 的条件下可实现弱筋小麦品质达到国家标准；扬麦 9 号在基本苗 $240\times10^4/hm^2$，施氮量 $240kg/hm^2$、氮肥运筹 7∶1∶2∶0 和施氮量 180 kg/hm^2、氮肥运筹 5∶1∶2∶2 时为优质高产的最佳栽培措施（李春燕等，2009），适宜追肥时期为 8.1~10.1 叶龄期（陆成彬等，2006）。也有研究显示扬麦 9 号和宁麦 9 号在施氮量 $180kg/hm^2$、基肥：拔节肥：孕穗肥为 7∶2∶1时可以实现高产与优质的协调（陆增根等 2006，2007）；宁麦 13 在基本苗 $160\times10^4/hm^2$ 左右，总施氮量 14kg/亩，氮肥运筹（基肥：平衡肥：拔节孕穗肥）7∶1∶2 时，宁麦 13 号表现产量高，品质好（陈俊才等，2007）。姚金保等（2009）综合产量和品质分析表明，弱筋小麦宁麦 13 在施氮量 $180kg/hm^2$ 的条件下，以基肥：壮蘖肥：拔节肥：穗肥为 5∶1∶4∶0 时最易实现优质与高产的协调。吴培金等（2019）研究显示，以弱筋小麦品种宁麦 13 和扬麦 13 为材料，在保证弱筋小麦籽粒品质的同时，又有相对较高的籽粒产量，氮肥生产效率和氮素利用效率，适宜的施氮量应在 105~$210kg/hm^2$。也有研究认为宁麦 13 在江苏扬州适宜栽培组合为密度 $225\times10^4/hm^2$ 或 $300\times10^4/hm^2$，施氮量 $240kg/hm^2$，氮肥运筹 7∶1∶2∶0（杭雅文等，2020）。沿江高沙土地区是江苏省乃至全国的主要弱筋小麦产区。姚国才等（2008）研究显示，弱筋小麦宁麦 13 和宁麦 9 号在该地区不同土壤肥力和不同施氮水平下种植，其产量和穗、粒、重三要素表现各不同。两品种对不同施氮量的反应有明显差异，小麦一生施纯氮 $16kg/hm^2$ 的中高肥处理，宁麦 13 比宁麦 9 号明显增产。而在一生施纯氮 $8kg//hm^2$ 的低肥和不施肥的处理，宁麦 9 号表现出显著的增产效果。在一生施纯氮 $20kg/hm^2$ 和 $12kg/hm^2$ 的高肥区和中低肥区，两品种产量无显著差异。肖承璋等（2009）研究显示在该地区施 N 量为 $240kg/hm^2$、施 P 量为 $90kg/hm^2$ 及施 K 量为 $120kg/hm^2$ 时扬麦 15 产量达最高，为 $7917.6kg/hm^2$。陈芳芳等（2013）研究认为，生选 6 号基本苗 $150\times10^4/hm^2$、施氮量 $270kg/hm^2$ 水平下，基肥：分蘖肥：拔节肥：孕穗肥施用比例为 3∶1∶3∶3 的方式，有利于延缓花后剑叶衰老，提高千粒重和产量，产量可达 8 $000kg/hm^2$ 以上，是其良种繁育可采用的氮肥运筹方式；基肥：分蘖肥：拔节肥施用比例为 7∶1∶2 的方式，产量可达 7 $500kg/hm^2$ 左右，品质符合国标要求，是其稳定实现优质高产的氮肥运筹方式。姜朋等（2015）的研究显示实现生选 6 号优质与高产相结合的施氮量为 $180kg/hm^2$，施氮方式即基肥：分蘖肥：拔节肥为 7∶1∶2。朱树贵等（2010）指出在豫南中低产水平条件下，弱筋小麦郑麦 004 施纯氮 180~$240kg/hm^2$，过磷酸钙 750~1 $050kg/hm^2$，可获得优质、高产，在施纯氮240kg/hm^{2}的水平下，采取全底施肥效果最好。在小麦灌浆期间叶面喷施磷酸二氢钾1~2次，既能提高弱筋小麦产量，又能提高品质。潘晓东等（2011）利用扬麦13、扬麦15、宁麦9号等弱筋小麦品种，根据不同地貌类型、不同土壤质地、在江苏省仪征市连续几年开展了弱筋小麦精确施氮技术研究，显示精确施氮区小麦比常规施肥区增产28.6kg/hm^2，增产率达7.8%，氮肥利用率提高5.5%。吴宏亚等（2015）研究显示在施纯氮总量210kg/hm^{2}条件下，弱筋小麦扬麦15在江苏淮南的扬州和海安两地的适宜氮肥追施比例为5：1：4（基肥：壮蘖肥：拔节肥）。姚金保等（2017）研究认为实现宁麦18高产与优质相结合的适宜施氮量为180kg/hm^2，种植密度为240×10^{4}株/hm^2。胡文静等（2018）研究认为，扬麦22以密度225×10^4/hm^2、施氮量180kg/hm^{2}为最佳栽培措施。张向前等（2019）研究显示施氮量180kg/hm^{2}左右、基追比6：4是安徽省稻茬麦区适宜的氮肥运筹方式。朱新开等（2003）研究结果显示，适当增加施氮量均能提高不同类型专用小麦籽粒产量和蛋白质含量，但不同类型专用小麦的适宜施氮量不同。这些研究表明弱筋小麦栽培采取“适度增密，适量减氮，施氮前移”措施，能较好地协调优质与高产之间的矛盾，但是若过份强调后期少施氮肥提高品质，会降低产量。

多数研究结果表明，弱筋小麦适宜用铵态N肥，而且弱筋小麦主要采用N肥减施的栽培技术，由于施N过多或施N后移方式小麦籽粒产量较高，会增加小麦籽粒蛋白质的含量，使籽粒蛋白质接近弱筋小麦蛋白质的临界值甚至含量高于临界值，达不到生产弱筋小麦的目的。

磷是小麦生长发育必需的大量必需元素之一。小麦缺磷会导致小麦根系发育不好，干物质积累量减少，从而致使产量降低。土壤缺磷对作物增产的限制仅次于氮，施用磷肥已经成为提高小麦产量和品质的重要措施。杨胜利等（2004）试验结果表明，增施磷肥能够促进强筋小麦和弱筋小麦的生长发育，并提高其产量；增施磷肥对两类小麦的加工品质均有明显改善；综合考虑，豫北地区高产麦田磷（P_2O_5）用量以90~180kg/hm^{2}为宜。黄联联（2006）以弱筋小麦品种扬麦9号、扬麦13和宁麦9号为试验材料，研究磷素对弱筋小麦产量和品质的影响。结果表明，单位面积施磷量及磷肥运筹对小麦产量和产量结构有显著的调节效应。磷肥施用量与产量呈二次曲线关系，在总施磷量（P_2O_5）小于108kg/hm^{2}时，随施磷量的增加产量增加，当总施磷量大于108kg/hm^{2}时，随施磷量的增加，产量下降；产量构成因素千粒重、穗粒数和每亩穗数随施磷量增加的变化趋势与此一致。在总施磷量相同的条件下，以基追比 5∶5 的处理产量最高。姜宗庆等（2013）以强筋小麦中优 9507、中筋小麦扬麦 12 号、弱筋小麦扬麦 9 号为材料，在缺磷土壤（速效磷含量 4.10mg/kg）上研究施磷量对小麦产量及剑叶相关生理特性的影响。结果表明，强筋小麦中优 9507 在施磷量（P_2O_5）0~144kg/hm^2，中筋小麦扬麦 12 号和弱筋小麦扬麦 9 号在施磷量（P_2O_5）0~108kg/hm^2 范围内，产量随施磷量增加而上升，继续增加施磷量，产量则呈下降趋势。胡安新等（2018）介绍，在土壤中五氧化二磷含量在 18.65mg/kg 时，优质弱筋小麦的生长发育随着磷元素含量的增加而加快，尤其在 120kg/hm^2 的情况下效果最佳。通过控制变量法对河南地区优质弱筋小麦的研究得出，为增加小麦的产量、提升小麦的品质，磷肥用量合理的控制范围，河南地区优质弱筋小麦的高产麦田的磷用量在 90~120kg/hm^2 效果最佳。

钾素对小麦的生长发育、产量和品质形成都具有非常重要的影响。适当施钾既能促进小麦植株对钾素的吸收，有利于植株生长，也能抑制植株体内钾素的外排，增加植株体内钾素积累量，提高干物质积累量。

冬小麦的吸钾强度随着小麦生育进程的推进而变化，且变化规律基本相似，主要表现为出苗至拔节盛期前（播种后 100d 内），对钾的吸收强度很小，每天每公顷吸收钾素（K_2O）仅 0.168~0.54kg；进入拔节盛期后，吸钾强度则均迅速增大，小麦进入乳熟期，吸钾强度又开始下降，钾素表现出外排现象。臧慧（2007）研究发现，适量提高钾肥施用比例，弱筋小麦品种植株叶面积、茎蘖数、次生根数增加，根系长度、根系表面积和根系体积均显著扩大，光合生产能力增强，干物质积累量增加，但钾肥施用比例过高则不利于苗期植株地上部和根系的生长，地上部叶片面积、茎蘖发生数量及成穗数、物质积累量均有所降低，影响籽粒产量形成和品质改良，以 N∶P_2O_5∶K_2O 为 1∶0.6∶0.6 处理最优。不同弱筋小麦品种苗期植株性状对钾肥的反应存在差异。

(3) 微量元素肥料的施用　微量元素肥料按元素种类可分为硼肥、钼肥、锰肥、锌肥、铜肥、铁肥和含氯肥料。硼肥常用的肥料品种有硼酸和硼砂；铁肥有硫酸亚铁和螯合铁；锌肥有硫酸锌。按化合物类型分，可分为纯化学药品、有机螯合物、玻璃肥料、复合或混合肥料、矿渣或废渣。微肥的施用方法包括基肥、种肥和追肥。基肥多与有机肥混合撒施；种肥可用来拌种和浸种；追肥多用于叶面喷施。

微量元素是植物生长所必需的。作物生长发育过程中，不仅需氮磷钾等大量元素肥料，还必须有一定量的 Mn、Cu、Fe、B、Mo、Zn 等微量元素肥料。弱筋小麦吸收 Mn、B、Zn、Cu、Mo 等元素，虽然绝对量很少，但对小麦生长发育都起着十分重要的作用。

小麦幼苗生长阶段，若 Mn 供给不足，麦苗基部叶片出现白色、黄白色或褐色斑点、斑块，严重的叶片中部发生坏死，向下弯曲，甚至整株死亡。苗期有充足的 Zn 能促进植株代谢，增加植株内可溶性糖含量。B 主要分布于叶片和茎顶端，缺 B 的植株生育期推迟，又是在开花时还有迟生分蘖，但不能成穗。小麦穗器官对微量元素 B 反应敏感，缺 B 是小麦雄蕊发育不利，开花时雄蕊不开裂，不能散粉，花粉少而畸形，生活力差，不萌发，雄蕊不能正常授粉，最后枯萎不结实。钼肥能促进小麦氮磷代谢，显著增加叶片的叶绿素含量，增强光合作用，提高抗寒力，促进干物质积累和运转。熊飞等（2013）发现低浓度 10mg/L 钼处理液能显著促进扬麦 19 小麦种子发芽势和发芽率，而小麦根系活力、根长、芽长、根重和芽重随钼浓度的升高呈现先促进后抑制变化趋势。穆林等（2019）研究显示，拔节前施铁、硼或钼肥可以有效提高小麦产量，3 种微肥的增产率硼肥>钼肥>铁肥。因此在当地环境条件下，应优先注重硼肥和钼肥的施用。

3. 缓（控）释肥的应用

缓控释肥作为一种新型肥料，具有毒性小、释放量小、速效、高效、长效、污染小等特点，能很好地满足作物不同生长阶段的需求，通过提高作物生长中后期的供肥能力，促进速效养分对作物生长的供应；同时一些特殊的包膜材料配方也起到了一定的辅助作用，如保水剂、微量营养元素的加入等，可促进作物生长，最终提高作物产量。汪强等（2006）研究指出，以控释肥 600~750kg/hm^2 作小麦底肥、返青期追尿素 105~225kg/hm^2，可提高豫麦 49 的抗旱、抗寒、抗病虫能力。郑文魁等（2016）研究了不同控释氮肥方法对小麦产量的影响。结果显示，控释氮肥的田间养分释放特征能够满足小麦各生育期对氮素的不同需求。与速效氮肥相比，在等量施氮条件下，3 种控释氮肥均显著提高了小麦产量，树脂包膜尿素，硫包膜尿素，硫加树脂包膜尿素处理比普通尿素处理分别增产了 13.5%，17.1%和 20.2%。控释氮肥能显著增加冬小麦中后期土壤中无机氮含量，一次性基施满足了冬小麦各生育期尤其在生育关键期对土壤氮素的需求。

周飞等（2016）研究显示施用不同类型的缓控释肥对弱筋小麦的减施增产效果不同。施用含锰尿素能促进扬麦 20 小麦的萌发与幼苗生长，含锌尿素能促进小麦苗期发育，控释尿素和含锰尿素增产作用明显，控释尿素增产达 21.6%，含锰尿素增产 8.6%。朱孔志等（2016）指出施用缓控释肥

54%玖功控释掺混肥（28-15-8）和48%施可丰长效控释肥（28-15-8）可以提高宁麦13的产量，与常规施肥相比增产2.43%～9.77%，增收14.3%～65.9%。

马泉等（2019）以含氮量45%树脂包膜缓释肥（PCU）和含氮量46.3%普通尿素（U）设计了100%PCU全部基施（M_1）、60%基施，40%U拔节期追施（M_2）、60%PCU基施，40%PCU返青期追施（M_3）、30%PCU与30%U基施，20%PCU与20%U返青期追施（M_4）和常规尿素施肥模式（全部为尿素，基肥：分蘖肥：拔节肥：孕穗肥为50%：10%：20%：20%）为对照，研究了不同施肥模式对稻茬冬小麦群体质量、产量及其构成因素、氮效率和经济效益等的影响。结果表明，四种PCU施肥模式产量均高于对照，M_3和M_4主要由于穗数和千粒重的增加而使增产效果最显著，分别为15.11%和17.44%；M_3和M_4模式的茎蘖成穗率分别较对照高4.15%和3.88%，干物质积累量分别高25.86%和25.91%，LAI在开花期和乳熟期均显著高于对照，更有利于延缓花后叶片衰老，促进籽粒充实。M_3和M_4模式氮肥表观利用率和氮肥农学效率也显著高于对照；M_4模式成本较低，净效益较高，分别较对照和M_3模式高29.05%和6.58%。故生产上推荐30%树脂包膜缓释肥与30%尿素基施、20%树脂包膜缓释肥与20%尿素返青期追施的施肥模式，利于构建适宜群体、协调产量构成因素、提高产量、降低人工成本、增加经济效益、提高氮肥利用效率。

（三）化学调控剂的施用

在弱筋小麦的各个生长阶段应用各种植物生长调节物质，在一定程度上可以克服农业环境中某些不利因素，提高麦田的光合效率及光合产物的分配方向及速率，增强抗逆性，以期达到最佳的收获量。

1. 化控剂的种类

主要分为以下几种。

（1）多效唑　植物生长延缓剂在小麦上使用，可抑制小麦徒长，矮化株型，增产达10%左右。使用方法为每亩用15%多效唑可湿性粉剂50g，加水50kg稀释配成浓度为150mg/kg的溶液，在小麦拔节期均匀喷施。

（2）矮壮素　常用的植物生长延缓剂，对小麦防倒作用明显。使用方法为在小麦拔节期连续喷洒浓度为0.3%的矮壮素溶液2次，间隔10d左右，每次每亩喷药液50kg左右。

（3）助壮素或缩节胺　植物生长抑制剂，在小麦拔节期使用，可控旺促壮，防止倒伏效果好；在扬花期使用，可提高结实率和加速灌浆，促使小麦穗大粒多，使成熟期提早 2～3d。使用方法为在小麦起身时，每亩用助壮素水剂 15～20ml 或缩节胺粉剂 3.5～5g，加水 40kg 稀释后喷施；在扬花期，亩用助壮素 8～12ml 或缩节胺 2～2.5g，加水 40～50kg 稀释后再加磷酸二氢钾 150g，混合喷施于植株中上部。

（4）赤霉素　植物生长促进剂，在小麦上使用，可加速灌浆，促进成熟，提高结实率，并使千粒重增加 8%，增产效果好。使用方法为在小麦初花期，每亩用赤霉素粉剂 1g 或水剂 1ml，加水 40～50kg 稀释后喷于穗部。若为粉剂，则先用少量酒精或高度白酒将其溶解，然后再用水稀释。

（5）亚硫酸氢钠　一种光呼吸抑制剂，可提高作物叶片光合效率，在小麦上使用，可促进小麦籽粒灌浆与成熟，增加实粒和千粒重，增产在 10%以上。使用方法为在小麦孕穗期至灌浆期各喷用 1 次，每次每亩用亚硫酸氢钠 10g，加水 50kg 稀释后喷施。最好选择阴天或晴天下午阳光不太强烈时喷用。

（6）三十烷醇　植物生长促进剂，在小麦上使用，增产在 10%以上。使用方法为在齐穗期和扬花期各喷 1 次浓度为 0.5mg/kg 的三十烷醇溶液。若为粉剂，应先用酒精将粉剂充分溶解，然后再加水稀释后喷用，每次每亩喷药液 50kg。

（7）复硝酚钠　植物生长促进剂，能增强小麦叶片的光合作用，提高抗旱、抗病能力，延缓植株衰老，增强后劲，增加实粒和结实率，增产 15%左右。使用方法为在小麦孕穗至灌浆期，用 2 000～3 000 倍的复硝酚钠溶液连续喷洒 2～3 次，7～10d/次，每次每亩喷溶液 50kg。如与 0.3%的磷酸二氢钾混喷，增产效果更好。

2. 对弱筋小麦的化控措施

主要有以下几方面。

（1）促进萌发和培育壮苗　弱筋小麦在培育壮苗时期较为重要。目前已知小麦种子的发芽力和幼苗生长势与种子萌发的赤霉素浓度有关，用调节剂浸种能提高小麦种子活力，促进幼苗健壮生长，其主要表现为促进小麦种子生理功能等。李群等（2005）选取国外引进的新型植物生长调节剂爱密挺，在扬州邗江示范区以宁麦 9 号为试验品种，研究爱密挺拌种和叶面喷施对弱筋小麦品质和产量的影响，结果发现爱密挺拌种对小麦籽粒的蛋白质含量、沉降值、干面筋含量影响不显著，叶面喷施爱密挺显著提高湿面筋含量。通过爱密挺拌种和孕穗期叶面喷施可显著促进小麦冬前分蘖、延长小麦叶片的光合功能期而形成穗大粒重的高产群体质量。李桂云等（2005）的研究显示，对宁麦9号不同生长时期恰当地选择应用生化调节剂，可以起到不同的效果。用矮苗壮拌种或于3叶期喷施，可以促进早分蘖、多分蘖，并能显著矮化植株，增强抗倒能力；用华丰肥士特拌种，能够显著促进分蘖，使高峰苗下降速率平缓，成穗数增加，成穗率提高；返青期喷施抑蘖剂或矮壮丰，可控制无效分蘖的再发生，防止群体过度，有效提高茎蘖成穗率，增产效果明显；扬花期喷施强力增产素能够有效提高结实粒数，利于增产；灌浆后期喷施抗穗萌有利于提高千粒重。

（2）控群体防止小麦倒伏　小麦返青以后，地上部分开始旺盛生长，但此时高节位的分蘖仍在产生，这些分蘖一般不会成穗，只会造成群体过大。此时，可用生长素类复合制剂促进顶端优势，抑制侧芽的生长，即可促进主茎及冬前大分蘖的生长，控制无效分蘖的产生，防止群体过大。

扬麦13是江苏省弱筋小麦主推品种，其优质栽培要求适度增加密度和基肥施用比例，但易造成群体偏大，倒伏风险增加。为促进弱筋小麦高产，王慧等（2016）在扬州大学农牧试验场开展试验，研究了矮壮素、拌种剂、种衣剂、多效唑等4种植物生长调节剂对小麦茎秆生长籽粒产量的调节效应。结果表明，拌种处理均能有效降低扬麦13的株高、重心高度及基部节间长度。生长调节剂拌种处理提高了扬麦13的抗倒伏能力，以多效唑表现最好。与对照对比，小麦拌种处理均能提高产量，以种衣剂拌种处理增产最明显，平均增幅达11.68%。

王先如等（2013）在江苏东台进行了不同时期施用多效唑对扬麦13的化控效果研究。结果显示，以4.5~5叶期喷施多效唑40~50g/亩产量较对照增产7.9~15.4kg/亩，株高较对照降低5~8.3cm，以喷施40g/亩多效唑比喷施50g/亩多效唑产量高，故就产量和经济适用而言建议对于晚播大群体的小麦田在4.5~5叶期（本试验田小麦总叶片数为9张）喷施多效唑40g/亩左右可以来达到防倒增产的作用。但本试验再次证明多效唑施用会明显推迟作物生育进程。本试验中小麦后期见芒15%时喷施多效唑80ml/亩和100ml/亩株高减少明显为8.5cm和10.1cm，但会造成一定的减产，对生育期产生一定影响，故生产上不宜依赖后期喷施多效唑降低株高来达到防倒的效果。宜采用合理肥水运筹，控制群体质量或在返青拔节期适当喷施多效唑来达到防倒的效果，一般对于晚播小麦在不显示旺长的情况下，不需要喷施多效唑。

（3）提高茎蘖成穗率　通过降低播种量可达到这个目的。但是，暖冬年份旺长趋势明显，无效分蘖仍然大量发生，此时可以应用抑蘖剂来控制无效分蘖和无效生长，达到高成穗率。

（4）防御干热风、增加粒重、粒数与产量　小麦生育前期的壮苗，为壮秆大穗打下基础在生殖生长阶段，前期的抽穗扬花是每穗结实粒数的最终决定期。在小麦生殖生长期叶面喷施植物生长调节剂可显著增加结实粒数和千粒重。在小麦孕穗至齐穗期，叶面喷施三十烷醇厚制剂，可增加结实粒数和千粒重。其主要增产机理：一是提高光合速率；二是加速光合产物的运转，提高灌浆速率；三是抗功能叶早衰，平均延长功能叶寿命 2~3d，熟相好。陈开平等（2016）以小麦宁麦 13 为材料，分析了喷施不同剂量的矮壮丰与多效唑对宁麦 13 化学调控效果及产量的影响。结果表明，多效唑主要作用于基部第 1~2 节间以及穗下节，导致宁麦 13 株高下降，且多效唑浓度越高，控高效果越好；矮壮丰主要作用于基部第 1~2 节间，对穗下节无影响，甚至会促进穗下节伸长，导致控高效果不明显。喷施不同剂量的矮壮丰与多效唑 2 种植物生长调节剂都会影响宁麦 13 的有效穗数，而且剂量越大，有效穗数越低，同时也会影响宁麦 13 的实粒数与千粒质量，其中千粒质量随着剂量的加大表现出增加的趋势，而喷施多效唑的宁麦 13 理论产量明显高于喷施矮壮丰的理论产量。综合小麦成穗、株高与产量 3 个方面性状，多效唑 40g/亩（年前）+矮壮丰 50ml/亩（年后）效果最佳。

赵绘等（2012）为明确使用聚天冬氨酸钾+SOD（SODM）调节剂对小麦的增产效果，结合运用喷施、浸种等措施，对弱筋小麦扬麦 15 和中筋小麦扬麦 16 两种不同小麦品种施用 Cu/Zn 和 Mn 两种金属离子类型 SODM 调节剂，测定分析不同生长时期干物质重、叶面积指数及成熟期的穗数、每穗粒数、粒重和产量。结果显示各处理增加了苗期、拔节期、挑旗期、抽穗期、乳熟期和成熟期的干物质重及叶面积指数，浸种处理和浸种+喷施处理与对照间差异达到显著水平。除 Mn-SODM 喷施处理外，其他各处理均显著增加了小麦穗数、每穗粒数、粒重和产量。其中 Cu/Zn-SODM 浸种处理增产 14.1%~16.1%，增幅最大，Mn-SODM 喷施处理增产 2.6%~4.0%，增幅最小。

（四）合理灌溉

1. 小麦生育过程的关键需水时期

小麦是需水较多的作物，水分管理对小麦品质和产量的影响比较复杂。一般情况下，灌溉增加籽粒产量和蛋白质产量，但由于增加了籽粒产量对蛋白质的稀释作用，可能会导致蛋白质含量略有下降。小麦整个生育时期除苗期缺水较少外，返青、拔节、抽穗、灌浆时期需水量占全生育时期需水量的约85%。

小麦的需水量为不限制小麦生长发育条件下田间健壮植株的蒸散量。小麦从播种到收获整个生育期间对水分的消耗量为小麦的耗水量。小麦的耗水量，包括植株叶面蒸腾、棵间土壤蒸发和渗漏损失，其中叶面蒸腾占总耗水量的60%~70%。根据各地研究分析，在小麦产量150~500kg/亩范围内，耗水量随产量的提高呈线性增加，耗水系数随产量的提高而降低，水分生产率随产量的提高呈线性增加。说明培肥地力、提高小麦栽培管理水平、增加产量，是降低耗水系数节约用水的根本途径。

受气候、土壤、栽培条件等因素的影响，各地小麦耗水量有明显差异。从小麦需水量和生长期间自然降水量的差额看，江淮地区基本上供需平衡，淮河以北缺水100mm以上，黄河以北缺水达150~200mm，长江以南降水量一般多于需水量。江苏省小麦生育期间的降水总量基本可以满足小麦生长发育需要，但其时空分布不均匀，总体来说南多北少，淮北地区秋冬干旱几率高，播种前后平均3年遇2年干旱，灌溉需求大一些。淮南地区春秋连阴雨经常发生，需要排水降渍，特别强调三沟配套、清沟理墒，保证排水畅通。适宜的水分不仅保证高产小麦各时期植株生理需求，同时也提高了小麦品质。

小麦不同生育时期的耗水量与气候条件、冬春麦型、栽培管理及产量水平有密切关系。一般冬小麦出苗后，随气温降低，日耗水量下降，播种至越冬耗水量占全生育期的15%左右。由于植株小，棵间蒸发占阶段耗水量进一步减少，越冬至返青阶段耗水只占总耗水量的6%~8%，耗水强度在0.67m^3/（亩·d）左右。返青至拔节期，随气温升高，小麦生长发育加快，耗水量随之增加，耗水强度在0.67~1.33m^3/（亩·d），耗水量占全生育期15%左右。由于植株小，棵间蒸发占阶段耗水量的30%~60%。拔节以后，小麦进入生长期，耗水量急剧增加，并由棵间蒸发转为植株蒸腾为主，植株蒸腾占阶段耗水量的90%以上，耗水强度在2.67m^3/（亩·d）以上，拔节到抽穗1个月左右时间内，耗水量占全生育期的25%~30%。抽穗前后，小麦迅速伸展，绿色面积和耗水强度均达一生最大值，一般耗水强度在3m^3/（亩·d）以上。抽穗到成熟35~40d，耗水量占全生育期35%~40%。

2. *灌溉方法*

合理的灌溉技术是保证田间合理用水，把水适量送到田间，使浇灌田块受水均匀，不产生表面流失、深层渗漏及土壤结构损坏等现象，从而达到经济用水，提高产量目的。

麦田灌溉技术主要涉及灌水量、灌溉时期和灌溉方式。小麦灌水量与灌溉时期主要根据小麦需水特性、土壤墒情、气候、苗情等而定。灌水总量按水分平衡法来确定，即：灌水总量＝小麦一生耗水量－播前土壤贮水量－生育期降水量+收获期土壤贮水量。灌溉时期根据小麦不同生育时期对土壤水分的要求不同来掌握。一般出苗期，要求在田间最大持水量的75%～80%，低于55%则出苗困难。分蘖过程要求适宜水分为田间持水量的75%左右。拔节至抽穗阶段，营养生长与生殖生长同时进行，器官大量形成，气温上升较快，对水分反应极为敏感，该时期适宜水分为田间持水量的70%～80%，低于60%时会引起分蘖成穗与穗粒数下降，对产量影响较大。开花至灌浆中期，土壤水分适宜保持在75%左右，低于70%容易造成干旱逼熟粒重降低。为了维持土壤的适宜水分，小麦生长中需补充灌溉，小麦播种前要保持充足的底墒，由于江淮平原弱筋小麦区域降水量较大，一般情况下田间持水量较大，最多只允许浇水1次，应在拔节期灌溉，灌水量为40m^3/亩。

麦田浇水灌溉的方式可分为地面灌、喷灌、滴灌与管道输水及管道灌溉4种。而对于弱筋小麦尽量不采用地面灌溉的方法，容易发生渍害。

喷灌是一种较为先进的灌水方法，利用专门的设备将高压水流喷射到空中，并散成水滴进行灌溉。对平原、丘陵、起伏较大、不易平整土地的地区、稻茬麦区，尤为适宜，也是节水灌溉的途径之一。一般比地面灌溉节省水20%～40%，并且不破坏土壤结构，还可以提高土地利用率。

滴灌是近代发展起来的一种新的灌水技术。利用一套滴灌设备将水加压、过滤，通过各组管道与滴水装置（滴头）把水或溶于水中的化肥液体均匀而又缓慢地滴入作物根部附近土壤，使作物生长在最优湿度状态。滴灌节水、节能，不破坏土壤结构，不板结土壤，土壤通气状况良好，养分充足，且适用于各种地形与土质条件。

地下管道输水与管道灌溉是一种很好的节水灌溉技术。该技术优点是输水快、省水、省地、省劳力。

江苏省小麦生育期间的降水总量基本可以满足小麦生长发育需要，但其时空分布不均匀，总体来说南多北少，淮北地区秋冬干旱几率高，播种前后平均3年遇2年干旱，灌溉需求大一些。淮南地区春秋连阴雨经常发生，需要排水降渍，特别强调三沟配套、清沟理墒，保证排水畅通。适宜的水分不仅保证高产小麦各时期植株生理需求，同时也提高了小麦品质。

（五）应对环境胁迫

江淮平原地区地处中国南北气候过渡带，水热等自然资源优越，物种丰富，应对的病虫草害胁迫也相应较多。针对麦田来说，小麦在孕穗、灌浆和成熟的关键时期，也是小麦多种病虫草害的多发时期，常见的主要病虫害有小麦赤霉病、小麦白粉病、小麦锈病等；常见的主要虫害有小麦蚜虫、小麦吸浆虫和麦蜘蛛等；常见的主要杂草有日本看麦娘、看麦娘、茵草、猪殃殃、大巢菜、稻槎菜、野老鹳草等。具体见第三章。

小麦生长期应对的主要温度胁迫有越冬冻害、霜冻害等；水分胁迫有渍害、湿害等；灾害性天气包括干热风等。具体的温度胁迫和水分胁迫及灾害性天气发生时期及对策也详见第三章。

五、适期收获

(一) 成熟时期的判断

小麦最后成熟经历乳熟期、蜡熟期、完熟期三个阶段。常言说“九成熟，十成收，十成熟，一成丢”。所谓的九成熟，实质是小麦的蜡熟末期。小麦落黄时，旗叶叶尖、叶片、叶鞘到穗下茎依次由绿变黄。穗下节由下向上呈现黄绿两段或黄绿黄三段时千粒重最高。此时植株茎秆全部变黄，叶片枯黄，茎秆尚有弹性，籽粒已全部转黄，内部呈蜡质状，含水率在22%左右，干物质积累达到高峰，品质好，产量最高，生理也完全成熟，是收获的最适时期。收获过早，小麦灌浆不充分，籽粒不饱满，影响产量；收获过晚，不仅易落粒折穗，而且使千粒重降低，丰产不丰收。

小麦收获适期很短，又正值雨季来临或风、冰雹等自然灾害的威胁，及时收获可防止小麦断穗落粒、穗发芽、霉变等损失。由于江淮平原地区气候变化大，小麦成熟期间常遇连阴雨，因此，小麦成熟时宜抢晴收割，确保颗粒归仓，以防遇雨穗发芽或出现烂场雨现象，导致减产、霉变降低小麦籽粒品质。对于弱筋专用优质小麦要注意单收、单脱、单晒、单运、单贮，以防混杂，确保优质专用、高产高效。

(二) 机械收获方法

江淮平原地区小麦收获基本实现机械化，主要采用联合收割机。用联合收割机收获小麦，麦粒在秸秆上没有后熟作用的时间，一般要求到小麦的蜡熟末期，籽粒含水量降到25%以下，而最佳收获时期在完熟初期，此时籽粒含水量降到20%以下，秸秆干脆，收割机负荷减轻，工效高，故障少，麦粒分离净，收割损失减少。使用联合收割机进行作业，收割到边到头，不留田角，割茬高度小于15cm。随着联合收获装备成熟，应选择大喂入量、高清洁率、秸秆粉碎效果好的横纵轴流结合的联合收割机，一次完成收割、脱粒、清选、装袋等作业。根据需要，收集或粉碎麦秸，粉碎后残秸长度小于8cm，撒布均匀。并且要做到收获总损失率应小于2%，破碎率小于1.5%，清洁率大于90%。

麦收前要进行田间调查，查看待作业地块的大小、形状、小麦产量和品种自然高度、种植密度、成熟度及倒伏情况等。做到心中有数，充分发挥机械效能、提高作业质量和减少损失。要标记或填平地块中的沟坎、深沟、凹坑等；清除田间障碍物，若不能清除，应设立明显标记，以免碰坏割刀；若地块中有水井、深坑等，必须事先人工将其四周小麦割净，其宽度以1.5m左右为宜，以免发生危险。要考察联合收获机通过道路宽度，有无高处障碍，改善田间通道，便于联合收获机通过。

麦收时根据自然条件和作物条件的不同及时对机具进行调整，使联合收割机保持良好的工作状态，减少机收损失，提高作业质量。选择合适的作业行走路线。联合收割机作业一般可采取顺时针向心回转、逆时针向心回转、梭形收割等行走方法。在具体作业时，机手应根据地块实际情况灵活选用。转弯时应停止收割，采用倒车法转弯或兜圈法直角转弯，不要边割边转弯，以防因分禾器、行走轮或履带压倒未割麦子，造成漏割损失。

联合收割机通常情况下有两种作业路线：一是四边收割法。对于大块麦田，开出割道后，可采用四边收割法。当一行收割到头，收割机中部与未割作物平齐时，向左转弯60°；一旦收割机尾部超出未割作物，边升割台边倒车，边向左转弯30°，使机器横过90°，割台刚好对正割区，换前进挡，放割台，继续收割。二是两边收割法。对于长度较长而宽度不大的田块比较适用。先沿长度方向割到头后，左转弯绕到割区另一边进行收割。这种方法不用倒车，可提高收割效率，但需要开割道时，应将横割道开出约5m宽。机手应善于总结经验，根据不同田块条件总结切合实际的操作方法。收割时尽量走直线，防止压倒一部分未割作物，造成损失。田边地角余下的一些作物可以待大面积割完后再收割，或人工割下均匀地撒在未收割作物上等待收割。对于不同宽度割台的切纵流联合收获机，当拐弯180°，耗时小于拐弯90°2倍时，采用梭形式行走路径耗时最短；当拐弯180°，耗时大于拐弯90°2倍时，采用回转式行走路径耗时最短。拨禾轮的转速一般为联合收割机前进速度的1.1~1.2倍，不宜过高。拨禾轮高低位置应使拨禾板作用在被切割作物2/3处为宜，前后位置应视作物密度和倒伏程度而定，当作物植株密度大并且倒伏时，适当前移，以提高拨禾能力。拨禾轮转速过高、位置偏高或偏前，都易增加穗头籽粒脱落，作业损失增加。

收割时根据联合收割机自身喂入量、小麦产量、自然高度、干湿程度等因素选择合理的作业速度。通常情况下，采用正常作业速度进行收割。当小麦稠密、植株大、产量高、早晚及雨后作物湿度大时，应适当降低作业速度。在负荷允许的情况下，控制好作业速度，尽量满幅或接近满幅工作，保证作物喂入均匀，防止喂入量过大，影响脱粒质量，增加破碎率。当小麦产量高、湿度大或者留茬高度过低时，以低速作业仍超载时，适当减小割幅，一般减少到 80%，以保证小麦收割质量。联合收获机作业时应以发挥最大效能为原则，在收获时尽量以大油门作业，减小油门会降低前进速度，引起滚筒转速降低，造成作业质量降低，甚至堵塞滚筒。

小麦联合收获机在收获过程中，要根据小麦产量、自然高度、干湿程度等因素选择合理的作业档位。通常情况下，在小麦亩产 300～400kg 时可选择二挡作业；小麦亩产量在 500kg 左右时应选择一挡作业；当小麦亩产量在 300kg 以下时，地面平坦且机手技术熟练，小麦成熟好时，可选三挡作业。

此外，对于倒伏小麦收获时应首先对联合收获机割台进行调整并可安装辅助装置。拨禾轮的调整包括：拨禾轮前后和高低位置的调整和拨禾轮弹齿角度的调整。一般收获倒伏小麦应将拨禾轮向前调整，使弹齿的位置在最低点时处于护刃器前端 150～200mm，拨禾轮高低位置以弹齿可以接触到地面或距地面 20～50mm 为宜，调整时以保证切割器在切割作物前，拨禾轮首先将倒伏作物扶起为原则。由于收割倒伏小麦时，拨禾轮扶起小麦的阻力比正常收获时要大得多，为保证弹齿有效扶起小麦，延长弹齿与小麦的接触时间，一般弹齿角度向后或向前偏转 15°或 30°。顺倒伏小麦收割时，弹齿向后偏转；逆倒伏小麦收割，则弹齿向前偏转。

（三）脱粒后处理

小麦收获后还要进行翻晒和烘干等程序，籽粒含水量降到 12%以下时方可储藏。常用的机械有扬场机、翻晒机、烘干机、清种机、选种机、入仓机械等。广大农户一般在腊熟末期收获，收获后应及时晾晒干燥储藏。现在许多种地大户和农场主选择小麦完熟期收获，含水量降到<12%时直接收获入库，省去晾晒环节，前提是必须常看天气预报，有足够多的联合收获机。

由于小麦吸湿性能力强，小麦储藏应注意降水、防潮。应充分利用小麦收获后的夏季高温条件进行暴晒再行入库。特别是遇到高温高湿天气，要对小麦进行摊晾、通风。小麦入库后则应做好防潮措施，并注意后熟期间可能引起的水分分层和上层“结顶”现象。小麦种子入库要达到纯、净、饱、壮、健、干的标准。小麦入库的质量标准为种子含水量在12.5%以下；容重在750g/L以上；杂质在1.5%以下；其他质量标准以国标规定的中等标准为准。

1. 高温密闭储藏

小麦趁热入仓密闭储藏，是中国传统的储麦方法。通过日晒，可降低小麦含水量，同时在暴晒和入仓密闭过程中可以收到高温杀虫制菌的效果。对于新收获的小麦能促进后熟作用的完成。由于害虫的灭绝，小麦含水量和带菌量的降低，呼吸强度大大减弱，可使小麦长期安全储藏。

2. 低温密闭储藏

小麦虽能耐高温，但在高温下持续储藏时间长也会降低小麦品质。因此，可将小麦在秋凉以后进行自然通风或机械通风充分散热，并在春暖前进行压盖密闭以保持低温状态。低温储藏是小麦长期安全储藏的基本方法。低温冷冻储藏：利用冬季低温时，进行翻仓、除杂、冷冻，将麦温降在0℃上下，而后趁冷密闭，对消灭麦堆中的越冬害虫有较好的效果。但低温密闭的麦堆，要严防温暖气流的接触，以免麦堆表层结露。小麦在冷冻的条件下，还可以保持良好的品质。

3. 粮仓密闭防湿

对于储藏量大的仓库要密闭门窗，包装种子应按规格堆放；散装种子堆的上面覆盖经清洁、暴晒消毒处理的草苫或麻袋等，压盖要平整、严密。

第三节　江淮平原稻茬小麦栽培

一、概况

目前，大部分稻茬麦区主要的耕作方式是秸秆还田。在江淮平原地区，水稻是主要粮食作物。弱筋小麦接水稻茬是主要的茬口关系。

杜小凤等（2018）介绍了稻麦两熟是江淮地区的主要小麦耕作制度，一方面近年来由于生产中大面积推广偏迟熟粳稻导致水稻收获期逐年推迟，另一方面水稻收获后长遇阴雨天气，导致小麦难以适期播种。推广应用稻茬小麦少免耕生产技术，可以为稻茬麦争抢播种季节，避免烂耕烂种，提高播种质量，提高小麦产量和品质及种植效益。为了有利于实际操作中掌握该项技术，做好稻茬麦少免耕生产管理，从品种选择、整地、播种、施肥、田间管理等方面制订了稻茬麦少免耕生产技术规程。李朝苏等（2020）介绍了在播期推迟的情况下，免耕带旋播种可以减少土壤扰动，增大秸秆通透性，提高播种效率，对湿黏稻茬田的适应性显著提升，提高小麦产量。

二、稻茬小麦栽培技术要点

稻茬小麦栽培技术基本同常规栽培。在此突出撰述以下几个方面。

（一）稻茬整地

大部分稻茬麦区主要的耕作方式是秸秆还田后旋耕，很少进行深翻耕和深松。由于秸秆还田量大、秸秆粉碎不充分、旋耕深度浅等，造成整地差、播种差、出苗差等一系列问题。长期旋耕已经导致土壤紧实度发生明显差异，犁底层上移问题比较突出，同时土壤不同深度紧实度也明显变化。而改旋耕为隔年深松或深耕后旋耕的耕作模式可以有效打破犁底层，扩大了植物根系的活动空间，续墒保水，对整地质量有明显的提升。为减少机械操作成本，可以隔年深松或3年深松一次，可以达到良好的田间效果。深松显著改善了耕层的土壤紧实度，利于根系穿插，提高作物对深层水分、养分的利用。

周国勤等（2019）介绍了稻茬小麦在水稻收获后，第一遍采用机械深翻25~35cm，利于渗水降湿，可加快播种时间；深翻将前茬秸秆翻入耕层下面，创造了一个适宜的生产环境，便于播种出苗成苗。第二遍采用浅耕或者旋耕，也可在深翻后采用旋耕播种一体机进行播种。播种后机械开沟，“四沟”配套（腰沟深度小于厢沟且小于边沟），使其达到明水能排，暗水能滤，阴雨天气可以使田间无明水。足墒下种，浅播匀播，针对稻茬小麦可以适当浅（1.5~3cm），减少种子养分消耗，促使其尽早出苗。

（二）稻茬免耕秸秆还田

免耕秸秆还田不仅可提高小麦产量，还能改善籽粒品质。重视秸秆还田，不仅能优化麦田土壤的综合特性，增强小麦生产的后劲，还可以促进农业的可持续发展。免耕秸秆还田可形成有机质覆盖，抗旱保墒。据测定，连续6年秸秆还田，土壤的保水、透气和保温能力增强，吸水率提高10倍，地温提高1~2℃，在秋季多雨年份，在水稻秸秆还田免耕少耕的耕作方式下，小麦出苗早、齐、快，并对中低产田小麦有显著的增产作用。秸秆中含有N、P、K、Mg、Ca及S等多种农作物生长所必需的营养元素。通过秸秆还田，小麦能够从土壤中获得这些施用一般花费所不能提供的营养元素，可显著改善籽粒品质。免耕小麦生育期长，在雨水的淋湿下，稻草风化腐蚀，秸秆中含有大量的能源物质，还田后，土壤生物活性强度提高，接触酶活性可增加47%。随着微生物繁殖力的增强，生物固N增加，碱性降低，促进了生物的酸碱平衡，养分结构趋于合理。秸秆还田可使土壤容重降低，土质疏松，透气性提高，土壤结构得到改善，促进作物增产。

秸秆还田一般分为秸秆直接还田和秸秆间接还田两种类型，其中，秸秆直接还田又可以细分为留高茬还田、墒沟埋草法、秸秆覆盖法、覆盖免耕还田、直接掩青法、秸秆机械还田、秸秆粉碎翻压还田；秸秆间接还田主要包括堆腐还田、生化催腐还田、过腹还田、沤制还田、发酵及沼肥还田、养殖还田等。

秸秆还田一般每亩均匀覆盖粉碎的稻草300kg左右，覆盖及时，翻压入田后，田间保持足够的水分，以利于微生物活动。秸秆还田后，每亩增施复合肥20~30kg，促壮苗早发。应使用无病健壮的植物秸秆还田。旋耕秸秆还田的小麦田地，在墒情适宜时，应及时镇压，避免漏风跑墒。加强地下害虫的防治。

（三）稻茬小麦施肥

在实际生产中，常认为多施氮肥可以弥补晚播稻茬小麦的产量损失，但是大量施用氮肥不仅会导致氮肥利用率的降低，生产成本增加，长期施用还会造成环境恶化，不利于绿色生产。为此不少学者从施氮量和氮肥运筹等各方面对稻茬小麦的施肥模式进行了探究。

环加余等（2014）介绍，弱筋小麦不同秸秆还田条件下氮肥施用效果研究结果表明，秸秆半量旋耕还田，氮肥运筹为基肥：平衡肥：拔节肥：孕穗肥=6：1：2：1产量最高，表现为第1节间茎秆粗，穗下节长，叶面积大，穗结实粒多，千粒重高，产量高；秸秆半量旋耕还田，氮肥运筹为基肥：平衡肥：拔节肥=7：1：2次之；秸秆半量旋耕还田，半量播后覆盖，氮肥运筹为基肥：平衡肥：拔节肥：孕穗肥=6：1：2：1最差，表现为麦苗冻害严重，第1节间细小，叶面积小，穗粒数少，产量低。

石祖梁等（2014）以弱筋小麦品种宁麦9号和强筋小麦豫麦34材料，研究了不同氮肥水平（0kg/hm^2、75kg/hm^2、150kg/hm^2、225kg/hm^2）下成熟期小麦植株干物质、氮磷钾的积累垂直分布特点，表明随着施氮量的增加，小麦籽粒产量先增后减，以225kg/hm^{2}处理下产量最高，冠层各层次干物质、磷、钾的积累显著提高。随着冠层的降低，叶片干物质积累量先降后增，氮、磷积累降低，钾积累升高。茎鞘干物质和钾素积累量为冠层的降低而升高，氮、磷积累量先增后降，以倒 2、倒 3 层最高。各叶层、茎鞘层干物质、氮磷钾积累量与籽粒产量呈极显著正相关关系。在施氮量 225kg/hm^2 处理下，小麦秸秆全量还田对土壤氮磷钾养分的贡献分别为 3.7kg/hm^2、2.8kg/hm^2、9.9kg/hm^2；留茬 15cm 时，残茬干物质、氮磷钾还田量占整株秸秆比例分别为 40%、50%和 40%左右。

文廷刚等（2018）为探索不同肥水处理对晚播稻茬麦生长发育和产量的影响，以淮麦 30 为材料，研究了不同肥水运筹对稻茬晚播麦生长特性和产量及其构成因素的影响。结果表明，不同肥水处理均能促进稻茬晚播麦出苗，增加茎蘖数分化，提高茎蘖群体质量。稻茬晚播麦的成穗数、穗粒数、千粒重均显著增加，产量增幅为 8.8%~30.4%，其中，浇水处理增产最显著，达 30.4%。小麦对氮素的利用率增加幅度为 12.5%~29.5%，浇水处理的氮素利用率最高，达 29.5%。总体效果为浇水处理>灌水处理>洇水处理>常规施肥。因此，肥水配施对小麦的生长发育和产量及其构成具有显著的促进和改善作用，施肥后配合适宜的水分运筹有助于提高小麦对氮素的利用率。

张向前等（2019）为了探索不同氮肥运筹模式对小麦光合效应、产量及品质的影响，于 2016—2017 年设置 N_0（0kg/hm^2）、N_1（120kg/hm^2）、N_2（180kg/hm^2）、N_3（240kg/hm^2）4 种氮肥处理和三种不同基追比（7：3、6：4、5：5）的试验，结果表明，施氮量相同时，基追比 6：4 最利于高产，施氮量 240kg/hm^2 时，小麦的蛋白质含量、湿面筋含量和沉淀值均不符合国家弱筋小麦标准，施氮量 180kg/hm^2 左右、基追比 6：4 是稻茬麦区较适宜的氮肥运筹模式。

薛轲尹等（2020）为了探究江汉平原小麦高产栽培过程中氮肥的合理运筹，以郑麦 9023 为材料，在中肥力和高肥力土壤条件下设置氮肥运筹试验（0kg/hm^2、135kg/hm^2、180kg/hm^2 和 225kg/hm^2 四个施氮量，分别用 N_0、N_1、N_2、N_3 代表；氮肥基追比为 10：0：0、7：3：0、1：1：1 三个水平，分别用 M_1、M_2、M_3 代表），研究了不用氮肥运筹对稻茬小麦产量、干物质积累、氮肥积累与运转及氮效率的影响，结果表明中肥力点小麦在施氮量 225kg/hm^2、基追比 1：1：1 处理下产量和氮素利用效率最高。高肥力点小麦施氮量在 180kg/hm^2、基追比 1：1：1 处理下可获得较高的产量和氮肥农学效率。这两种氮肥运筹模式可作为江汉平原稻茬小麦土壤在中肥力和高肥力土壤条件下兼顾高产和高肥料利用效率的氮肥运筹模式。

关于稻茬弱筋小麦施肥量及其氮肥运筹模式，虽研究方式不同，但都趋向于施肥量在180~225kg/hm²、基追比在基肥：平衡肥：拔节肥：孕穗肥＝6：1：2：1或6：4是稻茬弱筋小麦区较为适宜的氮肥运筹模式。此外，也有学者对其他稻茬麦区的施肥模式有一定的研究。

马泉等（2019）以含氮量45%树脂包膜缓释肥（PCU）和含氮量46.3%普通尿素（U）设计了100%PCU全部基施（M_1），60%基施、40%U拔节期追施（M_2），60%PCU基施、40%PCU返青期追施（M_3），30%PCU与30%U基施、20%PCU与20%U返青期追施（M_4）和常规尿素施肥模式（全部为尿素，基肥：分蘖肥：拔节肥：孕穗肥为50%：10%：20%：20%）为对照，研究了不同施肥模式对稻茬冬小麦群体质量、产量及其构成因素、氮效率和经济效益等的影响。结果表明，4种PCU施肥模式产量均高于对照，M_3和M_4主要由于穗数和千粒重的增加而使增产效果最显著，分别为15.11%和17.44%；M_3和M_4模式的茎蘖成穗率分别较对照高4.15%和3.88%，干物质积累量分别高25.86%和25.91%，LAI在开花期和乳熟期均显著高于对照，更有利于延缓花后叶片衰老，促进籽粒充实。M_3和M_4模式氮肥表观利用率和氮肥农学效率也显著高于对照；M_4模式成本较低，净效益较高，达到12 223.99元/hm²，分别较对照和M_3模式高29.05%和6.58%。因此，生产上推荐30%树脂包膜缓释肥与30%尿素基施、20%树脂包膜缓释肥与20%尿素返青期追施的施肥模式，利于构建适宜群体、协调产量构成因素、提高产量、降低人工成本、增加经济效益、提高氮肥利用效率。

孙娟（2016）为了阐明不同氮肥水平下喷施叶面肥对小麦的产量与品质的调控效应，于2014—2016年度在扬州大学江苏省作物遗传生理重点实验室试验场以弱筋小麦宁麦18、中筋小麦宁麦19为试验材料，通过2个施氮量和3个氮肥运筹处理创造不同的群体，研究孕穗期和开花期喷施适宜浓度的丰产灵、速乐硼、磷酸二氢钾和硫酸锌对小麦的产量与品质调控效应、生理特征及类型间异同，并采用3个品种进行试验结果的验证，以期为小麦的产量与品质协调提高提供理论依据和技术支持。试验主要结果如下：两年度喷施不同类型的叶面肥均有增产效应，且喷施叶面肥种类不同而增产率不同，其中，2014—2015年度宁麦18喷施年度丰产灵、速乐硼、磷酸二氢钾和硫酸锌处理的增产率分别为9.2%、2.6%、6.66%、0.46%。2015—2016年度宁麦19孕穗期和开花期各喷施1次丰产灵和速乐硼两处理、开花期各喷施1次磷酸二氢钾、硫酸锌、丰产灵和速乐硼四处理的增产率分别为7.65%、7.79%、8.14%、2.32%、3.66%、4.37%，孕穗期和开花期各喷施1次丰产灵和速乐硼两处理分别大于开花期喷施1次丰产灵、速乐硼两处理，说明丰产灵和速乐硼喷施2次效果较好。孕穗期和开花期各喷施1次速乐硼处理两年间差异较大，这可能与小麦类型、年度间气候变化有关。小麦生育后期喷施选用的5种叶面肥，增产均是通过调节粒数和粒重实现，但受到品种专用型、叶面肥类型的影响，其中喷施速乐硼增加粒数的效应较高，喷施磷酸二氢钾增加粒重的效应较大。与正常施氮量240kg/hm^{2}相比，降低施氮量到180kg/hm^{2}时，同氮肥运筹条件下小麦籽粒产量有所下降，喷施叶面肥，可弥补节氮的效应，增产率为0.5%~11%；相同施氮量情况下，氮肥运筹5：1：2：2、喷施叶面肥各处理籽粒产量大于氮肥运筹7：1：2：0和7：1：0：2的同处理，而增产率相反。喷施不同类型叶面肥对弱筋小麦宁麦18不同籽粒品质指标的调控效应不同，除磷酸二氢钾处理在施氮量180kg/hm^{2}条件下能降低了籽粒蛋白质含量和籽粒淀粉含量外，其他喷施处理均增加了籽粒中蛋白质含量和淀粉含量；丰产灵和磷酸二氢钾喷施处理降低沉降值和湿面筋含量，其他喷施处理均增加沉降值和湿面筋含量；喷施处理均能提高容重和硬度指数。

郑宝强等（2018）以弱筋小麦宁麦13为材料，设置180kg/hm^2（N_{180}）、120kg/hm^2（N_{120}）、0kg/hm^2（N_0）3个施氮水平，180万/hm^2（D_{180}）、240万/hm^2（D_{240}）、300万/hm^2（D_{300}）3个种植密度，研究了增密减氮对弱筋小麦产量、蛋白品质及其空间分布的调控效应。结果表明，减少施氮量降低了小麦单株成穗数、穗粒数、千粒重和籽粒产量，但在基本苗180万~300万/hm^{2}范围内，增加密度显著提高了成熟期穗数，部分补偿了因减氮造成的产量损失；减少施氮量显著降低了开花期和成熟期群体氮素积累量，但密度处理间未观察到显著差异。增密种植密度增加了穗数，对群体积累的氮达到了“稀释效应”，从而降低了包括籽粒在内的植株各器官氮浓度。

修明等于2013—2015年在徐州和如皋进行大田试验，研究了在稻秸旋耕还田条件下，不同播种密度、施氮量和氮肥基追比例对小麦籽粒产量、氮肥利用效率、土壤无机氮运移及氮素表观平衡特征的影响。主要研究结果如下：稻秸旋耕还田下，密度和氮肥运筹对小麦生长发育及产量具有显著影响。在施氮量180kg/hm^2（低氮）和225kg/hm^2（适氮）下，增加密度和基肥比例显著提高了小麦籽粒产量，产量的提高主要归因于单位面积穗数、开花期叶面积指数和旗叶净光合速率提高进而增加了花后干物质积累。而在施氮量270kg/hm^2（高氮）下，增加密度和追肥比例显著降低了群体茎蘖成穗率、开花期叶面积指数和旗叶净光合速率，导致花后干物质积累量减少、产量降低。产量在氮肥基追比（基肥：拔节肥：孕穗肥）6：3：1 处理最大；稻秸旋耕还田下，增加密度、施氮量及基肥比例显著提高了小麦花前各生育阶段的氮素积累量、开花期和成熟期小麦各器官的氮素积累量及花前氮素向籽粒的转运量。密度对花前氮素的转运率及其对籽粒的贡献率无显著影响，随着施氮量及追肥比例的增加，花前贮藏氮素的转运率及其对籽粒的贡献率显著降低。在相同的施氮水平下，增加密度显著提高了氮肥吸收效率和氮肥农学效率，在相同的密度水平下，增加施氮量显著降低了氮肥吸收效率、氮肥农学指数和氮收获指数。氮肥吸收效率及氮肥农学效率均在氮肥基追比（基肥：拔节肥：孕穗肥）为 6：3：1 处理上最大；施用氮肥能显著提高 0~40cm 土层硝态氮和铵态氮含量，开花前无机氮残留量随基肥比例的增加而增加，而花后无机氮残留量随追肥比例的增加而增加，且施氮量越高，开花期和成熟期土壤无机氮残留量越多。在相同的施氮水平下，密度对土壤无机氮的影响较大，随密度的增加土壤无机氮残留量呈降低趋势。小麦不同生育阶段的土壤氮素表观盈余量具有明显的阶段性特征，全生育期氮素盈余量随密度的增加而降低，随施氮量和追肥比例的增加而增加。在稻秸旋耕还田条件下，增加密度、适当降低施氮量且提高基肥比例有利于减少土壤无机氮残留量，维持小麦-土壤系统氮素平衡。在本试验条件下，徐州地区在稻秸旋耕还田条件下播种密度为 180kg/hm^2，并配施氮量 225kg/hm^2 且氮肥基追比为 6：3：1，如皋地区在稻秸旋耕还田条件下播种密度为 135kg/hm^2，并配施氮量 225kg/hm^2 且氮肥基追比为 6：3：1，可以提高小麦花后的物质生产、氮素的吸收利用及其向籽粒分配、转运的能力，减少了土壤硝态氮的淋洗，降低了氮肥的损失。因此，在稻秸旋耕还田条件下，提高播种密度、适当降低施氮量并提高基肥比例，可以实现小麦产量和氮素利用效率的同步提高。

综上所述，为了实现稻茬弱筋小麦的优质高产，建议生产上采用施氮量为 180kg/hm^2，氮肥运筹 7：1：2：0 或 7：1：0：2，开花期喷施 1 次磷酸二氢钾，也可以采取 30%树脂包膜缓释肥与 30%尿素基施、20%树脂包膜缓释肥与 20%尿素返青期追施的施肥模式，来更好地构建稻茬弱筋小麦适宜群体以及协调产量及其构成因素。

本章参考文献

曹卫星，2001. 作物学通论［M］. 北京：高等教育出版社.
曹新友，刘建军，程敦公，等，2012. 小麦品种冬春性、抗寒性与广适性的关系［J］. 麦类作物学报，32（6）：1 210-1 214.
陈船福，何松银，高永红，等，2006. 弱筋小麦“扬麦 15 号”不同密度不同肥料运筹试验研究［J］. 上海农业科技（3）：55-56.
陈船福，陆建平，黄小东，等，2006. 弱筋小麦新品种宁麦 13 号不同播期、密度试验研究［J］. 现代农业科技（9）：98-99.
陈恩谦，2005. 不同生态类型小麦品种田间春化的温光特性研究［J］. 耕作与栽培（5）：44-46.
陈海平，肖承璋，刘文广，等，2008. 弱筋小麦扬麦 15 氮磷钾肥不同用量配比试验研究［J］. 现代农业科技（22）：165-166，168.
陈华，陈一岩，郜惠萍，等，2016. 优质弱筋小麦品种郑 004-1 品质评价研究［J］. 粮食与饲料工业（7）：7-9.
陈俊才，周振元，孙敬东，等，2007. 密度和氮肥运筹对弱筋小麦宁麦 13 号产量和品质的影响［J］. 江苏农业科学（1）：29-32.
陈在新，胡志仿，陈岚，2008. 秸秆还田与小麦播种方式对免耕稻茬麦产量的影响［J］. 现代农业科技（12）：167-168.
崔继林，1955. 华北地区小麦品种春化阶段发育的研究［J］. 植物学报，4（4）：84-86.
丁俊贵，2007. 弱筋小麦施钾效益研究［J］. 农技服务，24（12）：62.
丁扣琪，丁峰，李久进，2012. 播期、播量和施氮水平对弱筋小麦生长及产量的影响［J］. 现代农业科技（16）：17-18.
丁永刚，郭文善，李福建，等，2020. 稻茬小麦氮高效品种产量构成和群体质量特征［J］. 作物学报，46（4）：544-556.
杜小凤，吴传万，顾大路，等，2018. 江苏省稻茬小麦少免耕生产技术规程［J］. 农业科技通讯（11）：256-257.
FRANCIS M E，冯景莲，1996. 耕作系统对小麦产量影响及与水保关系［J］. 水土保持科技情报（1）：14-16.
付雪丽，王晨阳，郭天财，等，2005. 水氮交互对弱筋小麦蔗糖含量和籽粒淀粉积累及品质的影响［J］. 麦类作物学报（4）：67-71.
高德荣，宋归华，张晓，等，2017. 弱筋小麦扬麦 13 品质对氮肥响应的稳定性分析［J］. 中国农业科学，50（21）：4 100-4 106.
高峰，2009. 弱筋小麦优质高效种植技术［J］. 安徽农学通报（下半月刊），15（8）：73，83.
高云，2010. 优质弱筋小麦栽培技术［J］. 农技服务，27（1）：14，24.
郭绍铮，彭永欣，钱维朴，1994. 江苏麦作科学［M］. 南京：江苏科学技术出版社.
郭志刚，2002. 江苏省近期淮南小麦品种更换进程及特点分析［J］. 江苏农业科学（3）：9-12.
韩军，2019. 息县弱筋小麦田间管理技术［J］. 河南农业（34）：44.
何建永，张铁石，李永良，等，2003. 优质专用小麦调优栽培的核心及配套栽培技术［J］. 种子世界（7）：37-38.
何震天，陈秀兰，韩月澎，等，2004. 优质弱筋小麦扬辐麦 2 号的选育［J］. 安徽农业科学，32（2）：231-232.
何震天，陈秀兰，张容，等，2011. 高抗黄花叶病新品种扬辐麦 4 号的选育［J］. 核农学报，25（1）：75-78.
何中虎，林作楫，王龙俊，等，2002. 中国小麦品质区划的研究［J］. 中国农业科学，35（4）：359-364.
胡文静，程顺和，陈甜甜，等，2018. 栽培因子对扬麦 22 产量、品质及氮肥农学利用率的影响［J］. 扬州大学学报（农业与生命科学版），39（1）：86-90.
怀燕，潘建清，张慧，2019. 缓释肥对稻茬小麦产量与养分利用的影响［J］. 浙江农业科学，60（7）：1 109-1 110.
环加余，汤荣林，肖承璋，2014. 弱筋小麦不同秸秆还田条件下氮肥施用效果研究［J］. 现代农业科技（17）：55.
黄婷婷，杨敏，张恒栋，等，2016. 高抗弱筋小麦新品种——黔兴麦 1 号［J］. 麦类作物学报，36（4）：3.
黄小东，郭道宽，何松银，等，2009. 弱筋小麦“扬麦 15 号”不同播期与密度试验研究［J］. 上海农业科技（1）：49-50.
姜朋，杨学明，张鹏，等，2015. 氮肥用量与基追比例对弱筋小麦‘生选 6 号’产量和品质的影响［J］. 西南农业学报，28（4）：1 683-1 688.

姜朋，张平平，张旭，等，2015. 弱筋小麦宁麦 9 号及其衍生系的蛋白质含量遗传多样性及关联分析［J］. 作物学报，41（2）：1 828-1 835.
姜文武，胡风灵，时萍，2019. 优质弱筋小麦品种皖西麦 0638 主要特征特性及栽培技术要点［J］. 农业科技通讯（7）：295-296.
姜宗庆，封超年，黄联联，等，2006 施磷量对弱筋小麦扬麦 9 号籽粒淀粉合成和积累特性的调控效应［J］. 麦类作物学报（6）：81-85.
蒋小忠，封超年，郭文善，2013. 磷肥种类对弱筋小麦籽粒产量和蛋白质含量的影响［J］. 江苏农业科学（12）：63-66.
蒋小忠，封超年，郭文善，2013. 施磷量与磷肥基追比对弱筋小麦产量和品质的影响［J］. 耕作与栽培（5）：7-10.
蒋小忠，封超年，郭文善，2014. 磷肥种类对弱筋小麦产量和品质的影响［J］. 耕作与栽培（3）：1-3.
金善宝，曹广才，蔡奇生，等，1992. 小麦生态理论与应用［M］. 杭州：浙江科学技术出版社.
金善宝，1996. 中国小麦学［M］. 北京：中国农业出版社.
鞠金玉，2013. 弱筋小麦高产技术措施［J］. 现代农业科技（5）：88.
李朝苏，李明，吴晓丽，等，2020. 耕作播种方式对稻茬小麦生长和养分吸收利用的影响［J］. 应用生态学报，31（5）：1 435-1 442.
李春燕，徐月明，郭文善，等，2009. 氮素运筹对弱筋小麦扬麦 9 号产量、品质和旗叶衰老特性的影响［J］. 麦类作物学报，29（3）：524-529.
李德炎，1976. 小麦育种学［M］. 北京：科学出版社.
李明，李朝苏，刘淼，等，2020. 耕作播种方式对稻茬小麦根系发育，土壤水分和硝态氮含量的影响［J］. 应用生态学报，31（5）：1 425-1 434.
李瑞，杨兵兵，吴培金，等，2019. 晚播对弱筋小麦植株氮素积累与利用的影响［J］. 云南农业大学学报（自然科学），34（5）：754-761.
林昌明，于宝富，唐进，等，2004. 不同施肥处理对弱筋小麦产量及品质的影响［J］. 上海农业科技（5）：47-48.
林作楫，1994. 食品加工与小麦品质改良［M］. 北京：中国农业出版社.
刘世平，庄恒扬，陆建飞，等，1998. 免耕法对土壤结构影响的研究

[J]. 土壤学报（1）：33-37.

陆成彬，范金平，褚正虎，等，2016. 高产抗病小麦新品种扬麦 21 的选育与应用［J］. 扬州大学学报（农业与生命科学版），37（2）：70-73.

陆成彬，程顺和，张伯桥，2006，等. 高产抗倒弱筋小麦扬麦 15 选育与高产栽培技术研究［J］. 农业科技通讯（12）：23-26.

马泉，唐紫妍，王梦尧，等，2019. 树脂包膜缓释肥与尿素配施对稻茬冬小麦产量、氮肥利用率与效益的影响［J］. 麦类作物学报，39（10）：1 202-1 210.

毛金凤，徐长青，2008. 沿海地区弱筋小麦生育规律及高产优质栽培指标［J］. 上海农业科技（5）：52-53.

毛瑞玲，2017. 优质弱筋小麦大田生产技术初探［J］. 中国农业信息（3）：78-80.

苗昌泽，2002. 小麦的化学调控生长调节剂［J］. 农村实用工程技术（12）：17.

穆林，张存岭，杨义法，2019. 施用铁硼钼微肥对濉溪县小麦产量的影响［J］. 农村经济与科技，30（19）：45-46.

牛巧龙，曹高燚，万鹏，等，2017. 氮肥施用量对强筋和弱筋小麦干物质积累及灌浆速率的影响［J］. 天津农学院学报，24（3）：1-5.

钱存鸣，周朝飞，1999. 小麦新品种宁麦 9 号的选育与应用［J］. 江苏农业科学（3）：19-20.

钱素文，周桂喜，骆小平，等，2007. 弱筋小麦、中筋小麦、强筋小麦种植注意点比较［J］. 上海农业科技（1）：53-54.

秦君，董毓琨，王海波，2000. 冬小麦春化研究［J］. 河北农业科学，4（4）：59-63.

邱军，2015. 长江中下游冬麦区国家小麦品种区试审定与品种推广［J］. 浙江农业科学，56（5）：616-620.

任勇，何员江，王小松，等，2017. 优质弱筋小麦新品种绵麦 112 选育及配套栽培技术［J］. 四川农业科技（7）：13-14.

任勇，何员江，肖代，等，2017. 高产大穗优质弱筋小麦新品种——绵麦 112［J］. 麦类作物学报，37（10）：3.

石祖梁，顾东祥，顾克军，等，2014. 秸秆还田下施氮量对稻茬晚播小麦土壤氮素盈亏的影响［J］. 应用生态学报，25（11）：

3 185-3 190.
宋树慧，何梦麟，任少勇，等，2014. 不同前茬对马铃薯产量、品质和病害发生的影响［J］. 作物杂志（2）：123.
苏国修，牛欢，许向阳，2013. 优质弱筋小麦高效栽培技术规程［J］. 农业科技通讯（1）：105，121.
孙君艳，程琴，2016. 不同施钾水平对弱筋小麦产量和品质的影响分析［J］. 中国农业信息（13）：117-118，123.
谭植，李瑞，吴培金，等，2020. 钾肥对弱筋小麦淀粉粒度分布与黏度参数的影响［J］. 湖南农业大学学报（自然科学版），46（5）：507-512.
田良才，1991. 对普通小麦春化和日长生态反应问题的探讨兼谈植物阶段发育理论［J］. 山西农业科学（6）：12-15.
王俊贵，2007. 弱筋小麦施钾效应研究［J］. 农技服务，24（12）：66.
王龙俊，陈荣振，朱新开，等，2002. 江苏省小麦品质区划研究初报［J］. 江苏农业科学（2）：15-18.
王绍中，章练红，徐雪林，等，1994. 环境生态条件对小麦品质的影响研究进展［J］. 华北农学报（增刊）：141-144.
王伟，朱平义，王海霞，等，2013. 镇江市弱筋小麦高产栽培技术［J］. 农业装备技术（5）：36-37.
王祥菊，杜庆平，徐月明，等，2011. 氮磷钾肥配比对弱筋小麦扬麦 15 产量形成的影响［J］. 江苏农业科学，39（6）：132-135.
王铮，陈震，游庆田，等，2018. 优质弱筋小麦品种大区对比试验［J］. 种业导报（1）：11-13.
文廷刚，王伟中，顾大路，等，2018. 不同肥水处理对晚播稻茬麦生长发育和产量的影响［J］. 浙江农业科学，59（11）：45-47，50.
吴宏亚，程顺和，张晓强，等，2004. 优质弱筋小麦扬麦 13 的特征特性及应用前景［J］. 安徽农业科学，32（3）：433.
吴宏亚，汪尊杰，张伯桥，等，2015. 氮肥追施比例对弱筋小麦扬麦 15 籽粒产量及品质的影响［J］. 麦类作物学报，35（2）：258-262.
吴金芝，黄明，李友军，等，2009. 灌溉对弱筋小麦豫麦 50 籽粒淀粉积累及其相关酶活性的影响［J］. 麦类作物学报，29（5）：872-877.
吴九林，彭长青，林昌明，2005. 播期和密度对弱筋小麦产量与品质影响的研究［J］. 江苏农业科学（3）：36-38.
吴培金，闫素辉，邵庆勤，等，2020. 施氮量对弱筋小麦籽粒品质形成的影响［J/OL］. 麦类作物学报（10）：1-7.
吴政卿，雷振生，何盛莲，等，2009. 优质弱筋高产小麦新品种郑丰5号的选育［J］. 河南农业科学（11）：54-55.
武际，郭熙盛，王允青，等，2007. 不同土壤供钾水平下施钾对弱筋小麦产量和品质的调控效应［J］. 麦类作物学报（1）：102-106.
武际，郭熙盛，王允青，等，2007. 不同土壤养分状况下氮钾配施对弱筋小麦产量和品质的影响［J］. 麦类作物学报（5）：841-846.
武际，郭熙盛，王允青，等，2007. 氮钾配施对弱筋小麦氮、钾养分吸收利用及产量和品质的影响［J］. 植物营养与肥料学报（6）：1 054-1 061.
谢旭东，周国勤，吴国强，等，2019. 稻茬晚播小麦生育特性及配套高产高效栽培技术［J］. 湖北农业科学，58（7）：16-18.
徐月明，王祥菊，刘萍，2012. 氮肥对弱筋小麦扬麦9号优质高产株型指标的调控［J］. 湖北农业科学，51（23）：5 289-5 293.
许泉，何友，康勇，等，2014. 江苏省发展优质弱筋小麦产业的前景与对策［J］. 种子世界（4）：6-8.
薛轲尹，杨蕊，王晓燕，等，2020. 氮肥运筹对江汉平原稻茬小麦产量及氮效率影响［J］. 麦类作物学报，40（7）：806-817.
闫媛媛，郭晓敏，刘伟华，等，2012. 具有优良农艺性状的小麦种质资源高分子量麦谷蛋白亚基组成分析［J］. 中国农业科学，45（15）：3 203-3 212.
杨会民，雷振生，吴政卿，等，2010. 郑麦004的选育及弱筋小麦育种问题的探讨［J］. 河南农业科学，10：23-24.
杨胜利，马玉霞，冯荣成，等，2004. 磷肥用量对强筋和弱筋小麦产量及品质的影响［J］. 河南农业科学（7）：54-57.
杨胜利，马玉霞，冯荣成，等，2008. 豫北地区两类强筋小麦最佳播期及晚播极限研究［J］. 河南科技学院学报（自然科学版）（3）：9-13.
杨四军，张恒敢，李德民，等，1999. 江苏省小麦品质现状及优质小麦研究进展［J］. 江苏农业科学（1）：2-5.
杨学明，姚金保，姚国才，等，2002. 充分利用江苏淮南地区生态条件大力推广优质弱筋小麦宁麦9号［J］. 江苏农业科学（1）：15-17.
杨学明，姚金保，姚国才，等，2007. 国审小麦品种宁麦13的选育及其高产栽培技术［J］. 安徽农业科学，35（33）：10 638，10 640.
杨泽峰，方黎，2017. 阜南县弱筋小麦规模化生产的几点建议［J］. 安徽农学通报，23（8）；48-49.
姚国才，马鸿翔，姚金保，等，2008. 沿江高沙土地区不同施氮量对弱筋小麦宁麦13和宁麦9号的产量及其构成因素的影响［J］. 江苏农业科学（2）：45-47.
姚国才，杨勇，马鸿翔，等，2009. 不同氮肥运筹对弱筋小麦产量与品质的影响［J］. 中国农学通报，25（8）：159-163.
姚金保，姚国才，杨学明，等，2002. 江苏省小麦育种的现状、存在问题与发展对策［J］. 江苏农业科学（4）：11-12.
姚立志，谈华，刘如虎，等，2012. 宁麦13小麦特征特性及高产栽培技术［J］. 现代农业科技（17）：60.
殷丽萍，丁峰，王冬梅，等，2010. 弱筋小麦“3414”肥料效应研究［J］. 现代农业科技（17）：53-54.
尹志刚，李刚，2019. 弱筋小麦扬麦15优质、高效栽培技术示范［J］. 乡村科技（28）：90-91.
于振文，田启卓，潘庆民，等，2002. 黄淮麦区冬小麦超高产栽培的理论与实践［J］. 作物学报，28（5）：577-585.
袁秋勇，王龙俊，2004. 江苏优质弱筋专用小麦研究进展［J］. 江苏农业科学（2）：1-4.
张伯桥，吴宏亚，张勇，等，2000. 饼干专用小麦新品种扬麦9号的选育及应用［J］. 安徽农业科学，28（3）：309-310.
张长龙，何世立，2018. 巢湖市稻茬小麦规范化播种对比试验［J］. 安徽农学通报，24（12）：32-33.
张明伟，马泉，丁锦峰，等，2018. 稻茬晚播小麦高产群体特征分析［J］. 麦类作物学报，246（4）：445-454.
张秋菊，2016. 豫南稻茬小麦丰产高效栽培技术［J］. 河南农业（10）：39.
张淑均，施卫红，2014. 高沙土地区弱筋小麦氮肥运筹试验简报［J］. 上海农业科技（1）：94.
张先广，李文晋，张先卫，等，2018. 江淮分水岭地区稻茬麦栽培方式研究［J］. 现代农业科技（16）：2-4.
张晓，张勇，高德荣，等，2012. 中国弱筋小麦育种进展及生产现状［J］. 麦类作物学报，32（1）：184-189.
张翼，李庆伟，张根峰，2014. 茬口、播期对不同筋力型小麦干物质积累与灌浆的影响［J］. 浙江农业科学（9）：1 343-1 346.
章练红，王绍中，李运景，等，1994. 小麦品质生态研究概述与展望［J］. 国外农学麦类作物（6）：42-44.
赵大中，陈民，种康，等，1998. 高等植物的春化作用和低温适应［J］. 植物生理学通讯，3（4）：155-159.
郑建敏，蒲宗君，2015. 白皮优质弱筋小麦新品种川麦 66［J］. 四川农业科技（2）：24.
中华人民共和国国家质量监督检验检疫总局，1999. 主要粮食作物质量标准：GB/T 17892—1999［S］. 北京：中国标准出版社.
中华人民共和国国家质量监督检验检疫总局，1999. 优质小麦 弱筋小麦：GB/T 17893—1999［S］. 北京：中国标准出版社.
周如美，陆成彬，范金平，2007. 密度、氮肥及其运筹对弱筋小麦扬麦 15 籽粒产量和品质的影响［J］. 农业科技通讯（11）：48-49.
周振元，杨卫建，栾书荣，等，2011. 不同播期与密度对弱筋小麦宁麦 1 号生育及产量的影响［J］. 农业科技通讯（1）：61-64.
朱树贵，陈道玉，任玉国，等，2011. 优质弱筋小麦郑麦 004 综合评价与应用研究［J］. 农业科技通讯（12）：114-116.
朱树贵，李强，任玉国，等，2011. 磷肥施用时期和数量对弱筋小麦产量和品质的影响［J］. 现代农业科技（3）：69，71.
朱树贵，吴长好，付玲，等，2011. 弱筋小麦保优高产栽培技术［J］. 现代农业科技（19）：107，111.
朱晓颖，谢方，2018. 播种方式对稻茬麦生长发育及产量的影响［J］. 现代农业科技（16）：13.
BETTGE A D，MORRIS C F，2000. Relationships among grain hardness，Pentosan Fractions and End-Use Quality of wheat［J］. Cereal Chemistry，77（2）：241-249.
BHATT G M，ELLISON F W，1977，Vernalization and photoperiodic sensitivity to several Australian wheat［J］. Plant Breeding 3rd Congress of the Sociaty for the Advancement of Breeding Researches in Asia and Oceania，

3 (e): 9-13.

CAMPBELL J B, MARTIN J M, CRUTCHER F, et al., 2007. Effects on soft wheat (Triticum aestivum L.) quality of increased puroindoline dosage [J]. Cereal Chemistry, 84 (1): 80-87.

CAMPBELL K G, FINNEY P L, BERGMAN C J, et al., 2001. Quantitative trait loci associated with milling and baking quality in a Soft×Hard wheat cross [J]. Crop Science, 41 (4): 1 275-1 285.

FLÁVIO BRESEGHELLO, FINNEY P L, GAINES C, et al., 2005. Genetic loci related to kernel quality differences between a soft and a hard wheat cultivar [J]. Crop Science, 45 (5): 1 685-1 695.

GUTTIERI M J, BOWEN D, GANNON D, et al., 2001. Solvent retention capacities of irrigated soft white spring wheat flours [J]. Crop Science, 41 (4): 1 054-1 061.

KALDY M S, RUBENTHALER G I, KERELIUK G R, et al., 1991. Relationship of selected flour constituents to baking quality in soft white wheat [J]. Cereal Chemistry, 68 (5): 508-512.

MORRIS D C F, CAMPBELL K G, KING G E, 2010. Kernel texture differences among US soft wheat cultivars [J]. Journal of the ence of Food and Agriculture, 85 (11): 1 959-1 965.

SALOMNN, 2007. Wheat production in stressed environments [M]. Mardel Plata, Argentima: Spring Verlag.

ZHU B, YI L X, HU Y G, et al., 2014. Nitrogen release from incorporated 15N-labelled Chinese milk vetch (*Astragalus sinicus* L.) residue and its dynamics in a double rice cropping system [J]. Plant and Soil, 374 (1-2): 331.

第三章　环境胁迫及其应对策略

第一节　病、虫、草害防治与防除

一、小麦病害及其防治

（一）小麦病害种类

全世界正式记载的小麦病害有200多种，中国报道的有60多种，常见病害约有39种，其中，真菌病害27种，病毒病8种，细菌病害3种，线虫病1种。中国分布较广的小麦病害以锈病（包括条锈、秆锈、叶锈）、赤霉病、黑穗病、全蚀病、黄矮病、根腐病等为主，为害严重。

1. 小麦花叶病毒病

病原　小麦花叶病毒病也叫小麦黄花叶病。病原为小麦黄花叶病毒（Wheat Yellow Mosaic Virus，WYMV），病毒粒体线状，大小（200～3 000）nm×13nm。病株根、叶组织含有典型的风轮状内含体。根据地区不同，病毒致病力有差异，品种间抗病性差异明显。小麦染病后冬前不表现症状，到春季小麦返青期才出现症状，染病株在小麦4～6叶后的新叶上产生褪绿条纹，少数心叶扭曲畸形，以后褪绿条纹增加并扩散。病斑联合成长短不等、宽窄不一的不规则条斑，形似梭状，老病叶渐变黄、枯死。病株分蘖少、萎缩、根系发育不良，重病株明显矮化。

发生地区　全国冬小麦主产区均有报道，主要自西向北传播并在多地大发生，侵染面积逐年扩大。

发生季节和传播途径　小麦花叶病的发生时间集中在苗期及翌年小麦返青后，发病盛期在2月下旬至3月上中旬，低洼地发病较重，特别是春季浇水时遇到低温，小麦抗性减弱，更利于病菌活动。病毒主要靠病土、病根残体、病田水流传播，也可经汁液摩擦接种传播，也随着机械耕作向周边田块扩展，不能经种子、昆虫传播。传播媒介是一种习居于土壤的禾谷多黏菌（*Polymyxa graminis* Led.）。该菌是一种小麦根部的专性弱寄生菌，本身不会对小麦造成明显为害。冬麦播种后，禾谷多黏菌产生游动孢子，侵染麦苗根部，在根细胞内发育成原质团，病毒随之侵入根部进行增殖，并向上扩展。小麦越冬期病毒呈休眠状态，翌春表现症状，小麦收获后随禾谷多黏菌休眠孢子越夏。

发病条件　秋播后土壤温度和湿度及翌年小麦返青期的气温与发病关系密切。禾谷多黏菌休眠孢子萌发侵染小麦的最适土壤温度为15℃左右，土壤湿度大更有利于休眠孢子萌发和游动孢子的侵染。高于20℃或干旱，侵染很少发生。播种早发病重，播种迟发病轻；阳坡重、阴坡轻；旱地重、水浇地轻；粗放管理重、精耕细作轻，瘠薄地重。

为害部位和症状表现　主要为害叶部。病毒侵染后，小麦苗期新生的叶片就出现退绿或扭曲现象；翌年发病后，先从心叶叶尖或下一片叶中部开始退绿扭曲，在病株嫩叶上出现淡绿色至橙黄色斑或梭形斑，不久变成黄色或淡绿色不连续的短条状，逐渐扩大成黄绿相间的斑驳或不规则条纹。叶脉最初呈绿色，后全叶变黄，穗短小，有的穗轴弯曲，形成畸形穗；病株株型松散矮小，籽粒不饱满，千粒重降低。

产量损失　小麦花叶病属土传性病害，染病地块一般减产5%～10%，重者减产20%以上。

2. *黄矮病毒病*

病原　小麦黄矮病毒病是由大麦黄矮病毒引起。大麦黄矮病毒（Barley Yellow Dwarf Virus，BYDV），分为DAV、GAV、GDV、RMV等株系。病毒粒子为等轴对称正20面体。病叶韧皮部组织的超薄切片在电镜下观察，病毒粒子直径24nm，病毒核酸为单链核糖核酸，病毒在汁液中致死温度65～70℃。

发生地区　全国冬小麦主产区均有报道，主要自西向北传播并在多地大发生，侵染面积逐年扩大。

发生季节和传播途径　病毒只能经由麦二叉蚜、禾谷缢管蚜、麦长管蚜、麦无网长管蚜及玉米缢管蚜等进行持久性传毒，不能由种子、土壤、汁液传播。病毒最适温度16～20℃，潜育期为15～20d，温度低，潜育期长，25℃以上隐症，30℃以上不显症。麦二叉蚜在病叶上吸食30min即可获毒，在健苗上吸食5～10min即可传毒。获毒后3～8d带毒蚜虫传毒率最高，可传20d左右。以后逐渐减弱，但不终生传毒，刚产若蚜不带毒。冬麦区冬前感病小麦是翌年发病中心，返青拔节期出现一次高峰，发病中心的病毒随麦蚜扩散而蔓延，到抽穗期出现第二次发病高峰。春季收获后，有翅蚜迁飞至糜、谷子、高粱及禾本科杂草等植物越夏，秋麦出苗后迁回麦田传毒并以有翅成蚜、无翅若蚜在麦苗基部越冬，有些地区也产卵越冬。冬、春麦混种区5月上旬冬麦上有翅蚜向春麦迁飞。晚熟麦、糜子和自生麦苗是麦蚜及病毒越夏场所，冬麦出苗后飞回传毒。春麦区的虫源、毒源有可能来自部分冬麦区，成为春麦区初侵染源。

发病条件　冬麦播种早、发病重，阳坡重、阴坡轻，旱地重、水浇地轻，粗放管理重、精耕细作轻，瘠薄地重。冬麦区早春麦蚜扩散是传播小麦黄矮病毒的主要时期。小麦拔节孕穗期遇低温，抗性降低易发生黄矮病。小麦黄矮病毒病流行与毒源基数多少有重要关系，如自生苗等病毒寄主量大，麦蚜虫口密度大易造成黄矮病大流行。

为害部位和症状表现　主要为害叶部。病毒感染后，小麦主要表现叶片黄化，植株矮化。叶片典型症状是新叶发病从叶尖渐向叶基扩展变黄，黄化部分占全叶的1/3～1/2，叶基仍为绿色，且保持较长时间，有时出现与叶脉平行但不受叶脉限制的黄绿相间条纹。

产量损失　该病对小麦的产量影响较大，轻发生年份小麦产量损失率为3%～5%，中度流行年份损失率为20%～30%，大流行年份损失率为30%～50%，个别病重田块的损失率可达60%以上。

3. 丛矮病

病原　由北方禾谷花叶病毒引起，属弹状病毒组。病毒粒体杆状，病毒质粒主要分布在细胞质内，常单个或多个，成层或簇状包在内质网膜内。在传毒介体灰飞虱唾液腺中病毒质粒只有核衣壳而无外膜。病毒汁液体外保毒期2～3d，稀释限点10～100倍。丛矮病潜育期因温度不同而异，一般6～20d。

发生地区　小麦丛矮病在中国分布较广，陕西、甘肃、宁夏、山西、河北、河南、山东、江苏、浙江、新疆、北京、天津等省（区、市）均有发生。

发生季节和传播途径　小麦丛矮病毒不经土壤、汁液及种子传播。灰飞虱是主要的传毒介体。灰飞虱吸食病株后，病毒在虫体内需经循回期才能传毒。在日平均温度26.7℃条件下最短循回期为7～9d，最长循回期为36～37d，平均10～15d；在20℃条件下最短循回期为11d，最长循回期为22d，平均15.5d。1～2龄的若虫易得毒，而传毒能力以成虫最强。灰飞虱的最短获毒期为12h，最短传毒期为20min，获毒率及传毒率随吸食时间而提高。连续吸食病株72h获毒率可达60%，一旦获毒可终生带毒。但病毒不经卵传递，带毒若虫越冬时，病毒可在若虫体内越冬。灰飞虱具间歇传毒的特性，能传毒天数占测定天数的59%。冬麦区灰飞虱秋季从带病毒的越夏寄主上大量迁飞至麦田进行为害，造成早播秋苗发病。越冬带毒若虫在杂草根际或土缝中越冬，是翌年毒源，翌年迁回麦苗为害。小麦成熟后，灰飞虱迁飞至自生麦苗、水稻等禾本科植物上越夏。

发病条件　冬麦早播发病重；邻近草坡、杂草丛生麦田病重；夏秋多雨、冬暖春寒年份发病重。

为害部位和症状表现　主要为害叶部。染病植株上部叶片有黄绿相间条纹，分蘖增多，植株矮缩，呈丛矮状。冬小麦播后20d即可显症，最初症状心叶有黄白色相间断续的虚线条，后发展为不均匀黄绿条纹，分蘖明显增多。冬前染病株大部分不能越冬而死亡，轻病株返青后分蘖继续增多，生长细弱，叶部仍有黄绿相间条纹，病株矮化，一般不能拔节和抽穗。冬前未显症和早春感病的植株在返青期和拔节期陆续显症，心叶有条纹，与冬前显症病株比，叶色较浓绿，茎秆稍粗壮，拔节后染病植株只有上部叶片显条纹，能抽穗的籽粒瘪瘦。

产量损失　轻病田减产10%~20%，重病田减产50%以上甚至绝收。

4. 小麦条斑病

病原　小麦细菌性条斑病的病原为小麦黑颖病黄单胞菌（油菜黄单胞菌波形致病变种），属细菌。菌体短杆状，两端钝圆，极生单鞭毛。菌体大多数单生或双生，个别链状。大小（1~2.5）μm×（0.5~0.8）μm，有荚膜，无芽孢。革兰氏染色阴性，好气性。

发生地区　主要分布在北京、山东、新疆、西藏等地。

发生季节和传播途径　病菌随病残体在土中或在种子上越冬，翌春从寄主的自然孔口或伤口侵入，经3~4d潜育即发病，在田间经暴风雨传播蔓延，进行多次再侵染。

发病条件　生产上冬麦较春麦易发病。一般土壤肥沃，播种量大，施肥多且集中，尤其是施氮肥较多，致植株密集，枝叶繁茂，通风透光不良则发病重。

为害部位和症状表现　主要为害小麦叶片，严重时也可为害叶鞘、茎秆、颖片和籽粒。病部初现针尖大小的深绿色小斑点，后扩展为半透明水浸状的条斑，再沿叶脉向上下扩展，变成长条状，呈现油渍发亮的褐色斑，并常出现小颗粒状细菌脓。

产量损失 一般在抽穗和扬花期最严重，使被害株提前枯死，穗形变小，籽粒干瘪，造成减产。

5. 小麦黑节病

病原 小麦黑节病是由丁香假单胞菌条纹致病变种引起的一种细菌性侵害。病原属细菌，杆状，两端圆，大小（1~2.5）μm×（0.4~1）μm，具单极生鞭毛1~2根，革兰氏染色阴性，在PDA培养基上，菌落白色，圆形，中间隆起，全缘。发育适温22~24℃，50℃经10min致死。

发生地区 主要分布于华北、西北、东北、华中和西南各省。

发生季节和传播途径 麦秆枯病主要由麦种带菌传播。病原菌在干燥条件下可长期存活，干燥种子上的病菌可活到秋季。

发病条件 本菌以附着在种子上或存活在土壤中进行再侵染。在低洼地、高湿环境中繁殖最快、为害严重。

为害部位和症状表现 主要为害叶片、叶鞘、茎秆节与节间。当麦苗出土后，先在嫩叶上发生黑褐色长条斑，逐渐扩至叶鞘，使部分幼苗枯死。进入分蘖、拔节期，发病达高峰阶段。叶片染病初生水渍状条斑，后病斑颜色变为黄褐色，最后呈浓褐色。病斑长椭圆形，也有中间色浅些的。叶鞘染病沿叶脉形成黑褐色长形条斑，多与叶上病斑相连，后叶鞘全部变为浅褐色。茎秆染病主要为害节部，病部呈浓褐色，内部也变色，后可扩展至节间，发病早的秆部逐渐腐败，叶片变黄，造成全株枯死。

产量损失 感染此病后，小麦节间缢缩变黑、叶片枯黄、幼穗软腐，产量显著降低，甚至绝收。

6. 小麦锈病

病原 小麦锈病俗称“黄疸病”，分条锈病、秆锈病、叶锈病3种，分别是由条锈病菌、秆锈病菌、叶锈病菌引起。3种锈病菌均为专性寄生菌，只能在寄主活组织上生长发育。

分类地位 条锈病菌为 *Puccinia striiformis* Eriks. f. sp. *tritici* West.，秆锈病菌为 *Puccinia graminis* var. *tritici* Eriks. et Henn.，叶锈病菌为 *Puccinia recondita* Rob. et Desm. f. sp. *tritici*.，3种病菌均属担子菌亚门冬孢菌纲锈菌目柄锈科柄锈属。

发生地区 小麦3种锈病在全国各地均有发生，以小麦条锈病发生最为普遍而严重，其次为小麦秆锈病和叶锈病。小麦条锈病主要发生在河北、河南、陕西、山东、山西、甘肃、四川、湖北、云南、青海、新疆等省

(区)；小麦秆锈病主要发生在华东沿海、长江流域和南方冬麦区以及东北、内蒙古、西北春麦区；小麦叶锈病主要发生在河北、河南、山东、山西、贵州、四川、云南、黑龙江、吉林等省。小麦条锈病菌在中国西北和西南高海拔地区越夏。越夏区产生的夏孢子经风吹到其他麦区，成为秋苗的初侵染源。病菌可在发病麦苗上越冬。春季在越冬麦苗上产生夏孢子，扩散后造成再次侵染。小麦叶锈病菌越夏地区很广，在我国各麦区均可越夏，越夏后成为当地秋苗的主要侵染源。小麦秆锈病主要在南方麦区越冬，并在南方麦区不间断发生。

发生季节和传播途径 小麦锈病是一种高空远距离传播、大区域流行性病害，其流行程度决定于菌源和气候条件。小麦三种锈菌都是严格的专性寄生菌，在活的寄主植物上才能生存。同时具有明显的寄生专化性，同一种锈菌有较多的生理小种，一个特定的小种只能为害一些小麦品种，对另一种品种不为害。在小麦三种锈菌的生活史中可发生 5 个不同的孢子世代，依次为夏孢子、冬孢子、担孢子、性孢子和锈孢子。夏孢子和冬孢子主要发生在小麦上，属无性繁殖时代。冬孢子萌发产生担孢子可侵染转主寄主，在转主寄主植物上完成有性世代（性孢子和锈孢子时期）。

小麦条锈病菌主要以夏孢子在小麦上完成周年的侵染循环。目前，尚未发现病菌的转主寄主，其侵染循环可分为越夏、侵染秋苗、越冬及春季流行四个环节。小麦条锈菌在甘肃的陇东、陇南、青海东部、四川西北部等地夏季最热月份旬均温在 20℃ 以下的地区越冬。秋季越夏的菌源随气流传到冬麦区后，遇有适宜的温湿条件即可侵染冬麦秋苗，秋苗的发病开始多在冬小麦播后 1 个月左右。秋苗发病变早及多少，与菌源距离和播期早晚有关，距越夏菌源近、播种早则发病重。当平均气温降至 1～2℃ 时，条锈菌开始进入越冬阶段，1 月平均气温低于 −6℃～7℃ 的德州、石家庄、介休一线以北，病菌不能越冬，而这一线以南地区，冬季最冷月均温不低于上述温度的四川、云南、湖北、河南信阳、陕西关中、安康等地则可以菌丝状态在病叶里越冬，成为当地及邻近麦区春季流行的重要菌源基地。翌年小麦返青后，越冬病叶中的菌丝体复苏扩展，当旬均温上升至 5℃ 时显症产孢，如遇春雨或结露，病害扩展蔓延迅速，引致春季流行，成为该病主要为害时期。在具有大面积感病品种前提下，越冬菌量和春季降雨成为流行的两大重要条件。如遇较长时间无雨、无露的干旱情况，病害扩展常常中断。因此常年发生春旱的华北发病轻，华东春雨较多，但气温回升过快，温度过高不利该病扩展，发病也轻。只有早春低温持续时间较长，又有春雨的条件发病重。品种抗病性差异明显，但大面积种植具同一抗源的品种，由于病菌小种的改变，往往造成抗病性丧失。

发病条件　锈病菌主要以病菌夏孢子在小麦上越夏、越冬，传播蔓延。由于温度要求不同，越夏、越冬的地区也不同。条锈病发病最适温度为9~16℃，叶锈病为15~22℃，秆锈病为18~25℃。因此，一般是条锈病发病较早，秆锈病最迟，叶锈病介于二者之间。3种锈病对湿度的要求基本一致，即在多雨、降雾、结露或土壤湿度大的地方，都有利于锈病的发生；地势低洼，排水不良，麦地渍水，施肥过多，通风透光差，植株荫蔽度大的麦田，均有利于发病。

为害部位和症状表现　小麦条锈病主要发生在叶片上，叶鞘、茎秆和穗部也可发病。初期在病部出现褪绿斑点，以后形成鲜黄色的粉疱，即夏孢子堆。夏孢子堆较小，长椭圆形，与叶脉平行排列成条状。后期长出黑色、狭长形、埋伏于表皮下的条状疱斑，即冬孢子堆。叶锈病发病初期出现褪绿斑，以后出现红褐色粉疱（夏孢子堆）。夏孢子堆较小，橙褐色，在叶片上不规则散生。后期在叶背面和茎秆上长出黑色阔椭圆形至长椭圆形、埋于表皮下的冬孢子堆，其有依麦秆纵向排列的趋向。秆锈病为害部位以茎秆和叶鞘为主，也为害叶片和穗部。夏孢子堆较大，长椭圆形至狭长形，红褐色，不规则散生，常全成大斑，孢子堆周围表皮撒裂翻起，夏孢子可穿透叶片。后期病部长出黑色椭圆形至狭长形、散生、突破表皮、呈粉疱状的冬孢子堆。

产量损失　小麦锈病主要破坏叶绿素，造成光合效率下降，并掠夺植株养分和水分，增加蒸腾量，导致灌浆受阻，千粒重下降。小麦锈病大流行年份感病品种可减产30%左右，中度流行年份可减产10%~20%，特大流行年份减产率可高达50%~60%。

7. 白粉病

病原　小麦白粉病是由专性寄生真菌禾本科布氏白粉菌引起的全球性气传病害。菌丝体表寄生，蔓延于寄主表面在寄主表皮细胞内形成吸器吸收寄主营养。在与菌丝垂直的分生孢子梗端，串生10~20个分生孢子，椭圆形，单胞无色，大小（25~30）μm×（8~10）μm，侵染力持续3~4d。病部产生的小黑点，即病原菌的闭囊壳，黑色球形，大小163~219μm，外有发育不全的丝状附属丝18~52根，内含子囊9~30个。子囊长圆形或卵形，内含子囊孢子8个，有时4个。子囊孢子圆形至椭圆形，单胞无色，单核，大小（18.8~23）μm×（11.3~13.8）μm。子囊壳一般在大小麦生长后期形成，成熟后在适宜温湿度条件下开裂，放射出子囊孢子。该菌不能侵染大麦，大麦白粉菌也不侵染小麦。小麦白粉菌在不同地理生态环境中与寄主长期相互作用下，能形成不同的生理小种，毒性变异很快。

分类地位　禾本科布氏白粉菌 *Blumeria graminis*，为小麦专化型，属子囊菌亚门真菌。

发生地区　小麦白粉病是一种世界性病害，在各主要产麦国均有分布。中国山东沿海、四川、贵州、云南发生普遍，为害严重。近年来该病在东北、华北、西北麦区，亦有日趋严重之势。

发生季节和传播途径　病菌靠分生孢子或子囊孢子借气流传播到感病小麦叶片上，温湿度条件适宜条件下，病菌萌发长出芽管，芽管前端膨大形成附着胞和侵入丝，穿透叶片角质层，侵入表皮细胞，形成初生吸器，并向寄主体外长出菌丝，后在菌丝丛中产生分生孢子梗和分生孢子，成熟后脱落，随气流传播蔓延，进行多次再侵染。病菌在发育后期进行有性繁殖，在菌丛上形成闭囊壳。

该病菌可以分生孢子阶段在夏季气温较低地区的自生麦苗或夏播小麦上侵染繁殖或以潜育状态渡过夏季，也可通过病残体上的闭囊壳在干燥和低温条件下越夏。病菌越冬方式有两种，一是以分生孢子形态越冬，二是以菌丝体潜伏在寄主组织内越冬。越冬病菌先侵染底部叶片呈水平方向扩展，后向中上部叶片发展，发病早期发病中心明显。

发病条件　冬麦区春季发病菌源主要来自当地。春麦区，除来自当地菌源外，还来自邻近发病早的地区。该病发生适温在 15～20℃，低于 10℃ 发病缓慢。相对湿度大于 70% 有可能造成病害流行。少雨地区当年雨多则病重，多雨地区如果雨日、雨量过多，病害反而减缓，因连续降雨冲刷掉表面分生孢子。在管理方面，施氮过多，造成植株贪青、发病重。管理不当、水肥不足、土地干旱、植株生长衰弱、抗病力低、也易发生该病。此外，密度大容易导致发病重。

为害部位和症状表现　主要侵害叶片和叶鞘，也可侵害小麦植株地上部其他器官，发病重时颖壳和芒也可受害。初发病时，叶面出现 1～1.5mm 的白色斑点，后逐渐扩大为近圆形至椭圆形白色霉斑，霉斑表面有一层白粉，遇有外力或振动立即飞散。这些粉状物就是该菌的菌丝体和分生孢子。后期病部霉层变为灰白色至浅褐色，病斑上散生有针头大小的小黑粒点，即病原菌的闭囊壳。

产量损失　发病严重时小麦植株矮小且细弱易折，叶片早枯，分蘖数减少，穗小粒少，千粒重下降，一般可致小麦减产 5%～10%，重病区减产达 20%以上，局部严重地区减产 30%～50%，种植感病品种的田块甚至绝产无收。

8. 纹枯病

病原 纹枯病的病原菌有禾谷丝核菌和立枯丝核菌 2 种。在中国小麦纹枯病原菌主要是禾谷丝核菌的 CAG-1 融合群，其次是立枯丝核菌的 AG-5 和 AG-4 融合群等。禾谷丝核菌和立枯丝核菌的区别主要有三点：前者的细胞为双核，后者为多核；前者菌丝较细，生长速度较慢，后者菌丝较粗，生长速度较快；前者产生的菌核较小，后者的菌核较大。立枯丝核菌菌丝体生长温限 7～40℃，适温为 26～32℃，菌核在 26～32℃和相对湿度 95%以上时，即可萌发产生菌丝，菌丝生长适宜 pH 值为 5.4～7.3。相对湿度高于 85%时菌丝才能侵入寄主。

分类地位 禾谷丝核菌（*Rhizoctonia cerealis*）和立枯丝核菌（*Rhizoctonia solani*），属真菌门担子菌纲。

发生地区 中国小麦纹枯病主要发生在江淮流域及黄河中下游冬麦区，尤以江苏、浙江、安徽、山东、河南、陕西、贵州、湖北及四川等省麦区发生普遍且为害严重。

发生季节和传播途径 小麦纹枯病的田间发生过程可分为 5 个阶段，即冬前发病期、越冬静止期、病情回升期（横向扩展期）、发病高峰期（严重度增长期）和病情稳定期（枯白穗发生期）。由于受生态因素的影响，各个病程阶段的长短、峰值高低，各地有一定差异。冬前发病期，土壤中越夏后的病菌侵染麦苗，在 3 叶期前后始见病斑，整个冬前分蘖期内，病株率一般在 10%以下，侵染以接触土壤的叶鞘为主，病症发生在土面附近或略高于土面。越冬静止期，麦苗进入越冬阶段，病情停止发展，冬前病株可以带菌越冬，并成为春季早期发病的重要侵染来源。病情回升期，以发病株的增长为主要特点，一般在 2 月中下旬至 4 月上旬，随气温上升，病菌侵染在麦株间扩展、病株率明显增加，病株激增期在分蘖末期至拔节期，严重度多为 1～2 级。发病高峰期，一般发生在 4 月上中旬至 5 月上中旬，随着植株基部节间的伸长与病菌的蔓延发展，由表及里侵染茎秆，严重度增加。高峰期在拔节后期至孕穗期。病情稳定期，抽穗后茎秆变硬，阻止病菌继续扩展，一般在 5 月上中旬后，病斑高度、病叶鞘位与侵染茎数都基本稳定，病株上产生先呈白色后呈褐色不规则菌核而后落入土壤越夏。重病株因输导组织受损而迅速失水枯死，田间出现枯孕穗和枯白穗。

发病条件　气候因素对纹枯病的发展有重要影响。不同发病阶段对气象因子的反应又有显著差异。一般冬前高温多雨有利于发病，春季气温已基本满足要求，湿度成为发病的主导因子。

为害部位和症状表现　小麦的不同生育阶段受到纹枯病侵染后，可分别造成烂芽、病苗死苗、花秆烂茎、枯白穗等不同为害症状。芽期染病，表现为芽鞘变褐，麦芽腐烂枯死。在小麦 3～4 叶期染病，会于第一叶鞘上呈现中央灰色、边缘褐色的病斑，严重的因抽不出新叶而造成死苗，湿度大时，死苗基部可见白色菌丝层。返青拔节期以后染病，主要在茎部叶鞘上形成中部灰色、边缘浅褐色的云纹状病斑，云纹斑连片后，茎基部如同花秆状，病斑可深入茎壁，发展成中部灰褐色、边缘褐色的近椭圆形眼斑。条件适宜时，病叶鞘内侧及茎秆上可见白色和黄白色菌丝体，严重的茎壁失水坏死，最后使植株得不到必需的养分和水分而枯死，造成枯孕穗和枯白穗。

产量损失　一般病田病株率为 10%～20%，重病田块可达 60%～80%，特别严重田块的枯白穗率可高达 20%以上。小麦纹枯病发病越早，损失越重，轻的减产 5%～10%，重的减产 20%～40%，甚至造成枯孕穗、枯白穗，颗粒无收。

9. 赤霉病

病原　小麦赤霉病是由多种镰刀菌侵染所引起的。优势种为禾谷镰孢，无性态为禾谷镰孢，属半知菌亚门，其大型分生孢子镰刀形，有隔膜 3～7 个，顶端钝圆，基部足细胞明显，单个孢子无色，聚集在一起呈粉红色黏稠状，小型孢子很少产生。有性态为玉蜀黍赤霉，属子囊菌亚门。子囊壳散生或聚生于寄主组织表面，略包于子座中，梨形，有孔口，顶部呈疣状突起，紫红或紫蓝至紫黑色。子囊无色，棍棒状，大小（100～250）μm×（15～150）μm，内含 8 个子囊孢子。子囊孢子无色，纺锤形，两端钝圆，多为 3 个隔膜，大小（16～33）μm×（3～6）μm。

分类地位　小麦赤霉病由多种镰刀菌侵染引起，分别有禾谷镰孢、燕麦镰孢、串珠镰孢、黄色镰孢和锐顶镰孢等。

发生地区　小麦赤霉病在中国南方冬麦区，如长江中下游冬麦区、川滇冬麦区、华南冬麦区和东北三江平原春麦区等地经常流行。

发生季节和传播途径　中国中部、南部稻麦两作区，病菌除在病残体上越夏外，还在水稻、玉米、棉花等多种作物病残体中营腐生生活越冬。翌年在这些病残体上形成的子囊壳是主要侵染源。子囊孢子成熟正值小麦扬花期，借气流、风雨传播，溅落在花器凋萎的花药上萌发，先营腐生生活，然后侵染小穗，几天后产生大量粉红色霉层（病菌分生孢子）。在开花至盛花期侵染率最高。穗腐形成的分生孢子对本田再侵染作用不大，但对邻近晚麦侵染作用较大。该菌还能以菌丝体在病种子内越夏越冬。

在中国北部、东北部麦区，病菌能在麦株残体、带病种子和其他植物如稗草、玉米、大豆、红蓼等残体上以菌丝体或子囊壳越冬。在北方冬麦区则以菌丝体在小麦、玉米穗轴上越夏、越冬，次年条件适宜时产生子囊壳放射出子囊孢子进行侵染。赤霉病主要通过风雨传播，雨水作用较大。

小麦赤霉病虽然是一种多循环病害，但因病菌侵染寄主的方式和侵染时期比较严格，穗期靠产生分生孢子再侵染次数有限，作用也不大。穗枯的发生程度主要取决于花期的初侵染量和子囊孢子的连续侵染。对于成熟参差不齐的麦区早熟品种的病穗有可能为中晚熟品种和迟播小麦的花期侵染提供一定数量的菌源。迟熟、颖壳较厚、不耐肥品种发病较重；田间病残体菌量大发病重；地势低洼、排水不良、质地黏重、偏施氮肥、栽植密度大、田间郁闭的地块发病重。

发病条件　小麦生长的各个阶段都能受害，苗期侵染引起小麦赤霉病的发生流行主要与小麦生育期、气候条件、菌源等因素引起的苗腐有关，中后期侵染引起秆腐和穗腐，以穗腐为害最大。病菌最先侵染部位主要是花药，其次为颖片内侧壁。通常一个麦穗的小穗先发病，然后迅速扩展到穗轴，进而使其上部其他小穗迅速失水枯死而不能结实。扬花期侵染，灌浆期显症，成熟期成灾。小麦扬花期感染率最高，特别在齐穗后20d内最易感病。小麦抽穗至灌浆期雨日的多少是病害发生轻重的最重要因素。此时，阴雨日数超过50%，病害就可能流行，超过70%就可能大流行，40%以下为轻发生。在有大量菌原存在的条件下，小麦抽穗扬花期连续阴雨3d以上或有大雾及露水大天气，气温若保持在15℃以上，就有严重发生的可能。开花灌浆阶段闷热、连续降雨、潮湿多雾的天气，发病重。迟熟、不耐肥的品种，发病重。田间病残体数量大，带菌量高的地块，发病重。地势低洼，排水不良，土素质黏重，偏施氮肥，田间潮湿郁闭，发病重。

为害部位和症状表现　主要引起苗枯、穗腐、茎基腐、秆腐和穗腐，从幼苗到抽穗都可受害。其中，影响最严重的是穗腐。

苗腐：由种子带菌或土壤中病残体侵染所致。先是芽变褐，然后根冠随之腐烂，轻者病苗黄瘦，重者死亡，枯死苗湿度大时产生粉红色霉状物(病菌分生孢子和子座)。

穗腐：小麦扬花时，初在小穗和颖片上产生水浸状浅褐色斑，渐扩大至整个小穗，小穗枯黄。湿度大时，病斑处产生粉红色胶状霉层。后期其上产生密集的蓝黑色小颗粒（病菌子囊壳）。用手触摸，有突起感觉，不能抹去，籽粒干瘪并伴有白色至粉红色霉。小穗发病后扩展至穗轴，病部枯竭，使被害部以上小穗形成枯白穗。

茎基腐：自幼苗出土至成熟均可发生，麦株基部组织受害后变褐腐烂，致全株枯死。

秆腐：多发生在穗下第一、第二节，初在叶鞘上出现水渍状褪绿斑，后扩展为淡褐色至红褐色不规则形斑或向茎内扩展。病情严重时，造成病部以上枯黄，有时不能抽穗或抽出枯黄穗。气候潮湿时病部表面可见粉红色霉层。

产量损失　一般大流行年病穗率达 50%～100%，产量损失 10%～20%；中等发生年病穗率 30%～50%，产量损失 5%～10%。

10. 全蚀病

病原　全蚀病又称立枯病、黑脚病，是一种根部病害，只侵染麦根和茎基部 1～2 节，由禾顶囊壳禾谷变种和禾顶囊壳小麦变种引起，在自然条件下不产生无性孢子。小麦变种的子囊壳群集或散生于衰老病株茎基部叶鞘内侧的菌丝束上，烧瓶状，黑色，周围有褐色菌丝环绕，颈部多向一侧略弯，有具缘丝的孔口外露于表皮，大小（385～771）μm×（297～505）μm，子囊壳在子座上常不连生。子囊平行排列于子囊腔内，早期子囊间有拟侧丝，后期消失，棍棒状，无色，大小（61～102）μm×（8～14）μm，内含子囊孢子 8 个。子囊孢子成束或分散排列，丝状，无色，略弯，具 3～7 个假隔膜，多为 5 个，内含许多油球，大小（53～92）μm×（3. 1～5. 4）μm。成熟菌丝栗褐色，隔膜较稀疏，呈锐角分枝，主枝与侧枝交界处各生一个隔膜，成“A”形。在 PDA 培养基上，菌落灰黑色，菌丝束明显，菌落边缘菌丝常向中心反卷，人工培养易产生子囊壳。对小麦、大麦致病力强，对黑麦、燕麦致病力弱。禾谷变种的子囊壳散生于茎基叶鞘内侧表皮下，黑色，具长颈和短颈。子囊、子囊孢子与小麦变种区别不大，唯子囊孢子一头稍尖，另一头钝圆，大小（67. 5～87. 5）μm×（3～5）μm，成熟时具 3～8 个隔。在大麦、小麦、黑麦、燕麦、水稻等病株的叶鞘、芽鞘及幼嫩根茎组织上产生大量裂瓣状附着枝，大小（15～22. 5）μm×（27. 5～30）μm。在 PDA 培养基上，菌落初白色，后呈暗黑色，气生菌丝绒毛状，菌落边缘的羽毛状菌丝不向中心反卷，不易产生子囊壳。对小麦致病力较弱，但对大麦、黑麦、燕麦、水稻致病力强。该菌寄主范围较广，能侵染10多种栽培或野生的禾本科植物。

分类地位　禾顶囊壳禾谷变种 *Gaeumannomyces graminis* var. *graminis*（Sacc.）Walker、禾顶囊壳小麦变种 *Gaeumannomyces graminis*（Sacc.）Arx et Oliver var. *tritici*（Sacc.）Walker，均属子囊菌亚门真菌。

发生地区　云南、四川、江苏、浙江、河北、山东、内蒙古等省（自治区）已有发生，尤以山东省发生重、为害大。

发生季节和传播途径　小麦全蚀病菌是一种土壤寄居菌。该菌主要以菌丝遗留在土壤中的病残体或混有病残体未腐熟的粪肥及混有病残体的种子上越冬、越夏，是后茬小麦的主要侵染源。引种混有病残体种子是无病区发病的主要原因。割麦收获区病根茬上的休眠菌丝体成为下茬方要初侵染源。冬麦区种子萌发不久，夏病菌菌丝体就可侵害种根，并在变黑的种根内越冬。翌春小麦返青，菌丝体也随温度升高而加快生长，向上扩展至分蘖节和茎基部，拔节至抽穗期，可侵染至第1~2节，由于茎基受害腐解病株陆续死亡。在春小麦区，种子萌发后在病残体上越冬菌丝侵染幼根，渐赂上扩展侵染分蘖节和茎基部，最后引起植株死亡。病株多在灌浆期出现白穗，遇干热风，病株加速死亡。

发病条件　小麦全蚀病菌较好气，发育温限3~35℃，适宜温度19~24℃，致死温度为52~54℃（温热）10min。土壤性状和耕作管理条件对全蚀病影响较大。一般土质疏松、肥力低、碱性土壤发病较重。土壤潮湿有利于病害发生和扩展，水浇地较旱地发病重。与非寄主作物轮作或水旱轮作，发病较轻。根系发达品种抗病较强，增施腐熟有机肥可减轻发病。冬小麦播种过早发病重。

为害部位和症状表现　只侵染根部和茎基部。幼苗感病，初生根部根茎变为黑褐色，严重时病斑连在一起，使整个根系变黑死亡。分蘖期地上部分无明显症状，重病植株表现稍矮，基部黄叶多。拔出麦苗，用水冲洗麦根，可见种子根与地下茎都变成了黑褐色。在潮湿情况下，根茎变色，部分形成基腐性的“黑脚”症状。最后造成植株枯死，形成“白穗”。临近收获时，在潮湿条件下，根茎处可看到黑色点状突起的子囊壳。但在干旱条件下，病株基部“黑脚”症状不明显，也不产生子囊壳。严重时全田植株枯死。

产量损失　发病田轻者减产10%~20%，重者减产50%以上，甚至绝收。

11. 根腐病

病原　小麦根腐病病原为禾旋孢腔菌，其子囊壳生于病残体上，凸出，球形，有喙和孔口。子囊无色，内有4~8个子囊孢子，螺旋状排列。子囊孢子线形，淡黄褐色，有6~13个隔膜。无性态为麦根腐平脐蠕孢 *Bipolaris sorokiniana*（Sacc.）Shoemaker，属无性菌类。小麦根腐病菌在PDA培养基上菌落深橄榄褐色，气生菌丝白色，生长繁茂。菌丝体发育温度范围0~39℃，最适温度24~28℃。分生孢子萌发从顶细胞伸出芽管，萌发温度范围6~39℃，以24℃最适宜。分生孢子在中性或偏碱性条件下萌发较佳。光对菌丝生长发育及分生孢子的萌发无明显的刺激或抑制作用。分生孢子在水滴中或在空气相对湿度98%以上，只要温度适宜即可萌发侵染。小麦根腐病菌寄主范围很广，除为害小麦外，尚能为害大麦、燕麦、黑麦等禾本科作物和野稗、野黍、猫尾草、狗尾草等30多种禾本科杂草。病菌有生理分化现象，小种间除对不同种及品种的致病力不同外，有的小种对幼苗为害较重，有的小种则为害成株较重。

分类地位　禾旋孢腔菌 *Cochliobolus sativus*（Ito & Kurib.）Drechsler，属子囊菌门旋孢腔菌属。

发生地区　根腐病分布极广，小麦种植国家均有发生。中国主要发生在东北、西北、华北、内蒙古等地区，且东北、西北春麦区发生重。近年来不断扩大，广东、福建麦区也有发现。

发生季节和传播途径　病菌以菌丝体和厚垣孢子在病残体和土壤中越冬，成为翌年的初侵染源。该菌在土壤中存活2年。生产上播种带菌种子可导致苗期发病。幼苗受害程度随种子带菌量增加而加重，如侵染源多则发病重；在种子带菌为主的条件下，种子被害程度较其带菌率对发病影响更大；生产上土壤温度低、土壤湿度过低或过高均易发病，土质瘠薄或肥水不足抗病力下降及播种过早或过深则发病重。

发病条件　小麦根腐病幼苗期发病程度主要与耕作制度、种子带菌率、土壤温湿度、播期和播种深度等因素有关。成株期发病程度取决于品种抗性、菌源量和气象条件。

耕作制度与播种：小麦多年连作，不仅苗期发病重，后期病害亦重。小麦过迟播种不仅产量低，幼苗小麦根腐病也重。适期早播不仅产量增高，而且苗腐病明显减轻。幼苗小麦根腐病的发生程度随着播种深度的加深而增加，小麦播种适宜深度为3~4cm，超过5cm时对幼苗出土与长势不利，病情明显加重。

土壤环境与种子带菌率：土壤湿度过高过低不利种子发芽与幼苗生长，受害严重。土壤干旱，幼苗失水抗病力下降；过湿时土壤内氧气不足，幼苗生长衰弱，抗病力也下降，使出苗率减少，苗腐病加重。5cm 土层的地温高、低对苗腐有影响。温度高病情重。土壤黏重或地势低洼，也会使病情加重。种子带菌率越高，幼苗发病率和病情指数就越大。

气候条件：苗期低温受冻，病害加重。小麦叶部根腐病情增长与气温的关系比较大。旬平均气温达 18℃ 时病情急剧上升，这一温度指标来临的时间早，病情剧增期略有提前；小麦开花期到乳熟期旬平均相对湿度 80% 以上，并配合有较高的温度有利病害进一步发展，但干旱、少雨造成根系生长衰弱也会加重病情。穗期多雨、多雾而温暖，易引起枯白穗和黑胚粒，种子带病率高。

品种抗病性：尚未发现对小麦根腐病免疫的品种，但品种（系）间抗病性有极显著差异。小麦对根腐病的抗性与小麦的形态结构关系密切。叶表面单位面积茸毛多、气孔少的品种比较抗病，反之，较感病。迄今生产上推广的品种大多是感病的或抗病性较差的。

为害部位和症状表现　小麦各生育期均能发生。苗期形成苗枯，成株期形成茎基枯死、叶枯和穗枯。由于小麦受害时期、部位的症状差异，因此有斑点病、黑胚病、青死病等名称。症状表现常因气候条件而异。在干旱或半干旱地区，多产生根腐型症状。在潮湿地区，除小麦根腐病症状外，还可发生叶斑、茎枯和穗颈枯死等症状。

幼苗：病重的种子不能发芽或发芽后未及出土，芽鞘即变褐腐烂。轻者幼苗虽可出土，但茎基部、叶鞘以及根部产生褐色病斑，幼苗瘦弱，叶色黄绿，生长不良。

叶片：幼嫩叶片或田间干旱或发病初期常产生外缘黑褐色、中部色浅的梭形小斑；老熟叶片，田间湿度大以及发病后期，病斑常呈长纺锤形或不规则形黄褐色大斑，上生黑色霉状物（分生孢子梗及分生孢子），严重时叶片提早枯死。叶鞘上为黄褐色，边缘有不明显的云状斑块，其中掺杂有褐色和银白色斑点，湿度大，病部亦生黑色霉状物。

穗部：从灌浆期开始出现症状，在颖壳上形成褐色不规则形病斑，穗轴及小穗梗易变色，潮湿情况下长出一层黑色霉状物（分生孢子梗及分生孢子），重者形成整个小穗枯死，不结粒，或干瘪、皱缩的病粒。一般枯死小穗上黑色霉层明显。

籽粒：受害籽粒在种皮上形成不定形病斑，尤其边缘黑褐色、中部浅褐色的长条形或梭形病斑较多。发生严重时胚部变黑，故有“黑胚病”之称。

产量损失　小麦根腐病是小麦全生育期病害，病原菌可侵染小麦根系、茎秆基部，加速叶片衰老，引起植株倒伏，严重时造成枯白穗，轻者减产5%~10%，重则减产20%~50%，严重影响了小麦的产量和品质。

12. 胞囊线虫病

分类地位　小麦禾谷胞囊线虫病由燕麦胞囊线虫感染致病，该线虫属于胞囊线虫属。雌虫胞囊柠檬型，深褐色，阴门锥为两侧双膜孔型，无下桥，下方有许多排列不规则泡状突，体长0.55~0.75mm，宽0.3~0.6mm，口针长26μm，头部环纹，有6个圆形唇片。雄虫4龄后为线形，两端稍钝，长164mm，口针基部圆形，长26~29μm；幼虫细小、针状，头钝尾尖，口针长24μm，唇盘变长与亚背唇和亚腹唇融合为一两端圆阔的柱状结构。卵肾形。

发生地区　湖北、河北、河南、山西、安徽、北京等省（市）。

发生季节和传播途径　春季和秋季均可侵染小麦。胞囊脱落入土中越冬，可借水流、风、农机具等传播。

发病条件　线虫在9℃以上，有利于孵化和侵入寄主。春麦被侵入两个月可出现胞囊。秋麦则秋季侵入，以各发育虫态在根内越冬，翌年春季气温回升为害，4—5月显露胞囊。也可孵化再次侵入寄主，造成苗期严重感染一般春麦较秋麦重，春麦早播较晚播重。冬麦晚播发病轻。连作麦田发病重；缺肥、干旱地较重；沙壤土较黏土重。

为害部位和症状表现　受害小麦幼苗矮黄，根系短分叉，后期根系被寄生呈瘤状，露出白亮至暗褐色粉粒状胞囊，此为该病的主要特征。胞囊老熟易脱落，胞囊仅在成虫期出现，故生产上常查不见胞囊而误诊。线虫为害后，病根常受次生性土壤真菌如立枯丝核菌等为害，致使根系腐烂。或与线虫共同为害，加重受害程度，致地上部矮小，发黄，似缺少营养或缺水状，应注意区别。

产量损失　发病地块一般减产15%~25%，严重地块减产可达70%，甚至造成绝收。

13. 根腐线虫病

分类地位　小麦根腐线虫病又称根斑线虫病（Wheat Root Lesion nematode），是由短体线虫引起的根部病害。根腐线虫雌雄异体。幼虫呈细长蠕虫状。雄成虫线状，尾端稍圆，无色透明，大小（1~1.5）mm×（0.03~0.04）mm。雌成虫梨形，多埋藏在寄主组织内，大小（0.44~1.59）mm×

(0.26~0.81) mm。该种雌虫会阴区图纹近似圆形，弓部低而圆，背扇近中央和两侧的环纹略呈锯齿状，肛门附近的角质层向内折叠形成一条明显的折纹和肛门上方有许多短的线纹等特征。

发生地区　分布广泛，世界各地都有发生。

发生季节和传播途径　病菌以菌丝体和厚垣孢子在病残体和土壤中越冬，成为翌年的初侵染源。该菌在土壤中存活2年。生产上播种带菌种子可导致苗期发病。幼苗受害程度随种子带菌量增加而加重，如侵染源多则发病重；在种子带菌为主的条件下，种子被害程度较其带菌率对发病影响更大；生产上土壤温度低、土壤湿度过低或过高均易发病，土质瘠薄或肥水不足抗病力下降及播种过早或过深则发病重。

发病条件　线虫在土壤中越冬，土温达10℃以上即可活动，多从根冠上部延长部位侵染，造成伤口，易引起真菌感染而发生烂根。

为害部位和症状表现　主要为害根部，形成根瘿、根结，须根腐烂致使叶片发黄，甚至使植株矮化、发育不良等，造成产量和品质下降。全生育期均可引起发病。苗期引起根腐，成株期引起叶斑、穗腐或黑胚。种子带菌严重的不能发芽，轻者能发芽，但幼芽脱离种皮后即死在土中，有的虽能发芽出苗，但生长细弱。幼苗染病后在芽鞘上产生黄褐色至褐黑色梭形斑，边缘清晰，中间稍褪色，扩展后引起种根基部、根间、分蘖节和茎基部褐变，病组织逐渐坏死，上生黑色霉状物，最后根系朽腐，麦苗平铺在地上，下部叶片变黄，逐渐黄枯而亡。成株期染病叶片上出现梭形小褐斑，后扩展为长椭圆形或不规则形浅褐色斑，病斑两面均生灰黑色霉，病斑融合成大斑后枯死，严重的整叶枯死。叶鞘染病产生边缘不明显的云状斑块，与其连接叶片黄枯而死。小穗发病出现褐斑和白穗。

产量损失　产量损失达8%~85%。

（二）小麦病害防治措施

1. 综合农艺防治

选用抗病品种　因地制宜地选用适合当地栽培的抗病品种。根据各麦区的生态特点，选用适合当地种植的抗病和慢病小麦品种。华北地区：石麦14、扬麦15、良星99、保丰104等；黄淮麦区：偃展4110、济麦22等；长江中下游麦区：扬麦13、扬麦18、南农9918等。适期播种和适宜种植密度，以利于通风透光，可有效降低小麦病害发病率。

戴启洲等（2018）介绍，沿海地区可选中抗品种种植，例如扬麦11、扬麦14、扬麦18、扬麦20、宁麦13、扬麦4号及淮麦、徐麦系列等品种，可在一定程度上降低赤霉病的发生。

农业防治　通过轮作倒茬，深耕灭茬，清洁田园，消灭菌源。

适期播种或适当晚播，可减轻秋苗期病害的发生。

合理施肥，施用适当比例的氮与磷、硫与氮磷肥都可有效减轻病菌的发病，提高小麦的抗病性。

加强田间环境及时防除杂草、控制播种量，根据田间墒情合理灌溉，排水，降低发病高峰时的田间湿度，都可有效减轻病害的发生。

赤霉病、根腐病、茎基腐病以及其他土传发生区要做好秸秆还田、精细整地，尽量深耕将玉米秸秆埋于土壤中，减少病菌基数；胞囊线虫病严重发生区域或田块，要重点推广播种后和秋苗期镇压控病措施，有条件地区要结合出苗后冬灌、镇压麦苗。小麦条锈病越夏区要用人工铲除和喷施除草剂的方法清除自生麦苗；播种时期根据墒情，采取适期晚播，减轻苗期条锈病的侵染，减轻苗期病害，压低秋苗菌源量。

药剂拌种　苗期病害较重的地区，可选择使用戊唑醇、苯醚甲环唑、咯菌腈、苯醚·咯菌腈等高效悬浮种衣剂进行小麦种子拌种或包衣。苗期虫害较重的地区，选用吡虫啉悬浮种衣剂、辛硫磷等拌种或包衣。多种病害和害虫混合发生区，可使用杀菌剂和杀虫剂复合的种衣剂或拌种剂进行包衣或拌种。条锈病越夏区及其周边麦区，可采用三唑酮、戊唑醇等种衣剂拌种或包衣，兼治苗期条锈病和白粉病，预防后期黑穗病。全蚀病发生区，重点采取苯醚甲环唑悬浮种衣剂和硅噻菌胺（全蚀净）悬浮剂拌种或包衣。土传病害和地下害虫特别严重要进行药剂土壤处理。

秋苗防治　根据条锈病、白粉病和纹枯病等秋苗发病情况，在病害发生严重时，进行打点保面。在条锈菌冬繁区，加强病情监测，对早发病田进行药剂防治，化学药剂可选用三唑类杀菌剂喷雾防治。在纹枯病的苗期发生区，要加强监测，及早开展防治；小麦黄矮病发生区，在拌种预防的基础上，要注意防治苗期蚜虫预防病害的发生，可用吡虫啉、吡蚜酮等药剂防治蚜虫。

2. 化学防治

小麦病害尽管可通过抗病品种等其他措施得以控制，但有一些病害如黑穗病、锈病、赤霉病等病害的发生则只能用化学防治才能控制。化学防治具有见效快、效果稳定、明显、易于操作、成本低等特点，是控制小麦病害的重要措施。小麦病害的化学防治，关键要选用合适的高效农药，掌握好用药时期和施用方法，并根据生育期进行综合防治，才能取得较好的效果。

播种期的化学防治　小麦播种期病虫害防治是整个生育期防治的基础，有利于降低小麦全生育期病虫基数。此时期防治的重点是纹枯病、地下害虫、吸浆虫等种传、土传病虫害。防治措施主要是土壤处理、药剂拌种或种子包衣。用15%三唑酮可湿性粉剂200g拌种1 000kg，可有效预防黑穗病、纹枯病、白粉病等。金针虫主发生区，用40%甲基异柳磷乳油与水、种子按1：80：(800~1 000)比例拌匀，堆闷2~3h后播种；蛴螬主发生区用50%辛硫磷乳油与水、种子按1：(50~100)：(500~1 000)比例拌种，可兼治蝼蛄、金针虫、吸浆虫重发区，用3%甲基异柳磷颗粒剂或辛硫磷颗粒剂30~45kg/hm^{2}拌沙或煤渣375kg制成毒土，在犁地时均匀撒于地面翻入土中。种子包衣也是防治病虫害的一项有效措施，各地应因地制宜，根据当地病虫种类，选择适当的种衣剂配方，如用2.5%适乐时悬浮种衣剂100~200ml，对1 000kg种子进行包衣，可预防纹枯病、黑胚病、根腐病等多种病害，若加入适量甲基异硫磷乳油，则可病虫兼治。

返青拔节期的化学防治　小麦的返青拔节期是其生长发育的重要时期，在此期间的主要病虫害有小麦纹枯病、吸浆虫、麦蜘蛛等地下害虫。近几年来纹枯病的发病率越来越高，也是对小麦产量影响最大的病害之一，所以这个时间的重点防治对象就是纹枯病，如果防治的时间偏晚，就会造成防治效果差，所以防治要把握好时机，在生产过程中可以用相应的化学药剂展开防治工作，通常所用的是杀虫剂与杀菌剂混合在一起进行喷施的技术，从而达到科学防治的目的。用5%井冈霉素2 250~3 000ml/hm^{2}兑水1 125~1 500kg来对麦茎基部进行喷雾，间隔10~15d再喷1次来防治纹枯病，对于吸浆虫的防治通常可以采用40%氧化乐果或50%辛硫磷600~750ml/hm^{2}喷麦茎基部；防治麦蜘蛛可用73%克螨特乳油1 500~2 000倍液喷雾。对于发病重的地区，可以提高药的浓度，达到有效根治的目的，为小麦后期的生长发育打下基础。

孕穗至抽穗扬花期的化学防治　小麦孕穗至扬花期是小麦形成产量非常重要的时期，又是多种病虫集中发生为害盛期，一旦病虫为害就可造成不可挽回的损失。因此，此期是小麦病虫草害综合防治的最关键时期，应切实做好病虫害的预防和防治，确保小麦优质丰产。孕穗至扬花期是赤霉病、散黑穗病、麦蚜等多种病虫集中发生期和为害盛期。小麦开花至灌浆期是赤霉病为害适期，对产量和品质影响最大。因此，也是药剂防治的关键时期。可选用农药多菌灵、灭菌丹、硫菌灵或甲基硫菌灵，按配比说明施用，可收到理想的防治效果。值得注意的是，在赤霉病发生、蔓延的高峰期，正是多雨、

高温高湿的季节，务必抓住雨停间隙的时机，喷药防治2~3次，以免违误农时，降低防治效果，始花期喷洒50%多菌灵可湿性粉剂1 000倍液，或用50%甲基硫菌灵可湿性粉剂1 000倍液，每5~7d防治一次即可。喷药时最好加兑磷酸二氢钾，以提高结实率和粒重。麦蚜是为害小麦的主要害虫。若虫、成虫聚集在茎秆、穗部汲取汁液，导致叶片、茎秆枯萎，籽粒瘪瘦，影响小麦的产量和品质。麦蚜防治重点在小麦抽穗至乳熟期，防治麦蚜药剂应优先选用生物制剂或毒性小的药剂如抗蚜威等，并注意减少用药次数和药量，尽量避开天敌敏感期施药，遇风雨可推迟施药。可选用大功臣、抗蚜威、快杀灵、虫螨克等农药进行防治，用药量为大功臣0.15kg/hm^2、抗蚜威0.15kg/hm^2、快杀灵每亩450ml/hm^2、虫螨克300ml/hm^2，均兑水50kg喷雾。

灌浆期防治　小麦的灌浆期是小麦营养生长的最后时期，这也是小麦病虫害的高发时期，也是最后防治的关键时期，主要的病虫害有白粉病、锈病、麦穗蚜、叶枯病等。对于这些病害的防治可以采用以下的措施进行，用25%快杀灵乳油375~525ml/hm^2，加入水750kg进行喷雾，可有效减少麦穗蚜的为害。可以将上面的两种药剂进行混合施用，防治效果更佳。若田间天敌与蚜虫的比例大于1∶120时就不必再用防治蚜虫的杀虫剂。小麦黑胚病严重影响小麦品质，发展优质小麦必须注意防治小麦黑胚病。除选用抗黑胚病品种外，还要特别注意搞好小麦扬花灌浆期的防治。用12.5%禾果利可湿性粉剂300~450g/hm^2，兑水750kg防治效果最好，使用多菌灵、三唑酮、代森锰锌也有一定防治效果。应在灌浆初期和中后期各防治1次。

二、小麦虫害及其防治

（一）小麦害虫种类

1. 蛴螬

分类地位　蛴螬是金龟甲的幼虫，别名白土蚕、核桃虫；成虫通称为金龟甲或金龟子。蛴螬为鞘翅目，金龟总科。

形态特征　蛴螬体肥大，体型弯曲呈“C”形，多为白色，少数为黄白色。头部褐色，上颚显著，腹部肿胀。体壁较柔软多皱，体表疏生细毛。头大而圆，多为黄褐色，生有左右对称的刚毛，刚毛数量的多少常为分种的特征。如华北大黑鳃金龟的幼虫为3对，黄褐丽金龟幼虫为5对。蛴螬具胸足3对，一般后足较长。腹部10节，第10节称为臀节，臀节上生有刺毛，其数目的多少和排列方式也是分种的重要特征。

成虫椭圆或圆筒形，体色有黑、棕、黄、绿、蓝、赤等，多具光泽，触角鳃叶状，足3对；幼虫长30~40mm，乳白色、肥胖，常弯曲成马蹄形，头部大而坚硬、红褐或黄褐色，体表多皱纹和细毛，胸足3对，尾部灰白色、光滑。

生活习性　蛴螬一到两年1代，幼虫和成虫在土中越冬。成虫即金龟子，白天藏在土中，20—21时进行取食等活动。蛴螬有假死和负趋光性，并对未腐熟的粪肥有趋性。成虫交配后10~15d产卵，产在松软湿润的土壤内，以水浇地最多，每头雌虫可产卵100粒左右。白天藏在土中，20—21时进行取食等活动。幼虫蛴螬始终在地下活动，与土壤温湿度关系密切。当10cm土温达5℃时开始上升到土表，13~18℃时活动最盛，23℃以上则往深土中移动，至秋季土温下降到其活动适宜范围时，再移向土壤上层。

生活史　完成1代需1~2年到3~6年，除成虫有部分时间出土外，其他虫态均在地下生活，以幼虫或成虫越冬。成虫有夜出型和日出型之分，夜出型有趋光性，夜晚取食为害；日出型白昼活动。成虫交配后10~15d产卵，产在松软湿润的土壤内，以水浇地最多，每头雌虫可产卵100粒左右。蛴螬年生代数因种、因地而异。这是一类生活史较长的昆虫，一般1年1代，或2~3年1代，长者5~6年1代。如大黑鳃金龟两年1代，暗黑鳃金龟、铜绿丽金龟1年1代，小云斑鳃金龟在青海4年1代，大栗鳃金龟在四川省甘孜地区则需5~6年1代。蛴螬共3龄。1、2龄期较短，第3龄期最长。

发生季节　主要以春秋两季为害最为严重。

为害部位　蛴螬咬食幼苗嫩茎，当植株枯黄而死时，它又转移到别的植株继续为害。

2. 蝼蛄

分类地位　蝼蛄是节肢动物门昆虫纲直翅目蟋蟀总科，蝼蛄科昆虫的总称。

形态特征　蝼蛄体狭长，头小，圆锥形。复眼小而突出，单眼2个。前胸背板椭圆形，背面隆起如盾，两侧向下伸展，几乎把前足基节包起。前足特化为粗短结构，基节特短宽，腿节略弯，片状，胫节很短，三角形，具强端刺，便于开掘。内侧有1裂缝为听器。前翅短，雄虫能鸣，发育不完善，仅以对角线脉和斜脉为界，形成长三角形室；端网区小，雌虫产卵器退化。

生活习性　蝼蛄具有群集性、趋光性、趋化性、趋粪土性、喜湿性、抱卵性和昼伏夜出性。初孵若虫有群集性，怕光、怕风、怕水、孵化后3~6d

群集一起，以后分散为害。蝼蛄具有强烈的趋光性，且嗜好香甜食物，对煮至半熟的谷子，炒香的豆饼等较为喜好。蝼蛄喜欢在潮湿的土中生活，有“跑湿不跑干”的习性，栖息在沿河两岸、渠道河旁、苗圃的低洼地、水浇地等处。蝼蛄在夜晚活动、取食为害和交尾，以21—22时为取食高峰。

生活史　华北蝼蛄和东方蝼蛄生活史很长，均以成虫或若虫在土下越冬。华北蝼蛄3年完成1个世代，若虫13龄；东方蝼蛄一年1代或二年1代（东北），若虫共6龄。蝼蛄一年的生活分6个阶段：冬季休眠、春季苏醒、出窝迁移、猖獗为害、越夏产卵、秋季为害。

发生季节　秋季为害较重。

为害部位　蝼蛄的为害表现在两个方面，即间接为害和直接为害。直接为害是成虫和若虫咬食植物幼苗的根和嫩茎；间接为害是成虫和若虫在土下活动开掘隧道，使苗根和土壤分离，造成幼苗干枯死亡，致使苗床缺苗断垄，育苗减产或育苗失败。

3. 小地老虎

分类地位　地老虎又名土蚕、切根虫等，属鳞翅目夜蛾科。

形态特征　成虫体长16~23mm，翅展42~54mm。触角雌蛾丝状，双栉齿状，栉齿仅达触角之半，端半部则为丝状。前翅黑褐色，亚基线、内横线、外横线及亚缘线均为双条曲线；在肾形斑外侧有一个明显的尖端向外的楔形黑斑，在亚缘线上有2个尖端向内的黑褐色楔形斑，3斑尖端相对，是其最显著的特征。后翅淡灰白色，外缘及翅脉黑色。

卵，馒头形，直径0.61mm，高0.5mm左右，表面有纵横相交的隆线，出产时乳白色，后渐变为黄色，孵化前顶部呈现黑点。

幼虫，老熟幼虫体长37~47mm，头宽3~3.5mm。黄褐色至黑褐色，体表粗糙，密布大小颗粒。头部后唇基等边三角形，颅中沟很短，额区直达颅顶，顶呈单峰。腹部1~8节，背面各有4个毛片，后2个比前2个大一倍以上。腹末臀板黄褐色，有两条深褐色纵纹。

蛹，体长18~24mm，红褐色或暗红褐色。腹部第4~7节基部有2刻点，背面的大而色深，腹末具臀棘1对。

生活习性　年发生代数由北至南不等，黑龙江2代，北京3~4代，江苏5代，福州6代。越冬虫态、地点在北方地区至今不明，据推测，春季虫源系迁飞而来；在长江流域能以老熟幼虫、蛹及成虫越冬；在广东、广西、云南则全年繁殖为害，无越冬现象。成虫夜间活动、交配产卵，卵产在5cm以下矮小杂草上，尤其在贴近地面的叶背或嫩茎上，如小旋花、小蓟、藜、猪毛菜等，卵散产或成堆产，每雌平均产卵 800~1 000 粒。成虫对黑光灯及糖醋酒等趋性较强。幼虫共 6 龄，3 龄前在地面、杂草或寄主幼嫩部位取食，为害不大；3 龄后昼间潜伏在表土中，夜间出来为害，动作敏捷，性残暴，能自相残杀。老熟幼虫有假死习性，受惊缩成环形。幼虫发育历期：15℃ 67d，20℃ 32d，30℃ 18d。蛹发育历期 12~18d，越冬蛹则长达 150d。小地老虎喜温暖及潮湿的条件，最适发育温区为 13~25℃，在河流湖泊地区或低洼内涝、雨水充足及常年灌溉地区，如属土质疏松、团粒结构好、保水性强的壤土、黏壤土、沙壤土均适于小地老虎的发生。尤在早春菜田及周缘杂草多，可提供产卵场所；蜜源植物多，可为成虫提供补充营养的情况下，将会形成较大的虫源，发生严重。

生活史　小地老虎以蛹及幼虫在土内越冬。翌年 3 月下旬至 4 月上旬大量成虫开始羽化。第一代幼虫发生最多，为害最重。1~2 龄幼虫群集幼苗顶心嫩叶，昼夜取食，3 龄后开始分散为害，共 6 龄。白天潜伏根际表土附近，夜出咬食幼苗，并能把咬断的幼苗拖入土穴内。成虫昼伏夜出，趋化性强，对发酵的酸甜气味有较强的趋性，对黑光灯也有强烈的趋性。成虫羽化后 1~2d 开始交配，交配后第 2d 即产卵。卵散产，多产在土块及地面缝隙内，有时也产在土面的枯草茎或茎秆上，少数产在作物叶片反面。产卵量与所获得的补充营养的质量、幼虫期的营养有关。每雌产卵可达 1 000 粒以上，多的可达 2 000 粒以上。

发生季节　4 月中下旬是 2~3 龄幼虫盛发期，5 月上中旬是 5~6 龄幼虫盛发期。

为害部位　幼虫在地下和地表为害，咬断幼根、幼茎，吞食叶片，造成缺苗断垄或毁种。

4. 金针虫

分类地位　金针虫是叩甲幼虫的总称，属鞘翅目叩甲科。可分为沟金针虫 *Pleonomus canaliculatus* Faldermann、细胸金针虫 *Agriotes fusicollis* Miwa、褐纹金针虫 *Melanotus caudex* Lewls 三类。

形态特征　金针虫类体长 16~17mm，宽 4~5mm，浓栗色，全体密被金黄色细毛。头部扁形，前方有三角形尘凹，密布明显刻点。前胸背面呈半球形隆起，宽大于长，密布刻点，中央有微细纵沟，后缘角稍向后突起。雌虫体较极扁，触角短，雄虫体较长触角长，与体长相近。

卵，椭圆形，长径 0.7mm，乳白色。

幼虫（即沟金针虫），老熟幼虫体长 20~30mm，最宽处约 4mm，每节宽大于长。体黄，体表有同色细毛，由胸背至第十腹节，每节背面正中有一细纵沟；尾节背面有近圆形的凹陷，密布较粗黑点，两侧边缘隆起，并各具有 3 个齿状突起，尾端分为 2 叉，各叉末端稍向上弯曲，内侧各有 1 小齿。

蛹，细长纺缍丝，尾端有刺状突起；初化蛹淡绿色，渐变浓褐色。

生活习性　幼虫能咬食刚播下的种子，为害胚乳而不能发芽，如已出苗则为害须根、主根或茎的地下部分，使幼苗枯死，能蛀入块根和块茎，并有利于病原菌的侵入而引起腐烂。金针虫的生活史很长，常需 3～5 年才能完成一代，以各龄幼虫或成虫在地下越冬，越冬深度因地区和虫态不同，约在 20～85cm。在整个生活史中，以幼虫期最长。沟金针虫约需 3 年完成一代，细胸金针虫也需要 3 年，而宽背金针虫则需 4～5 年才能完成一代。

生活史　一般要 3 年一代。第 1 年、第 2 年以幼虫越冬，第 3 年以成虫越冬。越冬成虫在 2 月下旬出土活动，3 月中旬至 4 月中旬为盛期。成虫白天躲藏在土表、杂草或土块下，傍晚爬出土面活动和交配。交配后，将卵产在土下 3～7cm 深处；卵散产，产卵可达 200 余粒，卵期约 35d。5 月上旬卵开始孵化，初孵幼虫体长约 2mm，食料充足的条件下当年体长可达 15mm；老熟幼虫从 8 月上旬至 9 月上旬先后化蛹，化蛹深度以 13～20cm 最多，蛹期 16～20d；土壤湿度大，有利化蛹和羽化，发生较重。成虫于 9 月上中旬羽化。雌虫无趋光性，行动迟缓，多在原地交配产卵，不能飞翔，有假死性；雄虫有趋光性，出土迅速，活跃，飞翔力较强，只做短距离飞翔，黎明前成虫潜回土中。在 10cm 深土温 7℃时幼虫开始活动，土温达 9℃时开始为害，土温 15～16℃时为害最烈，土温 19～23℃时渐趋 13～17cm 深土层栖息，土温 28℃以上时，金针虫移到深土层越夏。土温下降到 18℃时又上升表土活动，土温 2℃时多在 27～33cm 土层越冬。幼虫的发育速度、体重等与食料有密切关系，幼虫发育很不整齐，尤以对雌虫影响更大，世代重叠严重。

发生季节　每年的 2—5 月。

为害部位　咬食刚播下的种子，食害胚乳使其不能发芽，如已出苗可为害须根、主根和茎的地下部分，使幼苗枯死。主根受害部不整齐还能蛀入块茎和块根也可蛀入已长大的幼苗根里取食为害，被害处不完全咬断，断口不整齐；还能钻蛀较大的种子及块茎、块根，蛀成孔洞，被害株则干枯而死亡。

5. 麦蚜

分类地位　麦蚜虫属同翅目、蚜科，是中国小麦的重要害虫之一。其种类主要包括麦长管蚜 *Macrosiphum avenae* Fabricius、麦二叉蚜 *Schizaphis grarainam* Rondani、禾谷缢管蚜 *Rhopalosiphum padi* Linnaeus 3 种。

形态特征　麦长管蚜：体长 2.4~2.8mm，体色黄绿至绿色。腹部背面两侧有褐斑。触角比身体长，第二节有感觉孔 8~12 个，前翅中脉分三叉，腹管长，超过腹部末端。

麦二叉蚜：体长 1.8~2.3mm，体色绿色，背中线深绿色，触角比身体短，第三节油感觉孔 5~9 个，前翅中脉分二叉，腹管短，多不超过腹部末端。

黍缢管蚜：体长 1.6mm，体色暗绿带紫褐色，腹背后方中央有褐斑，触角比身体短，第三节有感觉孔 20~30 个，前翅中脉分三叉，腹管近筒形，端部收缩。

生活习性　麦蚜的越冬虫态及场所均依各地气候条件而不同。南方无越冬期，北方麦区、黄河流域麦区以无翅胎生雌蚜在麦株基部叶丛或土缝内越冬，北部较寒冷的麦区，多以卵在麦苗枯叶上、杂草上、茬管中、土缝内越冬，而且越向北，以卵越冬率越高。从发生时间上看，麦二叉蚜早于麦长管蚜，麦长管蚜一般到小麦拔节后才逐渐加重。麦蚜为间歇性猖獗发生，这与气候条件密切相关。麦长管蚜喜中温不耐高温，要求湿度为 40%~80%，而麦二叉蚜则耐 30℃的高温，喜干怕湿，湿度 35%~67%为适宜。一般早播麦田，蚜虫迁入早，繁殖快，为害重；夏秋作物的种类和面积直接关系麦蚜的越夏和繁殖。前期多雨气温低，后期一旦气温升高，常会造成小麦蚜虫的大爆发。

生活史　由北至南麦蚜每年可发 10~30 代，以卵在根茬，落叶上越冬，具多型现象，体色分化，有翅、无翅蚜寄主广，寡食性（主要取食禾本科植物），全周期蚜虫行两性，孤雌生殖；不全周期蚜虫行孤雌生殖。

发生季节　几种蚜虫在小麦上混合发生为害，苗期以麦二叉蚜、禾谷缢管蚜为害较重。起身拔节期禾谷缢管蚜，穗期麦长管蚜为害较重。蚜虫每年在麦子出苗后不久即陆续迁入麦田为害，麦二叉蚜先在麦叶上繁殖数代，然后将卵产在枯黄的麦叶等上越冬。其他蚜虫则以无翅和有翅雌蚜在麦田内越冬，其中禾谷缢管蚜主要分散在叶片上为害，开春后，二种蚜虫群集为害叶片和麦穗。麦子成熟后，禾谷缢管蚜转移至玉米、高粱等作物上为害，麦二叉蚜和麦长管蚜则转移到狗尾草、鹅观草等杂草上越夏。

为害部位　前期集中在叶正面或背面为害，抽穗灌浆后，主要集中在穗上刺吸汁液，致受害株生长缓慢，分蘖减少。

6. 吸浆虫

分类地位　小麦吸浆虫可分为麦红吸浆虫 *Sitodiplosis mosellana* Gehin 和麦黄吸浆虫 *Contarinia tritci* Kirby。

形态特征

麦红吸浆虫：雌成虫体长 2~2.5mm，翅展 5mm 左右，体橘红色。前翅透明，有 4 条发达翅脉，后翅退化为平衡棍。触角细长，14 节，雄虫每节中部收缩使各节呈葫芦结状，膨大部分各生一圈长环状毛。雌虫触角呈念珠状，上生一圈短环状毛。雄虫体长 2mm 左右。卵长 0.09mm，长圆形，浅红色。幼虫体长 3~3.5mm，椭圆形，橙黄色，头小，无足，蛆形，前胸腹面有 1 个“Y”形剑骨片，前端分叉，凹陷深。蛹长 2mm，裸蛹，橙褐色，头前方具白色短毛 2 根和长呼吸管 1 对。

麦黄吸浆虫：卵长 0.29mm，香蕉形。幼虫体长 2~2.5mm，黄绿色或姜黄色，体表光滑，前胸腹面有剑骨片，剑骨片前端呈弧形浅裂，腹末端生突起 2 个。蛹鲜黄色，头端有 1 对较长毛。

生活习性　该虫畏光，中午多潜伏在麦株下部丛间，多在早、晚活动，卵多聚产在护颖与外颖、穗轴与小穗柄等处，每雌产卵 60~70 粒，成虫寿命约 30d，卵期 5~7d，初孵幼虫从内外颖缝隙处钻入麦壳中，附在子房或刚灌浆的麦粒上为害 15~20d，经 2 次蜕皮，幼虫短缩变硬，开始在麦壳里蛰伏，抵御干热天气，这时小麦已进入蜡熟期。遇有湿度大或雨露时，苏醒后再蜕一层皮爬出颖外，弹落在地上，从土缝中钻入 10cm 处结茧越夏或越冬。该虫有多年休眠习性，遇有春旱年份有的不能破茧化蛹，有的已破茧，又能重新结茧再次休眠，休眠期有的可长达 12 年。

生活史　麦红吸浆虫年生 1 代或多年完成一代，以末龄幼虫在土壤中结圆茧越夏或越冬。翌年当小麦进入拔节阶段，越冬幼虫破茧上升到表土层；到小麦孕穗时，再结茧化蛹，蛹期 8~10d；至小麦开始抽穗，麦红吸浆虫开始羽化出土，当天交配后把卵产在未扬花的麦穗上，各地成虫羽化期与小麦进入抽穗期一致。

麦黄吸浆虫年生 1 代，成虫发生较麦红吸浆虫稍早，雌虫把卵产在初抽出的麦穗上内、外颖之间，幼虫孵化后为害花器，以后吸食灌浆的麦粒，老熟幼虫离开麦穗时间早，在土壤中耐湿、耐旱能力低于麦红吸浆虫。

发生季节　一般在小麦拔节期越冬幼虫破土而出，孕穗期幼虫结茧化蛹，到抽穗期时开始羽化，成虫盛发期与小麦抽穗扬花期吻合发生重。

为害部位　主要以幼虫为害花器和在麦粒内吸食麦粒浆液为主，致使小麦籽粒不能正常灌浆，出现瘪粒，严重时造成绝收产量损失。

7. 麦叶蜂

分类地位　麦叶蜂属于膜翅目，叶蜂总科，叶蜂科。学名为 *Dolerus tritici* Chu。

形态特征　麦叶蜂雌成虫体长 8.6~9.8mm，雄成虫体长 8~8.8mm；除前胸背板、中胸前盾板和颈板为赤褐色外，其余部位均为黑色；翅近透明，上有淡黄色细斑；雌虫腹末有锯状产卵；头部有网状花纹，复眼大。卵淡黄色，呈扁平肾形，表面光滑，长约 1.8mm。老熟幼虫体长 17.7~18.8mm，呈细圆筒形，头深褐色，体灰绿色，背部为暗淡蓝色，腹部 10 节。蛹体长 9mm 左右，雄蛹略小，初为黄白色，羽化前变为棕黑色，顶端圆，头胸部粗，腹部细小，末端分叉。大麦叶蜂成虫与小麦叶蜂相似，但其中胸前后盾板为黑色，盾板两侧后缘赤褐色。黄麦叶蜂成虫为黄色，幼虫为浅绿色。黄麦叶蜂幼虫常与黏虫混淆，两者的主要区别是：黄麦叶蜂有腹足 7~8 对，各体节都有皱纹；黏虫幼虫有腹足 4 对，体节光滑无皱纹。

生活习性　麦叶蜂幼虫共 5 龄。1~2 龄幼虫日夜在麦叶上为害；3 龄后，白天躲在麦株基部附近，16—17 时开始上爬为害麦叶，至翌日上午 10 时下移躲藏。为害严重时，可将叶片吃光，仅留主脉。麦叶蜂幼虫有假死性，稍遇振动即可掉落，虫体缩成一团，约经 20min 后再爬上麦株取食为害。麦叶蜂幼虫有趋绿为害习性，一般水肥条件好生长茂密的一类麦田发生重，其次是二类麦田，三类田及麦棉套种地块发生较轻。

生活史　麦叶蜂在北方一年发生一代，以蛹在土中越冬，3 月中下旬或稍早时成虫羽化，交配后用锯状产卵器沿叶背面主脉锯一裂缝，边锯边产卵，卵粒可连成一串。卵期约 10d。一头成虫平均产卵 20.3 粒，其自然死亡率为 4.9%。幼虫分 5 龄，同一龄幼虫 4 月上旬到 5 月初是幼虫发生为害盛期。5 月上中旬小麦抽穗后，老熟幼虫入土 20cm 左右作土茧越夏，到 10 月间化蛹越冬。

发生季节　每年 4 月上旬到 5 月初是幼虫发生为害盛期。5 月上中旬小麦抽穗后，老熟幼虫入土 20cm 左右作土茧越夏，到 10 月间化蛹越冬。

为害部位　主要以幼虫为害麦叶，从叶边缘向内咬成缺刻，重者可将叶尖全部吃光。初孵幼虫多在其附近较矮的麦苗心叶或嫩叶上取食，为害成缺刻或短条，宽度 0.3~0.5mm；2 龄幼虫为害宽度 1~1.8mm；3 龄 1~3mm，并出现似剪刀横断的为害状；5 龄幼虫咬食宽度可达 8mm。3 龄前多集中在下部叶片或比较矮的无效分蘖上取食，3 龄以后始为害有效分蘖的上部叶片，且食量在四龄以后迅速大幅度增长。

8. 黏虫

分类地位　麦黏虫又称剃枝虫、行军虫，俗称五彩虫、麦蚕，属昆虫纲，鳞翅目，夜蛾科。学名为 *Mythimna seperata*（Walker）。

形态特征　黏虫成虫体色呈淡黄色或淡灰褐色，体长 17～20mm，翅展 35～45mm，触角丝状，前翅中央近前缘有 2 个淡黄色圆斑，外侧环形圆斑较大，后翅正面呈暗褐色，反面呈淡褐色，缘毛呈白色，由翅尖向斜后方有 1 条暗色条纹，中室下角处有 1 个小白点，白点两侧各有 1 个小黑点。雄蛾较小，体色较深，其尾端经挤压后，可伸出 1 对鳃盖形的抱握器，抱握器顶端具 1 长刺，这一特征是别于其他近似种的可靠特征。雌蛾腹部末端有 1 尖形的产卵器。蛹呈红褐色，体长 17～23mm，腹部第 5、第 6、第 7 节背面近前缘处有横列的马蹄形刻点，中央刻点大而密，两侧渐稀，尾端有尾刺 3 对，中间 1 对粗大，两侧各有短而弯曲的细刺 1 对。雄蛹生殖孔在腹部第 9 节，雌蛹生殖孔位于第 8 节。

生活习性　麦叶蜂幼虫共 5 龄。1、2 龄幼虫日夜在麦叶上为害；3 龄后，白天躲在麦株基部附近，16—17 时开始上爬为害麦叶，至翌日上午 10 时下移躲藏。为害严重时，可将叶片吃光，仅留主脉。麦叶蜂幼虫有假死性，稍遇振动即可掉落，虫体缩成一团，约经 20min 后再爬上麦株取食为害。麦叶蜂幼虫有趋绿为害习性，一般水肥条件好生长茂密的一类麦田发生重，其次是二类麦田，三类田及麦棉套种地块发生较轻。

生活史　黏虫在中国由北至南一年发生 2～8 代，成虫 3—4 月由长江以南向北迁飞至黄淮地区繁殖，4—5 月为害麦类作物，5—6 一代化蛹羽化成虫后迁飞至东北、西北和西南等地繁殖为害，6—7 月为害小麦、玉米、水稻和牧草，7 月中下旬至 8 月上旬二代化蛹羽化成虫后向南迁飞至山东、河北、河南、苏北和皖北等地繁殖，为害玉米、水稻。

发生季节　一般 4—5 月为害麦类作物，6—7 月为害玉米、水稻和牧草。

为害部位　以幼虫咬食寄主的叶片为害，1、2 龄幼虫潜入心叶取食叶肉形成小孔，3 龄后由叶边缘咬食形成缺刻。严重时常把叶片全部吃光仅剩光秆，甚至能把抽出的麦穗咬断，造成严重减产，甚至绝收。

9. 麦蜘蛛

分类地位　麦蜘蛛属蛛形纲，蜱螨目。可分为麦长腿蜘蛛 *Petrobia latens*（Muller）和麦圆蜘蛛 *Pentfaleus major*（Duges）。

形态特征 麦蜘蛛一生有卵、若虫、成虫3个虫态。麦长腿蜘蛛的雌性成螨体卵圆形，黑褐色，体长0.6mm，宽0.45mm，成螨4对足，第一对和第四对足发达。卵呈圆柱形。幼螨3对足，初为鲜红色，取食后呈黑褐色。末端4对足，体色、体形与成虫相似。麦圆蜘蛛的成螨卵圆形，深红褐色，背有1红斑，有4对足，第一对足最长。卵椭圆形，初为红色，渐变淡红色；幼螨有足3对。若虫有足4对，与成虫相似。

生活习性 麦圆蜘蛛喜阴湿，怕高温、干燥，多分布在水浇地或低洼潮湿阴晾的麦地。麦圆蜘蛛有群集性和假死性，春季其卵多产于麦丛分蘖茎近地面或干叶基部，秋季卵多产于麦苗和杂草近根部的土块上，或产于干叶基部及杂草须根上。

生活史 麦长腿蜘蛛在长城以南的黄淮流域一年发生3~4代，在山西省西北部一年发生2代，均以成螨和卵在麦田土块下、土缝中越冬。翌年3月越冬成螨开始活动，4月中下旬为第一代为害盛期，以滞育卵越复。成、若螨有群聚性和弱的负趋光性，在叶背为害。麦长腿蜘蛛以孤雌生殖为主，也可部分进行两性生殖。麦圆蜘蛛一年发生2~3代，以若虫和卵在麦株、土缝或杂草上越冬。越冬成螨休眠而不滞育，气温升高时即开始活动，为害麦苗。3月下旬种群密度迅速增加，形成第一个高峰。主要为害小麦叶片，其次为害叶鞘和嫩穗，低洼潮湿麦田发生严重。

发生季节 每年3月越冬成螨开始活动，4月中下旬为第一代为害盛期。

为害部位 以成、若虫吸食麦叶汁液，受害叶上出现细小白点，后麦叶变黄，麦株生育不良，植株矮小，严重的全株干枯。

（二）小麦害虫防治措施

1. 农业防治

水旱轮作，可直接消灭蛴螬、金针虫等，减少虫源基数；通过精耕细作，中耕除草，适时灌水等措施破坏地下害虫生存条件。

2. 物理防治

黑光灯或频振式杀虫灯诱杀蛴螬成虫和蝼蛄，每$3hm^2$左右安装1盏灯，诱杀成虫，减少田间虫口密度。

3. 生物防治

利用害虫的天敌对虫害进行防治。常见有瓢虫、草蛉、食蚜蝇、蜘蛛等，能够有效控制麦蚜种群。所以，蚜虫天敌盛发时期，在麦田要尽可能少施化学药剂，避免杀伤麦蚜天敌，有利于发挥自然控制作用。

4. 化学防治

防治小麦地下害虫应立足播种前药剂拌种和土壤处理，部分发生严重的田块可以在春季采取毒饵法补治。防治指标，蝼蛄为 0.3~0.5 头/m^2；蛴螬为 3 头/m^2；金针虫为 3~5 头/m^2 或麦株被害株率 2%~3%。

药剂拌种　每公顷可用 50%辛硫磷乳油 300ml，兑水 30kg，拌麦种 225kg，拌后堆闷 3~5h 播种；或用 48%毒死蜱乳油 150ml，兑水 15kg，拌麦种 150kg。

毒饵或毒土法　用炒香麦麸、豆饼、米糠等饵料 30kg，50%辛硫磷乳油 375ml，加适量水稀释农药制作毒饵，傍晚撒于田间幼苗附近，每隔一定距离一小堆，每公顷 225~300kg；或用 50%辛硫磷 3 000ml 拌细土 450~600kg，耕翻时撒施。

喷雾法　用 50%辛硫磷乳油 3 750ml 稀释 1 500 倍，顺麦垄喷施；或用 48%毒死蜱乳油 1 500ml 稀释 1 500 倍，顺麦垄喷施，每公顷喷药液 600kg。

三、麦田杂草及其防除

（一）江淮平原麦田杂草种类

麦田杂草以禾本科和阔叶杂草混生群落为主。发生的禾本科杂草主要有茵草、看麦娘、日本看麦娘、硬草、早熟禾、野燕麦和黑麦草；阔叶杂草主要有繁缕、牛繁缕、猪殃殃、大巢菜和藜等。据 2014 年江阴市麦田杂草普查，江阴市麦田杂草种类有 34 种，分属 14 个科 28 个属。其中，单子叶杂草以日本看麦娘、看麦娘、茵草为主要优势种；阔叶杂草以猪殃殃、大巢菜、稻槎菜、野老鹳草为主要优势种。从综合草害指数来看，麦田杂草优势种为茵草、日本看麦娘、看麦娘、猪殃殃、稻槎菜、大巢菜、野老鹳草等；近几年，茵草、猪殃殃为江阴市麦田主要杂草，且自然发生程度较重。

1. 茵草

名称　*Beckmannia syzigachne*（Steud.）Fern.

科属地位　禾本科早熟禾亚科剪股颖族茵草属。

形态特征　一年生草本植物。秆丛生，高可达 90cm，具节。叶鞘无毛，叶舌透明膜质，叶片扁平，粗糙或下面平滑。圆锥花序，分枝稀疏，直立或斜升；小穗扁平，圆形，灰绿色，颖草质；边缘质薄，白色，背部灰绿色，具淡色的横纹；外稃披针形，花药黄色，颖果黄褐色，长圆形，先端具丛生短毛。

生活习性（生长环境）　自然越夏的茵草种子一般在 11 月上中旬开始

出苗，在田间温湿度大、土壤墒情适宜的情况下，出草时间会适当提前，出草量也随之增大。一般出苗至三叶期需 22~28d，4 叶期左右开始有分蘖，4 月 20 日左右开始抽穗，5 月中下旬成熟。菵草成熟期早，成熟时间长，田间种源充足。在正常年份，菵草成熟比小麦早 10d 左右，且成熟期长，同一穗上先成熟的种子先落籽，造成农田表层土壤中种子数量一直维持较高的水平，种源充足。喜生长在湿地、水沟边。

发生季节　11 月中旬开始出苗，4 月中旬开始抽穗，5 月中下旬成熟。

为害　为长江流域及西南地区稻茬田和油菜田主要杂草，尤其地势低洼、土壤黏重的田块为害严重。

2. 日本看麦娘

名称　*Alopecurus japonicus* Steud.

科属地位　禾本科早熟禾亚科剪股颖族看麦娘属。

形态特征　一或二年生草本。秆少数丛生，直立或基部膝曲，具 3~4 节，高 20~50cm。叶鞘松弛；叶舌膜质，长 2~5mm；叶片上面粗糙，下面光滑，长 3~12mm，宽 3~7mm。圆锥花序圆柱状，长 3~10cm，宽 4~10mm；小穗长圆状卵形，长 5~6mm；颖仅基部互相连合，具 3 脉，脊上具纤毛；外稃略长于颖，厚膜质，下部边缘互相连合，芒长 8~12mm，近稃体基部伸出，上部粗糙，中部稍膝曲；花药色淡或白色，长约 1mm。颖果半椭圆形，长 2~2. 5mm。花果期 2—5 月。

生活习性（生长环境）　秋冬季出苗，以幼苗或种子越冬。粒实随熟随落。为夏熟作物田杂草，对麦类作物、油菜和蔬菜为害较大，常和看麦娘混生，有时也成纯种群，局部地区发生数量大。

发生季节　在长江中下游区域，10 月下旬出苗，冬前可长出 5~6 片叶，越冬后与 2 月中下旬返青，3 月中下旬拔节，4 月下旬至 5 月上旬抽穗开花，5 月下旬开始成熟。日本看麦娘在稻茬麦田有两个发生高峰，分别为秋冬期（11 月中旬至 12 月上旬）和翌年早春（3 月），以年前发生为主。全生育期 180~210d。

为害　与小麦竞争光、空间和营养等有限环境资源，进而影响小麦光合作用，导致小麦减产。

3. 猪殃殃

名称　*Galium spurium* L.

科属地位　茜草科拉拉藤属植物。

形态特征　多枝、蔓生或攀缘状草本。茎四棱，棱上、叶缘及叶下面中脉上均有倒生小刺毛。叶4~8片轮生，近无柄，叶片条状倒披针形，长1~3cm，顶端有凸尖头。聚伞花序腋生或顶生，单生或2~3个簇生，有黄绿色小花数朵；花瓣4枚，有纤细梗；花萼上也有钩毛，花冠辐射状，裂片矩圆形，长不及1mm。果干燥，密被钩毛，每一果室有1颗平凸的种子。

生活习性（生长环境） 秋冬季猪殃殃幼苗生长很慢，一般只有3~5层轮叶或分枝，对小麦的影响较小，遇上干冻的冬季有12%~30%的猪殃殃冻死。冬后3月生长加快，4月营养生长极快，一个月内轮叶可增加5~7轮，株高增加25~40cm，最后株高达80~90cm，与小麦株高一致或是高于小麦，有的株高可达115cm，高于小麦，覆盖麦穗顶部。4月现蕾、开花，5月种子成熟，部分种子落入麦田，全生育期180~220d。

发生季节 江苏、安徽、湖北3省一般在8月底或9月上旬，气温降至19℃以下猪殃殃开始出土，10月中下旬和11月气温降至11~16℃为出土高峰期，部分在翌年3月气温上升到3℃以上出土。

为害 猪殃殃是中国江淮平原旱地麦田的主要杂草，在小麦生长前期，猪殃殃与麦苗争夺肥水及营养物质，造成小麦生长瘦弱。小麦拔节后，猪殃殃的生长速度超过小麦，其茎叶往往将小麦植株覆盖住，严重影响小麦光合作用，使小麦的产量大幅度降低，一般为害造成20%~30%的产量损失，严重损失达50%以上。

4. 大巢菜

名称 *Vicia sativa* L.

科属地位 豆科野豌豆属。

形态特征 一年或二年生草本，高25~50cm。被疏黄色短柔毛。偶数羽状复叶，叶轴顶端具卷须；托叶戟形，一边有1~3个披针形齿牙，一边全缘；小叶4~8对，叶片长圆形或倒披针形，长8~18mm，宽4~8mm，先端截形，凹入，有细尖，基部楔形，两面疏生黄色柔毛。总状花序腋生；花1~2朵，花梗短，有黄色疏短毛；花冠深紫色或玫红色；萼钟状，萼齿5，披针形，渐尖，有白色疏短毛；旗瓣倒卵形，翼瓣及龙骨瓣均有爪；雄蕊10，二体；子房无柄，花柱短，柱头头状，花柱先端背部有淡黄色髯毛。荚果线形，扁平，长2.5~4.5cm，近无毛，成熟时棕色。种子圆球形，棕色。花期3—4月，果期5—6月。

生活习性（生长环境） 生于山脚草地、路旁、灌木林下，性喜温凉气候，抗寒能力强，生长发育需0℃以上积温1 700~2 000℃。

发生季节 11月中旬开始出苗，4月中旬开始抽穗，5月中下旬成熟。

为害 为长江流域及西南地区稻茬田和油菜田主要杂草，尤其地势低洼、土壤黏重的田块为害严重。

5. 硬草

名称 *Sclerochloa dura*（L.）Beauv.

科属地位 禾本科硬草属。

形态特征 一年生草本植物。秆簇生，高可达15cm，自基部分枝，膝曲上升。叶鞘平滑无毛，叶舌短，顶端尖；叶片线状披针形，无毛，上面粗糙。圆锥花序，紧密；分枝粗短；小穗含花，线状披针形，第一颖长约为第二颖长之半，外稃革质，具脊，顶端钝，具7脉。

生活习性（生长环境） 硬草为种子繁殖，种子在土壤中的适宜出苗深度为0.12~2.4cm，深度超过2.4cm难以出苗，分枝双生。

发生季节 苗期秋冬季或迟至春季，花果期4—5月。

为害 硬草多在小麦、玉米等旱地作物田造成为害，在一些水稻旱作及老直播区同样对水稻的生产造成一定的影响，其中稻麦连作田块的发生量显著高于水旱轮作田块。夏熟作物，量较大，为害较重。

6. 早熟禾

名称 *Poa annua* L.

科属地位 禾本科早熟禾属。

形态特征 一年生或冬性禾草。秆直立或倾斜，质软，高6~30cm，全体平滑无毛。叶鞘稍压扁，中部以下闭合；叶舌长1~3mm，圆头；叶片扁平或对折，长2~12cm，宽1~4mm，质地柔软，常有横脉纹，顶端急尖呈船形，边缘微粗糙。圆锥花序宽卵形，长3~7cm，开展；分枝1~3枚着生各节，平滑；小穗卵形，含3~5小花，长3~6mm，绿色；颖质薄，具宽膜质边缘，顶端钝，第一颖披针形，长1.5~2mm，具1脉，第二颖长2~3mm，具3脉；外稃卵圆形，顶端与边缘宽膜质，具明显的5脉，脊与边脉下部具柔毛，间脉近基部有柔毛，基盘无绵毛，第一外稃长3~4mm；内稃与外稃近等长，两脊密生丝状毛；花药黄色，长0.6~0.8mm。颖果纺锤形，长约2mm。

生活习性（生长环境） 早熟禾喜湿但能抗寒，能忍受-6℃~-5℃的低温，最适生长温度20~30℃。早熟禾喜光性强，在阳光下生长旺盛，也有少数品种耐阴性强。早熟禾耐旱性强，久旱时呈现萎蔫或处于休眠“假死”状态，一旦获得充足的水分，便能迅速恢复生长。

发生季节 晚秋萌发，越冬，早春抽穗。

为害　农田常见杂草之一，其与农作物争水肥、争光照、争生长空间。

7. 野燕麦

名称　*Avena fatua* L.

科属地位　禾本科燕麦属。

形态特征　一年生草本植物。须根较坚韧，秆直立，光滑无毛，高 60~120cm，具 2~4 节。叶鞘松弛，光滑或基部者被微毛，叶舌透明膜质，长 1~5mm，叶片扁平，长 10~30cm，宽 4~12mm，微粗糙，或上面和边缘疏生柔毛。圆锥花序开展，金字塔形，长 10~25cm，分枝具棱角，粗糙；小穗长 18~25mm，含 2~3 小花，其柄弯曲下垂，顶端膨胀；小穗轴密生淡棕色或白色硬毛，其节脆硬易断落，第一节间长约 3mm；颖草质，几相等，通常具 9 脉；外稃质地坚硬，第一外稃长 15~20mm，背面中部以下具淡棕色或白色硬毛，芒自稃体中部稍下处伸出，长 2~4cm，膝曲，芒柱棕色，扭转。颖果被淡棕色柔毛，腹面具纵沟，长 6~8mm。花果期 4—9 月。

生活习性（生长环境）　野燕麦喜凉爽但不耐寒，种子在 2~4℃就能发芽，夏季高温来临之前成熟。

发生季节　夏季生长旺盛。

为害　野燕麦是为害小麦等农作物的农田恶性杂草之一，其与农作物争水肥、争光照、争生长空间，并传播农作物病虫害。

8. 黑麦草

名称　*Lolium perenne* L.

科属地位　禾本科黑麦草属。

形态特征　多年生植物，具细弱根状茎。秆丛生，高 30~90cm，具 3~4 节，质软，基部节上生根。叶舌长约 2mm；叶片线形，长 5~20cm，宽 3~6mm，柔软，具微毛，有时具叶耳。穗形穗状花序直立或稍弯，长 10~20cm，宽 5~8mm；小穗轴节间长约 1mm，平滑无毛；颖披针形，为其小穗长的 1/3，具 5 脉，边缘狭膜质；外稃长圆形，草质，长 5~9mm，具 5 脉，平滑，基盘明显，顶端无芒，或上部小穗具短芒，第一外稃长约 7mm；内稃与外稃等长，两脊生短纤毛。颖果长约为宽的 3 倍。

生活习性（生长环境）　黑麦草喜温凉湿润气候。宜于夏季凉爽、冬季不太寒冷地区生长。10℃左右能较好生长，27℃以下为生长适宜温度，35℃生长不良。光照强、日照短、温度较低对分蘖有利。温度过高则分蘖停止或中途死亡。黑麦草耐寒耐热性均差，不耐阴。在风土适宜条件下可生长 2 年以上。

发生季节 春夏旺长，花果期5—7月。

为害 农田常见杂草之一，常与小麦争夺水肥和光照。

9. 野老鹳草

名称 *Geranium carolinianum* L.

科属地位 牻牛儿苗科老鹳草属。

形态特征 一年生草本。高20~60cm，根纤细，单一或分枝，茎直立或仰卧，单一或多数，具棱角，密被倒向短柔毛。基生叶早枯，茎生叶互生或最上部对生；托叶披针形或三角状披针形，长5~7mm，宽1.5~2.5mm，外被短柔毛；茎下部叶具长柄，柄长为叶片长的2~3倍，被倒向短柔毛，上部叶柄渐短；叶片圆肾形，长2~3cm，宽4~6cm，基部心形，掌状5~7裂近基部，裂片楔状倒卵形或菱形，下部楔形、全缘，上部羽状深裂，小裂片条状矩圆形，先端急尖，表面被短伏毛，背面主要沿脉被短伏毛。

花序腋生和顶生，长于叶，被倒生短柔毛和开展的长腺毛，每总花梗具2花，顶生总花梗常数个集生，花序呈伞形状；花梗与总花梗相似，等于或稍短于花；苞片钻状，长3~4mm，被短柔毛；萼片长卵形或近椭圆形，长5~7mm，宽3~4mm，先端急尖，具长约1mm尖头，外被短柔毛或沿脉被开展的糙柔毛和腺毛；花瓣淡紫红色，倒卵形，稍长于萼，先端圆形，基部宽楔形，雄蕊稍短于萼片，中部以下被长糙柔毛；雌蕊稍长于雄蕊，密被糙柔毛。蒴果长约2cm，被短糙毛，果瓣由喙上部先裂向下卷曲。花期4—7月，果期5—9月。

生活习性（生长环境） 一般性杂草，为麦类、油菜等夏收作物田间和果园杂草，亦侵入山坡草地。

发生季节 冬前出草占总量96%，对小麦为害很大，冬前11月下旬和早春3月上旬，气温稳定5~7℃，野老鹳草在木质化前的“绿茎期”是为害关键时期。

为害 野老鹳草对大麦田、小麦田如发生草害，影响小麦产量和品质。

10. 稻槎菜

名称 *Lapsana apogonoides* Maxim.

科属地位 菊科稻槎菜属。

形态特征 一年生矮小草本植物，高7~20cm。茎细，自基部发出多数或少数的簇生分枝及莲座状叶丛；全部茎枝柔软，被细柔毛或无毛。基生叶全形椭圆形、长椭圆状匙形或长匙形，长3~7cm，宽1~2.5cm，大头羽状全裂或几全裂，有长1~4cm的叶柄，顶裂片卵形、菱形或椭圆形，边缘有极稀疏的小尖头，或长椭圆形而边缘大锯齿，齿顶有小尖头，侧裂片 2~3 对，椭圆形，边缘全缘或有极稀疏针刺状小尖头；茎生叶少数，与基生叶同形并等样分裂，向上茎叶渐小，不裂。全部叶质地柔软，两面同色，绿色，或下面色淡，淡绿色，几无毛。

头状花序小，果期下垂或歪斜，少数（6~8 枚）在茎枝顶端排列成疏松的伞房状圆锥花序，花序梗纤细，总苞椭圆形或长圆形，长约 5mm；总苞片 2 层，外层卵状披针形，长达 1mm，宽 0.5mm，内层椭圆状披针形，长 5mm，宽 1~1.2mm，先端喙状；全部总苞片草质，外面无毛。舌状小花黄色，两性。

瘦果淡黄色，稍压扁，长椭圆形或长椭圆状倒披针形，长 4.5mm，宽 1mm，有 12 条粗细不等细纵肋，肋上有微粗毛，顶端两侧各有 1 枚下垂的长钩刺，无冠毛。

生活习性（生长环境） 生于田野、荒地及路边，也是农田常见杂草之一。

发生季节 春季生长旺盛，花果期 1—6 月。

为害 麦田常见杂草，影响麦子产量和品质。

11. 藜

名称 *Chenopodium album* L.

科属地位 藜科藜属。

形态特征 一年生草本。高 30~150cm。茎直立，粗壮，具条棱及绿色或紫红色色条，多分枝；枝条斜升或开展。叶片菱状卵形至宽披针形，长 3~6cm，宽 2.5~5cm，先端急尖或微钝，基部楔形至宽楔形，上面通常无粉，有时嫩叶的上面有紫红色粉，下面多少有粉，边缘具不整齐锯齿；叶柄与叶片近等长，或为叶片长度的 1/2。花两性，花簇于枝上部排列成或大或小的穗状圆锥状或圆锥状花序；花被裂片 5，宽卵形至椭圆形，背面具纵隆脊，有粉，先端或微凹，边缘膜质；雄蕊 5，花药伸出花被，柱头 2。果皮与种子贴生。种子横生，双凸镜状，直径 1.2~1.5mm，边缘钝，黑色，有光泽，表面具浅沟纹；胚环形。花果期 5—10 月。全草黄绿色。茎具条棱。叶片皱缩破碎，完整者展平，呈菱状卵形至宽披针形，叶上表面黄绿色，下表面灰黄绿色，被粉粒，边缘具不整齐锯齿；叶柄长约 3cm。圆锥花序腋生或顶生。

生活习性（生长环境） 藜生于田野、荒地、草原、路边及住宅附近，或有轻度盐碱的土地上。

发生季节　花期 8—9 月，果期 9—10 月。

为害　重度为害冬小麦田。

12. 播娘蒿

名称（附学名）　*Descurainia sophia*（L.）Webb. ex Prantl

科属地位　十字花科播娘蒿属。

形态特征　一年生草本，高 20~80cm，有毛或无毛，毛为叉状毛，以下部茎生叶为多，向上渐少。茎直立，分枝多，常于下部成淡紫色。叶为 3 回羽状深裂，长 2~15cm，末端裂片条形或长圆形，裂片长 2~10mm，宽 0.8~2mm，下部叶具柄，上部叶无柄。花序伞房状，果期伸长；萼片直立，早落，长圆条形，背面有分叉细柔毛；花瓣黄色，长圆状倒卵形，长 2~2.5mm，或稍短于萼片，具爪；雄蕊 6 枚，比花瓣长 1/3。长角果圆筒状，长 2.5~3cm，宽约 1mm，无毛，稍内曲，与果梗不成 1 条直线，果瓣中脉明显；果梗长 1~2cm。种子每室 1 行，种子形小，多数，长圆形，长约 1mm，稍扁，淡红褐色，表面有细网纹。

生活习性（生长环境）　生长于山地草甸、沟谷、村旁、田野及农田。

发生季节　花期 4—5 月。

为害　重度为害冬小麦田。

13. 麦瓶草

名称　*Silene conoidea* L.

科属地位　石竹科蝇子草属。

形态特征　一年生草本，高 20~60cm，全株被腺毛。主根圆柱细长。茎直立，节明显而膨大，叉状分枝。基生叶匙形；茎生叶对生，椭圆披针形或披针形，长 5~8cm，宽 5~10mm，先端钝尖，基部渐窄，全缘。花两性；1~3 朵成顶生及腋生聚伞花序，花梗细长；花萼长锥形，上端窄缩，下部膨大，有 30 条明显细脉，先端 5 齿裂；花瓣 5，粉红色，三角倒卵形，长于萼，喉部有 2 鳞片；雄蕊 10；子房上位，花柱 3，细长。蒴果卵形，3~6 齿裂或瓣裂，包围于长锥形宿萼中。种子肾形，有成行的瘤状突起，以种脐为圆心，整齐排列成数层半环状。

生活习性（生长环境）　常生于麦田中或荒地草坡。喜冷凉、潮湿、阳光充足环境。耐北方严寒而不耐酷暑，生长最适温度 15~20℃。怕干旱和积水，喜高燥、疏松肥沃、排水佳的沙壤土。

发生季节　花期 4—5 月，果期 5—6 月。

为害　重度为害冬小麦田。

14. 鹅不食

名称　*Centipeda minima*

科属地位　菊科石胡荽属。

形态特征　一年生小草本。茎多分枝，高 5~20cm，匍匐状，微被蛛丝状毛或无毛。叶互生，楔状倒披针形，长 7~18mm，顶端钝，基部楔形，边缘有少数锯齿，无毛或背面微被蛛丝状毛。头状花序小，扁球形，直径约 3mm，单生于叶腋，无花序梗或极短；总苞半球形；总苞片 2 层，椭圆状披针形，绿色，边缘透明膜质，外层较大；边缘花雌性，多层，花冠细管状，长约 0.2mm，淡绿黄色，顶端 2~3 微裂；盘花两性，花冠管状，长约 0.5mm，顶端 4 深裂，淡紫红色，下部有明显的狭管。瘦果椭圆形，长约 1mm，具 4 棱，棱上有长毛，无冠状冠毛。

生活习性（生长环境）　常生于路旁、荒野阴湿地。

发生季节　小麦返青时，花果期 6—10 月。

为害　轻度为害冬小麦田。

15. 麦家公

名称　*Lithospermum arvense*

科属地位　紫草科紫草属。

形态特征　一年生草本植物。株高 15~40cm。根稍含紫色物质。茎通常单一，基部或根的上部略带淡紫色。叶狭披针形或倒卵状椭圆形，顶端圆钝，基部狭楔形。聚伞花序生于枝上部，花有短柄，花萼裂片线形，花冠白色，外面有毛，喉部无鳞片。小坚果灰白色，顶端狭，表面有瘤状突起。

生活习性（生长环境）　该杂草适应性广，对土壤要求不严，耐干旱，耐土壤贫瘠，在 pH 值 5.6~9 土壤中均能生长，耐盐碱性较强。春、秋季均能出苗。秋季出的苗可以越冬，至翌年 2 月底即能返青，4 月上旬至 5 月上旬开花，5 月下旬至 6 月下旬结实并成熟，果熟后植株很快枯死；春季出的苗一般于 7 月中旬种子才能成熟。

发生季节　小麦孕穗期开花。

为害　重度为害冬小麦田。

16. 荠菜

名称　*Canelina bursa-pastoris*（Linn.）Medic.

科属地位　十字花科荠属。

形态特征　一年或二年生草本。高 10~50cm，无毛、有单毛或分叉毛；茎直立，单一或从下部分枝。基生叶丛生呈莲座状，大头羽状分裂，顶裂片卵形至长圆形，侧裂片 3~8 对，长圆形至卵形，顶端渐尖，浅裂或有不规则粗锯齿或近全缘；茎生叶窄披针形或披针形，基部箭形，抱茎，边缘有缺刻或锯齿。总状花序顶生及腋生，萼片长圆形；花瓣白色，卵形，有短爪。短角果倒三角形或倒心状三角形，扁平，无毛，顶端微凹，裂瓣具网脉；种子 2 行，长椭圆形，浅褐色。

生活习性（生长环境） 荠菜属于耐寒性作物，喜冰凉的气候，在严冬也能忍受零下的低温。生长周期短，叶片柔嫩，需要充足的水分，最适宜的土壤湿度为 30%~50%，对土壤要求不严格，一般在土质疏松、排水良好的土地中就可以种植，但以肥沃疏松的黏质土壤较好。土壤酸碱度以 pH 值 6~6.7 为宜，需要充足的氮肥和日照，忌多湿雨天气。

发生季节 小麦播种后出苗。小麦返青后继续生长，并抽薹开花，到麦收前种子成熟。

为害 重度为害冬小麦田。

17. 节节麦

名称 *Aegilops tauschii*

科属地位 禾本科山羊草属。

形态特征 一年生草本，秆高 20~40cm。叶鞘紧密包茎，平滑无毛而边缘具纤毛；叶舌薄膜质，长 0.5~1mm；叶片宽约 3mm，微粗糙，上面疏生柔毛。穗状花序圆柱形，含（5）7~10（13）个小穗；小穗圆柱形，长约 9mm，含 3~4（5）小花；颖革质，长 4~6mm，通常具 7~9 脉，或可达 10 脉以上，顶端截平或有微齿；外稃披针形，顶具长约 1cm 的芒，穗顶部者长达 4cm，具 5 脉，脉仅于顶端显著，第一外稃长约 7mm；内稃与外稃等长，脊上具纤毛。

生活习性（生长环境） 节节麦耐干旱，适应性强。

发生季节 花果期 5—6 月。

为害 局部为害较重。

18. 灰绿藜

名称 *Chenopodium glaucum* L.

科属地位 藜科藜属。

形态特征 一年生草本植物，高可达 40cm。茎平卧或外倾，具条棱及绿色或紫红色色条。叶片矩圆状卵形至披针形，肥厚，先端急尖或钝，基部渐狭，边缘具缺刻状牙齿，上面无粉，平滑，下面有粉而呈灰白色，有稍带紫红色；中脉明显，黄绿色；花两性兼有雌性，通常数花聚成团伞花序，再于分枝上排列成有间断而通常短于叶的穗状或圆锥状花序；花被裂片浅绿色，稍肥厚，通常无粉，狭矩圆形或倒卵状披针形，花丝不伸出花被，花药球形；果皮膜质，黄白色。种子扁球形。

生活习性　生于农田、菜园、水边等有轻度盐碱的土壤上。

发生季节　5—10 月开花结果。

为害　麦田常见杂草，影响麦子产量和品质。

19. 问荆

名称　*Equisetum arvense* L.

科属地位　木贼科问荆属。

形态特征　小型或中型蕨类。根茎斜升，直立和横走，黑棕色，节和根密生黄棕色长毛或光滑无毛。地上枝当年枯萎。枝二型。能育枝春季先萌发，高 5~35cm，中部直径 3~5mm，节间长 2~6cm，黄棕色，无轮茎分枝，脊不明显，要密纵沟；鞘筒栗棕色或淡黄色，长约 0. 8cm，鞘齿 9~12 枚，栗棕色，长 4~7mm，狭三角形，鞘背仅上部有一浅纵沟，孢子散后能育枝枯萎。

不育枝后萌发，高达 40cm，主枝中部直径 1. 5~3mm，节间长 2~3cm，绿色，轮生分枝多，主枝中部以下有分枝。脊的背部弧形，无棱，有横纹，无小瘤；鞘筒狭长，绿色，鞘齿三角形，5~6 枚，中间黑棕色，边缘膜质，淡棕色，宿存。侧枝柔软纤细，扁平状，有 3~4 条狭而高的脊，脊的背部有横纹；鞘齿 3~5 个，披针形，绿色，边缘膜质，宿存。孢子囊穗圆柱形，长 1. 8~4cm，直径 0. 9~1cm，顶端钝，成熟时柄伸长，柄长 3~6cm。

生活习性（生长环境）　对气候、土壤有较强的适应性。喜湿润而光线充足的环境，生长适温白天为 18~24℃，夜间 7~13℃，要求中性土壤。

发生季节　6—9 月。

为害　不易清除，可轻为害部分麦田。

20. 苣荬菜

名称　*Sonchus arvensis* L.

科属地位　菊科、苦苣菜属。

形态特征　多年生草本植物。根垂直直伸，茎直立，高可达 150cm，有细条纹，基生叶多数，叶片偏斜，半椭圆形、椭圆形、卵形、偏斜卵形、偏斜三角形、半圆形或耳状，顶裂片稍大，长卵形、椭圆形或长卵状椭圆形；头状花序在茎枝顶端排成伞房状花序。总苞钟状，苞片外层披针形，舌状小花多数，黄色。瘦果稍压扁，长椭圆形，冠毛白色。

生活习性（生长环境）　生于山坡草地、林间草地、潮湿地或近水旁、村边或河边砾石滩。

发生季节　1—9月开花结果。

为害　为麦田难除杂草。

（二）防除措施

1. 非化学控草技术

种子精选　通过对种子进行过筛、风扬、水选等措施，汰除杂草种子，控制杂草的远距离传播与为害。

深翻整地　通过深翻将前年散落于土表的杂草种子翻埋于土壤深层，使其不能萌发出苗，同时又可防除苦荬菜、刺儿菜、田旋花、芦苇、扁秆藨草等多年生杂草，切断其地下根茎或将根茎翻于表面暴晒使其死亡。

轮作倒茬　不同的作物有着不同的伴生杂草或寄生杂草，这些杂草与作物的生存环境相同或相近，采取科学的轮作倒茬，改变种植作物则会改变杂草生活的外部生态环境条件，可明显减轻杂草的为害。

清除杂草　麦田四周的杂草是田间杂草的主要来源之一，通过风力、流水、人畜活动带入田间，或通过地下根茎向田间扩散，通过人工拔除杂草，可避免新一代杂草种子侵染田间。

生物防治　利用尖翅小卷蛾防治扁秆藨草等已在实践中取得应用效果，今后应加强此种防治措施的发掘利用，尤其是对某些恶性杂草的防治将是一种经济而长效的措施。

2. 化学防除

麦田化学除草要根据不同草相选择对路药剂品种，重视土壤封闭技术的普及，合理使用茎叶喷雾药剂，做到科学开展化学除草。

土壤封闭除草技术　小麦田土壤封闭除草技术具有耐雨水冲刷、不易产生抗药性、对作物安全、可将杂草消灭在苗前或幼苗期等优点。要求在播后开沟覆土盖籽后半个月内抢墒情及早施用土壤封闭处理剂，除草剂可选用异丙隆、吡氟酰草胺、乙草胺复配剂等药剂。喷施土壤封闭除草剂时用水量要适当加大，以450~600kg/hm^2用水量为宜。如使用50%苯磺·异丙隆可湿粉或50%异丙隆可湿粉均匀喷雾。对已有杂草明显发生的麦田，使用50%苯磺·异丙隆或50%异丙隆另加6.9%精噁唑禾草灵（骠马）浓乳剂或加15%炔草酯可湿粉一起混喷。用药时间要抢早，在气温高、草龄小、墒情好的情况下施药可提高除草效果。

茎叶喷雾除草技术　小麦田茎叶喷雾除草技术是见草打药，具有较强针对性的优点，但施药易受阴雨天气影响、药液易被雨水冲刷等不足。可选用的药剂有精噁唑禾草灵、唑啉草酯·炔草酸、氟唑磺隆、氯氟吡氧乙酸、2甲4氯、唑草·苯磺隆、双氟·唑草酮、双氟·氯氟吡、环吡·异隆、氟吡·双唑酮等。喷施茎叶处理除草剂时用水量要适中，水量太大易造成流失，水量太小易导致喷雾不匀，以300~450g/hm^2用水量为宜，并可针对不同的草相展开针对性防除。

禾本科草多的草龄3叶左右的农田，可在晴暖天气使用6.9%精噁唑禾草灵（骠马）乳油均匀细喷雾。禾草草龄大5叶左右，使用50g/L唑啉草酯·炔草酸（大能）或15%炔草酯（麦极）或5%唑啉草酯（爱秀）等高效茎叶处理药剂进行化学除草。

阔叶草多的田，使用20%使它隆乳油或20%锐超麦水分散粒剂均匀喷雾。

禾本科草、阔叶草均多的田，可以用骠马和使它隆或锐超麦混喷（注意锐超麦不可与爱秀、大能混用，可以和骠马、麦极混用）。

“封杀结合”除草技术　小麦田“封杀结合”除草技术是前期封闭处理与后期茎叶处理相结合的除草技术，即在小麦播种后至杂草幼苗期，使用土壤封闭除草剂，将杂草消灭在萌芽状态，在作物生长早期根据田间残留杂草种类选择茎叶喷雾除草剂进行杀灭；或使用具有封杀双重作用的除草剂防除杂草的技术。“封杀结合”除草技术可选用的药剂有吡酰·异丙隆、异隆·丙·氯吡、氟噻·吡酰·呋、二磺·甲碘隆、甲基二磺隆、啶磺草胺等。

第二节　非生物胁迫及其应对

一、水分胁迫

（一）水分胁迫研究

在江淮平原小麦种植和生长季节，一般无水分亏缺现象。在水分管理上，应该采取相应措施应对渍涝现象。向永玲等（2019）针对长江中下游弱筋小麦产区中后期涝渍害严重的现象，研究了涝害对弱筋小麦生长生理与产量的影响。以扬麦13、扬麦15、扬麦22和糯小麦4个弱筋小麦品种为试验材料，研究灌浆期人工模拟涝害对小麦株高、顶三叶SPAD值（涝害指数）及产量的影响。结果表明，①灌浆期涝害对小麦株高无显著影响。

②涝害后，小麦顶三叶 SPAD 值较对照下降，涝害时间越长，下降程度越大；不同叶位叶片涝害后下降差值差异显著，下叶位下降值大，涝害后恢复7d，上叶位 SPAD 值较对照差值明显增加，涝害后下叶位叶片先受害，而后向上叶位叶片扩展。③小麦灌浆期涝害旗叶、倒二叶及倒三叶间较对照差值有显著差异，倒三叶 SPAD 值涝害指数与产量涝害指数极显著相关，且相关性最大（$r=0.9895$），倒三叶叶片 SPAD 值为灌浆期涝害程度的指示叶位。④在涝害 7d 胁迫下，4 个弱筋小麦品种的产量均显著降低，扬麦 22 对涝害最敏感，涝害 7d 产量较对照减少 3.6g/株，降幅最大，达 39.4%。扬麦 22 和扬麦 15 涝害敏感期在涝害 5d 以下，扬麦 13 和糯小麦涝害敏感期为涝害 7d。⑤不同品种灌浆期涝害对产量因子的影响不同，扬麦 13 属于千粒重降低型品种，糯小麦是穗粒数降低型品种，扬麦 15 是穗粒数和千粒重双因子降低型品种，扬麦 22 是有效穗、穗粒数和千粒重三因子降低型品种。试验结论得到灌浆期涝害对小麦株高无显著影响；用 SPAD 值涝害指数可以衡量灌浆期小麦涝害程度，指示叶位为倒三叶；扬麦 22 对涝害最敏感，涝害 7d 产量降幅最大，扬麦 22 和扬麦 15 涝害敏感期在涝害 5d 以下，扬麦 13 和糯小麦涝害敏感期为涝害 7d。

李朝苏等（2015）研究了四川地区不同生育时期渍水对稻茬小麦生长和产量形成的影响。以川麦 104 和内麦 836 为研究对象，分别在小麦苗期、拔节期、孕穗期和灌浆期进行 35d 的渍水处理，测定了花后旗叶叶绿素含量（SPAD 值）、叶绿素荧光参数和籽粒灌浆参数，以明确不同生育期渍水对小麦光合特性及籽粒灌浆的影响。结果表明，随时间推移，花后 0~25d，两品种的 SPAD 值和叶绿素荧光参数（Fv/Fm、Fv/Fo、ΦPSⅡ、qP 和 NPQ）变化不大；到花后 35d，SPAD 值、Fv/Fm、Fv/Fo 和 ΦPSⅡ急剧下降，NPQ 明显上升。渍水处理对花后 15d 和 25d 的 SPAD 值和多数叶绿素荧光参数无显著影响；花后 35d，分蘖期渍水和灌浆期渍水的 SPAD、Fv/Fm、Fv/Fo、ΦPSⅡ和 qP 显著高于对照，NPQ 则显著低于对照。分蘖期渍水和灌浆期渍水对粒重及籽粒灌浆进程影响较小，拔节期渍水和孕穗期渍水显著提高了灌浆速率，缩短了灌浆持续时间，粒重较低。粒重与 SPAD 值呈显著正相关，粒重和 SPAD 值均与灌浆速率无相关性，但与灌浆持续时间（有效灌浆期和活跃灌浆期）、尤其灌浆中后期（快增期和缓增期）长短呈显著正相关。“川麦 104”在灌浆期均表现出较高的 SPAD 值、Fv/Fm、Fv/Fo、ΦPSⅡ和 qP。结果表明，分蘖期渍水和灌浆期渍水对旗叶花后光合能力及灌浆进程影响较小，在四川稻茬小麦栽培管理中，应重视拔节期和孕穗期渍害的排除，以保证花后较高的光合能力及较长籽粒灌浆时间，从而保证较高粒重。

谢迎新等（2015）为给稻茬小麦水肥优化管理提供对策，以国审小麦品种兰考198为供试材料，连续两年在河南信阳研究了水（正常和渍水）、氮（$0kg/hm^2$、$225kg/hm^2$ 和 $300kg/hm^2$）处理对小麦产量和品质的影响。结果表明，水氮处理对小麦产量与品质性状的影响表现为氮>水>水×氮。施氮处理可显著提高小麦穗数、穗粒数、产量、籽粒容重、蛋白质含量、湿面筋含量、沉降值，对千粒重影响不大。渍水处理降低了小麦籽粒产量、蛋白质含量、湿面筋含量、沉降值，但两种水分处理间差异不显著；渍水对产量构成三因素的影响也因年降水量的不同有所差异，对籽粒容重无显著影响。因此，在当前土壤水分含量相对较高的豫南稻茬麦区，氮肥仍是决定小麦籽粒产量与品质性状的关键因素。

部分学者就南北过渡地带稻茬小麦的栽培提出，渍害发生后最先为害植物的根系，使其生理机能下降，导致根系生理活性降低，吸收水分和养分的能力以及合成力亦均减弱。各生育期渍水对小麦的穗数、粒数、粒重等均会有一定的影响，从而降低了产量。播种期连阴雨易形成烂耕烂种，土壤板结，透气不良，种子霉烂，丧失发芽能力，导致田间出苗率降低；苗期湿害导致麦苗发黄、叶尖黄花、根呈暗褐色，分蘖期推迟或不分蘖形成独秆；拔节期和抽穗期导致小穗数和小花数减少，分蘖大量死亡，无效分蘖增多；灌浆期和成熟期会导致田间湿度增加，病害（赤霉病、锈病、白粉病）的蔓延，导致减产，收获期若遇连阴雨会造成穗发芽，不仅影响籽粒品质，同时影响小麦贮存及下年度的播种质量，对小麦生产造成较大损失。因此，叶片黄花是小麦对渍害的重要反应之一，小麦受渍害后植株叶片从下到上开始枯黄，导致绿叶面积和绿叶片数减少，影响最终籽粒产量。无论何时渍水，以及渍水时间的长短均对粒重和产量有所影响。

（二）应对措施

渍害是由于地下水位过高和耕作层水分过多所致，因此渍害防治的关键是治水。降低河网水位可加大麦田与河网的水位差，利于加速排除田间“三水”。河床水位应该比小麦各生育期的地下水位低0.2m左右；同时，修好田间排水沟及时排水是非常重要的防御措施。形成一个完整的排水体系，开好四沟（厢沟、腰沟、边沟、田际间排水沟）配套，做到沟沟相通，一级比一级深，达到雨水过多时，不仅田间积水能顺利排出，而且耕层盈余水也能渗出，雨止田干；再次，选育耐湿性较强的品种，可以有效防治湿害造成的小麦减产，有针对地推广耐湿性和产量、品质、效益等方面的研究，为生产解决部分问题；最后，应改进耕作措施。深耕深松，加深犁底层，降低耕层水分；增施有机肥，合理施肥，促进根系生长，提高抗渍能力；调整播期，躲过渍害高发期；针对黏重土壤，增加其有机质和孔隙度，采取深耕晒田、秸秆还田等措施，改良土壤结构，提高通透性。

二、灾害性天气

（一）灾害性天气类型

耿成钢等（2010）指出，在全球气候变化较大的环境影响下，小麦在生长期受突发气象灾害影响的状况越来越突出。根据农业气象统计数据，小麦易遭受干旱、洪涝、暴雨、连阴雨、冷害、高温、大风、龙卷风和干热风等 9 种农业气象灾害影响。江苏地区在小麦生长期的气象灾害主要为暴雨、连阴雨、大风和龙卷风。

1. 晚霜冻害

王振学（2015）提到晚霜冻害与种植的品种、播种早晚、土壤墒情、肥力高低有密切关系，返青拔节提前的品种、播种过早、土壤墒情差、氮肥施用量大的地块晚霜冻害严重。

晚霜冻害是冬小麦整个生长发育过程中遭遇的最严重的农业灾害之一。晚霜冻害严重时，会使冬小麦大面积小穗受伤甚至死亡，降低产量。对晚霜冻害的准确评估是有效风险区划、高效防灾减灾的工作基础。朱虹晖（2018）为了揭示气象因子对晚霜冻害的影响规律，建立更客观准确的晚霜冻害评估模型，为高效防灾减灾奠定基础，以河南省为研究区域，通过对1964—2014 年统计年鉴收录的实际霜冻害结合相关性分析、K-mean 聚类分析等方法，探究实际霜冻害的气象影响规律。利用现有的草面温度数据及实际霜冻害相关气象因子，利用向前逐步回归方法建立基于多气象因子草面温度模型。模型结合最低叶温霜冻害指标，可以对尚未普及草面温度观测的地区进行更为准确、客观的晚霜冻害评估。得出：①基于实际霜冻害分析，轻度实际冻害对前期热量因子较为敏感，冻时天气条件为日较差大，日照时数较大，相对湿度较小，风速较低，为辐射型冻害特征。重度实际冻害则对前期水分因子较为敏感。其冻时天气条件有两种，一种为相对湿度偏高，气温日较差和日照时数皆偏低，平均风速偏小，为混合型霜冻特征；另一种与轻度实际霜冻害的冻时气象条件相同。总体上，前期气象条件对实际霜冻害的影响较弱，实际霜冻害的发生以冻时天气条件为主。②利用晴天草面温度模型、阴雨天草面温度模型及最低叶温霜冻害指标，建立多气象因子晚霜冻害评估模型。用自动观测站的最低草面温度及相关气象数据，以 x_1 日较差、x_2 降水、x_3 日照时数、x_4 日平均风速、x_5 日相对湿度和 x_6 日最低气温为模型自变量，分别建立晴天和阴雨天多气象因子草面温度模型。模型具体如下：晴天草面温度模型 $y=-755-0.102x_1+0.433x_4+0.055x_5+0.96x_6$；阴雨天草面温度模型 $y_{\text{rain}}=-806+0.98x_4+0.55x_5+0.94x_6$，两个模型都通过 F 检验且回归结果显著。多气象因子晚霜冻害评估模型结果表明，模型报对次数占实际次数百分比的 871%。区分晴、阴雨天的多气象因子晚霜冻害评估模型的报对次数相对于最低气温指标有了明显提高，评估准确率提高了 93%。可见，利用区分晴天、阴雨天的草面温度模型可以提高草面温度估算精度，结合最低叶温的晚霜冻害指标，能有效提高晚霜冻害评估精度。

2. 冬前低温

冬前冻害指在越冬期小麦植株遭遇低温而发生生理死亡。通常有两种类型：一是在低温条件下，植株体内细胞间隙结冰，由于成冰时结晶引力将细胞内水分吸出，胞质浓度增大或脱水凝固，麦苗因发生生理干旱而死亡；二是当温度骤然下降时，细胞原生质直接结冰，其胶体结构被破坏，一般不能再恢复生长。汤新海等（2008）年认为一方面小麦冻害和播种期有关播种期早，土壤水分足，部分地块旺长，使小麦冬前拔节，有机物的积累减少，抗寒能力降低。另一方面是品种的选择春性品种较严重，半冬性品种较轻。姜丽娜等（2013）以周麦 18、周麦 21、新麦 208 和偃展 4110 共 4 个品种为材料，研究了越冬期低温对冬小麦叶片生理特性的影响。结果表明：随胁迫温度的降低，小麦叶片可溶性糖含量、可溶性蛋白含量、游离脯氨酸含量呈先升后降变化趋势，其含量随温度变化曲线均可用三次函数方程进行拟合；叶片 SOD 活性呈先升后降变化趋势，叶片 MDA 含量持续上升，其含量随温度变化曲线可用二次函数方程进行拟合；叶片 POD 活性的动态变化表现出品种间差异，随温度的降低，周麦 21 叶片 POD 活性持续降低，而周麦 18、新麦 208 和偃展 4110 则持续增加。在测定的 6 个生理指标中，脯氨酸含量和 MDA 含量在 4 个品种间变化趋势一致，可以作为反映越冬期冬小麦应对低温响应能力的抗性指标。

3. 倒春寒

在小麦生长发育过程中一旦出现春季低温胁迫，小麦的单株产量会明显下降，同时籽粒的品质也会发生改变。此时小麦正处于拔节期至孕穗期，低温会使由茎秆传输至叶片的同化物含量减少，从而导致干物质的积累量减少，最终降低产量。路玉彦等发现，大麦经低温处理后，其花器官生长受到负面影响，花药变小，可育小花数下降，不育花粉数增加，穗部结实率降低；低温处理在颖果发育后期也具有影响，当营养组织中的物质大量消耗之后，营养物质的运输速率开始减缓，最终导致籽粒低于正常处理。李玉刚等研究发现，孕穗期低温会导致冬小麦籽粒看起来干瘪，粒宽减少，千粒重降低。

余徐润等（2020）为了探明春季低温（倒春寒）导致小麦减产的细胞学机理，以扬麦 15 为材料，在小麦幼穗处于雌雄蕊分化期至药隔期之间时，设置-3℃低温处理，通过树脂半薄切片对颖果不同发育时期的形态结构进行观察。结果表明，①在颖果发育早期，低温促进了颖果的长度生长，抑制了宽度生长。与对照相比，低温处理组小麦颖果发育进程缩短。②低温处理组颖果果皮发育早，中果皮降解速度快。③低温处理增加了胚乳淀粉体的积累量，降低了蛋白体的积累量，发育后期胚乳充实度显著低于对照组。④与对照相比，低温处理后颖果韧皮部面积和珠心突起传递细胞面积增大。以上结果表明，春季低温处理更有利于养分运输组织的发育，使得灌浆时间缩短，最终导致淀粉积累量增加及颖果早熟。

4. 花后阴雨寡照

江淮稻茬麦区在小麦开花后常受阴雨寡照的影响，且小麦生产中存在群体过大，小麦生育后期群体内光照不足等问题，严重影响了小麦的产量和籽粒的品质。汪敏等（2020）针对长江中下游小麦开花期常遇连阴雨导致减产的现象，研究阴雨寡照对小麦籽粒淀粉合成和干物质积累的影响。选用长江中下游小麦主栽品种“扬麦 18”（受渍迟钝型）和“皖麦 52”（受渍敏感型）为试验材料，在小麦开花后设置 7d、11d 和 15d 的渍水遮阴处理，研究渍水遮阴对小麦籽粒发育过程中淀粉合成相关酶活性及淀粉、干物质积累的影响。结果表明，渍水遮阴处理后，小麦籽粒中腺苷二磷酸葡萄糖焦磷酸化酶（AGPase）、可溶性淀粉合成酶（SSS）和结合态淀粉合成酶（GBSS）活性在灌浆前期（花后 10~15d）与对照差异不显著，随着灌浆进程的推进，渍水遮阴处理与对照之间差异增大。灌浆中期（花后 20d）小麦籽粒中 AGPase 和 SSS 活性达到峰值时，渍水遮阴处理 11d、15d 的“扬麦 18”和“皖麦 52”籽粒中 AGPase 活性分别较对照下降 1%、10%和 11%、24%，SSS 活性则下降 5%、11%和 9%、32%，且渍水遮阴处理 11d 和 15d 的小麦籽粒中 SSS 和 GBSS 活性在灌浆后期显著低于对照。用 Logistic 方程分别拟合籽粒淀粉和干物质的积累，花后渍水遮阴处理缩短了籽粒灌浆缓增期，降低了小麦籽粒灌浆的平均速率、淀粉积累的最大速率及平均速率，减少了籽粒淀粉和干物质的积累量。同时，渍水遮阴处理降低了小麦穗粒数和千粒重，使产量显著下降。随着渍水遮阴处理时间的延长，小麦籽粒中淀粉合成相关酶活性、干物质积累量及产量的下降幅度越大。迟钝型品种“扬麦18”各指标的下降幅度均小于敏感型品种“皖麦52”。小麦开花后渍水遮阴处理降低了籽粒中AGPase、SSS和GBSS活性，不利于籽粒淀粉合成及干物质的积累，导致产量下降显著。

李刘龙等（2020）为了了解长江中下游地区小麦生长期间连阴雨弱光逆境灾害天气，以来自湖北、安徽、江苏、河南等省的48个小麦品种作为供试材料，在小麦灌浆期利用遮阴网进行遮光处理，分析遮光处理（AS）与不遮光处理（对照）不同小麦品种生物量、产量及其构成因素的差异，并进行耐弱光性聚类分析，筛选弱光适应性小麦主栽品种。结果表明，灌浆期遮光处理所有小麦品种生物量、产量、千粒重、穗粒数均呈降低趋势，而且降低幅度因品种而异，产量降低幅度高于生物量、千粒重、穗粒数；灌浆期遮光处理植株秸秆干质量占比增大，穗粒数和千粒重与产量均呈极显著正相关，穗粒数、千粒重、产量均受品种、遮光极显著影响，穗粒数和千粒重的降低是遮光导致产量降低的主要因素；生物量降低幅度、秸秆干质量占比增加幅度、千粒重降低幅度及三者之和均与产量降低幅度呈显著正相关，以上述指标进行耐弱光性聚类分析将参试小麦品种主要分为三大类，即弱光敏感型、中间型和弱光钝感型，其中弱光钝感型品种有襄麦56、襄麦D31、南农0686、襄麦55、皖西麦0638、郑麦9023、扬麦22、郑麦7698、皖科06290、漯麦6010、荆州102、阜麦8号、农大195、扬麦158、阜麦9号，这些品种可以作为弱光适应性小麦主栽品种。

顾温倩等（2013）以弱筋小麦品种扬麦15号为试材，通过设定花后3个光照强度（光照强度分别为自然光强的50%、34%和16%）和4个弱光持续时间（2d、4d、6d和8d）的遮阴处理试验，模拟连阴雨天气诱发的弱光逆境对弱筋小麦产量构成因素和籽粒品质的影响。在定量分析弱光逆境对弱筋小麦产量构成因素和氮素累积影响的基础上，确定其与籽粒品质指标的函数关系，将这些函数关系与前期建立的弱光对小麦干物质生产影响模拟模型相结合，建立花后弱光逆境对弱筋小麦产量构成因素和籽粒品质影响的模拟模型，并使用独立试验数据对模型进行检验，为弱光天气事件对优质弱筋小麦生产的不利影响提供了灾损评估模型工具。

陈二影等选用不同穗型和筋型的两品种，通过设置花后不同时期遮光、不同强度遮光和氮肥调节措施，从农艺、生理和生化性状上系统研究花后弱光对小麦籽粒产量和蛋白质品质的影响及其生理基础。进一步明确花后弱光下，小麦生长发育的生理生化的变化，阐明了通过调节氮肥施用时期缓解这种不利影响的作用途径及生理、生化机制。具体表现为小麦籽粒花后不同时期遮光均提高了两不同筋型小麦品种籽粒蛋白质及各组分的含量；小麦花后轻度遮光通过小麦自身的补偿机制提高了两穗型小麦品种的籽粒产量，而中度和重度遮光均则显著降低了籽粒产量。小麦花后不同强度遮光均显著降低了花后干物质的积累，且随遮光强度的提高，花后干物质降低的幅度增大，两品种表现趋势一致。小麦花后中度和重度遮光均显著提高了花前同化物质向籽粒中的转运及对籽粒的贡献，而小麦花后轻度遮光处理则提高了花后小麦花后同化物质的积累及对籽粒的贡献；在小麦生产中增加小麦生育期氮肥的基追比例能显著提高小麦的单穗粒数和籽粒产量，但对单位面积的穗数无显著影响。说明通过提高小麦生育期氮肥的基追比例，特别是在孕穗期追施氮肥均显著提高小麦单穗的粒数和籽粒产量，缓解遮光对小麦籽粒产量的不利影响。

5. 干热风

丁霞等（2005）介绍了干热风是小麦开花至灌浆成熟期间时常出现的一种高温、低湿并伴有一定风力的农业气象灾害。一般年份可造成小麦减产10%~20%，偏重年份可减产30%以上。干热风是由于高温低湿的剧变和持续作用造成了大量蒸发的条件。如未采取有效的防御措施，就会强烈破坏小麦的水分平衡和光合作用，导致对小麦植株体的胁迫伤害。干热风对小麦的为害，除了茎叶枯干、降低对光能的利用外，主要是缩短灌浆过程，降低千粒重，迫使小麦提前成熟。小麦开花灌浆期是受干热风为害的关键时期，特别是在乳熟期小麦对干热风最为敏感。

6. 高温逼熟

高温逼熟主要发生在灌浆期。为了了解灌浆期“高温逼熟”效应，姚仪敏等（2015）采用新近发明的田间可移动式增温设施，在大田条件下于开花后对小麦进行了连续21d 的“偏高”温度处理（冠层平均增温5.6℃），并调查高温胁迫下小麦籽粒结实和品质的变化及与氮素营养的关系。结果表明，高温胁迫后，在施氮 0kg/hm^2、135kg/hm^2、180kg/hm^2 和 225kg/hm^2 条件下，小麦穗粒数较对照（自然温度）分别为 6%、10.7%、11.3%、11.6%，千粒重分别下降 15.7%、18.9%、23.5%、15.7%；籽粒蛋白质含量分别增加了 22.4%、27.5%、28.3%、19.6%，湿面筋含量和沉降值分别提高了 14.6%、17.1%、17.7%、18.1%和 23.4%、17.5%、29%、21.8%，面团的形成时间和稳定时间分别延长了 12.1%、259.5%、398.2%、322.6%和 172.2%、232.5%、220.1%、72.2%。高温与施氮的互作效应只在蛋白质含量、吸水率、面团形成时间和稳定时间上达到显著或极显著水平，适量施氮会增强高温对蛋白质含量、面团形成时间和稳定时间的提高作用，减弱高温对吸水率的降低效应。可见，开花后连续高温对小麦籽粒结实和粒重产生负面影响，但对品质具有一定的改善效应。

杨国华等（2009）研究结果表明，春小麦灌浆期高温胁迫下旗叶叶绿素含量、千粒重、穗粒重均下降，不同品种（系）下降幅度差异较大；从灌浆期到成熟期高温胁迫下春小麦旗叶叶绿素含量降幅明显高于常温。高温胁迫和常温下春小麦旗叶叶绿素含量与千粒重、穗粒重均呈不显著的正相关。

宋维富等（2017）为了明确灌浆期不同阶段短暂高温胁迫对春小麦籽粒生长的影响，以强筋春小麦品种龙麦 26 和龙麦 30 为试材，在人工气候室（25℃/15℃）精确控温和人工温室形成绝对高温胁迫的条件下，分析了灌浆期不同阶段 5d 短暂高温胁迫对粒重的影响。结果表明，在灌浆期不同阶段短暂高温胁迫处理中，两个小麦品种均表现为：前期高温胁迫对粒重影响最大，达极显著水平（$P<0.01$）；随着高温胁迫处理时期的后移，粒重降低幅度逐渐减小；后期（花后 25d）高温胁迫对粒重影响不显著。灌浆期缩短是导致粒重降低的主要原因，灌浆期短暂高温胁迫严重影响小麦产量。

代晓华等（2013）在盆栽条件下，探讨了花后不同时期高温对春小麦淀粉形成和产量的影响。结果表明，灌浆期高温使春小麦籽粒直链淀粉含量上升，支链淀粉含量下降，直支比增大，总淀粉降低显著，淀粉品质下降。花后高温导致春小麦籽粒质量降低，产量下降。因此，采取相应栽培技术缓解花后高温为害，可以在一定程度上提高宁夏春小麦的产量。

浦汉春于 2003—2005 年度，利用人工智能温室（温度控制误差±0.5℃，湿度控制误差±1%，光通量密度 0.08mol · m^2/s）控温控湿，研究花后不同时间高温对中筋小麦扬麦 12 号和弱筋小麦扬麦 9 号粒重、蛋白质及其组分含量和植株体内碳、氮代谢的影响，并初步探讨了不同生长调节物质对高温胁迫的预防及缓解效应，为小麦稳定优质高产栽培提供理论和实践依据。试验主要结果如下：①小麦开花至成熟前 25~40℃所有处理，粒重与单穗产量均低于常温对照，随着温度的升高粒重逐渐降低，以 40℃处理最低，处理间差异达极显著水平；开花后不同时期高温对小麦粒重的影响不同，在 25℃和 30℃条件下，花后 19~21d 的高温处理籽粒粒重和每穗产量最低，而在35℃和40℃条件下，花后6～8d的高温处理籽粒粒重和每穗产量最低，其次为花后19～21d高温处理，除花后1～3d和花后6～8d处理，籽粒灌浆速率与常温相比均有所升高，但各温度处理间灌浆速率差异小于灌浆历期的差异，说明高温胁迫对粒重的影响主要是灌浆期缩短，其次是才是灌浆速率的下降。夜温度相同，白天温度越高，小麦籽粒粒重越低，昼温相同，夜温越高，昼夜温差小，籽粒粒重低，相同温差条件下，温度高，粒重低。当土壤含水量为田间最大持水量65%～75%时，大气相对湿度由30%增至70%时，粒重随湿度增加而上升，以70%的条件下粒重最高，当超过70%，粒重下降；不同土壤湿度条件下，渍害的粒重最低，说明在小麦籽粒灌浆期间，大气和土壤高温高湿或高温低湿对小麦粒重影响最大。②在开花至成熟期，除扬麦9号1-3DAA、扬麦121-3DAA、6-8DAA25℃处理籽粒蛋白质含量低于常温下生长的小麦籽粒蛋白质含量外，不同时期、不同温度处理的籽粒蛋白质含量均高于常温对照。同一时期高温处理，随着温度的升高籽粒蛋白质含量增加，处理间差异达到显著水平；35℃和40℃高温处理的籽粒蛋白质含量均显著高于25℃、30℃处理。花后不同时期高温处理，以6-8DAA高温处理对籽粒蛋白质含量影响最大，不同处理时期之间差异达到显著或极显著水平。清蛋白、球蛋白、醇溶蛋白含量随着温度的升高呈先降低后升高的变化趋势，谷蛋白含量和谷/醇比值随着温度的升高而逐渐升高；昼温相同时，夜温高，籽粒蛋白质及其组分含量高，夜温相同，昼温高，籽粒蛋白质及其组分含量高，昼夜温差小，蛋白质含量高；籽粒蛋白质含量随着大气湿度降低而升高；清蛋白含量、球蛋白含量、醇溶蛋白和谷蛋白含量在50%大气湿度条件下最高，扬麦9号各蛋白质组分含量随着大气湿度升高而升高，扬麦12各蛋白质组分含量随着大气湿度升高而降低。③花后25～27d进行35℃的高温处理，高温处理期间，根系氮素含量在处理两天内降到最低值，叶片氮素含量在高温处理3d内降到最低值，茎鞘氮素含量在高温处理时先升高后降低，至成熟期茎鞘含氮量呈现40℃>35℃>30℃>25℃，在花后25～27d对小麦进行高温处理，根系、茎鞘可溶性糖含量在高温3d后降到最低值，颖壳、叶片可溶性糖含量在高温2d后降到最低值，高温处理后可溶性糖含量呈波浪形变化趋势。

（二）应对措施

针对晚霜冻害、冬前低温及倒春寒等，陈翔等（2020）介绍了相应的防御措施。主要有三个方面，①选育耐寒品种，搞好品种布局。不同基因型小麦品种对倒春寒的响应机制不同，其受为害程度也有轻重，选育耐寒品种是提高小麦抗倒春寒能力的根本途径。一般抗倒春寒能力强的小麦品种不孕小穗少、可孕小穗和小花多、花粉量大、柱头活性强，具有较强的灾后恢复能力。因此小花的生长发育情况和穗部结实率可作为评判小麦品种抗倒春寒能力的重要指标。此外，在实际生产中，应结合当地历年倒春寒发生的频率、强度以及茬口早晚情况，调整品种布局，做到冬性、半冬性和春性小麦品种的合理搭配种植。②适宜水肥管理。适宜的水肥管理能改善土壤的水肥条件，增强小麦对养分的吸收和利用，提高其抵抗倒春寒的能力，减轻倒春寒对生长发育的影响。氮磷钾肥合理配施不仅能改善小麦长势，还能推迟小麦的生育进程，从而有效地避开低温敏感期。在小麦拔节期遭遇低温前后施氮能有效缓解低温胁迫造成的伤害，低温前施氮能提高主茎的耐低温能力，低温后施氮则能降低效分蘖籽粒产量的降幅。③应用外源化学调控物质。低温胁迫能引起小麦植株内源激素含量和动态平衡的变化，应用外源化学调控物质对增强小麦的耐寒能力有重要作用。外源喷施 ABA 能通过重组小麦叶片叶绿体的超微结构，调控糖代谢相关酶基因的表达，增强小麦对低温的抵抗能力同时，外源施用 GA_3、茉莉酸甲酯（MeJA）和水杨酸（SA）也能提高小麦对低温的耐受能力。杨文钰等发现，在小麦孕穗前叶面喷施特效烯能增加穗粒数，缓解低温伤害。因此，应用外源化学调控物质来提高小麦抗寒能力也是缓解低温胁迫的有效手段。在大田生产中，应用外源化学调控物质与无人机飞防结合对防控倒春寒具有良好的发展应用前景。

戚尚恩等（2012）年介绍了干热风的相对防御对策，针对干热风对小麦的为害是热与干的综合作用。可以采取以下防御措施。一是在麦田降温增湿，二是增强小麦抗干热风能力。大量试验研究表明，干热风对小麦的伤害是在干热风持续数小时或 1d 以上时才会产生，而不是以秒或分计的“热冲击”伤害性质，这就给人们防御干热风提供了机会。第一，生物措施。林地能降温、增湿、减小风速。一般情况下，林内温度可降低 1~2℃，湿度提高 8%左右，风速减小 1~3m/s；干热风严重时效果更佳，增产在 10%以上。营造防风林，实行林粮间作，改善田间小气候，在较大范围内改变生态气候，能有效地防御或减轻干热风为害。第二，农业技术措施，包括三点：①选用抗干热风的小麦品种。根据干热风出现的规律，培育和选用抗干热风的优良品种，增强小麦抗御干热风的能力。②适时合理灌溉。通过灌溉保持适宜的土壤水分，增加空气湿度，可预防或减轻干热风为害。小麦开花后适时浇足灌浆水，若小麦生长前期天气干旱少雨，则应早浇灌浆水。灌浆至蜡熟期适时适量浇灌“麦黄水”，抑制麦田温度上升，延长灌浆期，增加小麦千粒重，达到防避干热风的目的。③改革耕作、栽培技术。通过改变作物布局、调整播种期，改进耕作和栽培技术，也能取得防避干热风的效果。第三，喷施微肥，主要有两点：①喷洒磷酸二氢钾。为了提高麦秆内磷钾含量，增强抗御干热风的能力，可在小麦孕穗期、抽穗期和扬花期，各喷 1 次 0.2%~0.4%的磷酸二氢钾溶液。每次喷 750~1 125kg/hm^2。但要注意，该溶液不能与碱性化学药剂混合使用。②喷施硼、锌肥。为加速小麦后期发育，增强其抗逆性和结实，可在 50~60kg 水中加入 100g 硼砂，在小麦扬花期喷施。或在小麦灌浆时，喷施 750~1 125kg/hm^2 的0.2%的硫酸锌溶液，可明显增强小麦的抗逆性，提高灌浆速度和籽粒饱满度。第四，化学防控。在小麦开花期和灌浆期，喷施 20mg/kg 浓度的萘乙酸或喷施浓度为 0.1%的氯化钙溶液，用液量为 750~1 125kg/hm^2，可增强小麦抗干热风能力。在孕穗和灌浆初期各喷洒 1 次食醋或醋酸溶液。用食醋 4 500g 或醋酸 750g，加水 600~750kg，喷洒 1hm^2 小麦。对干热风有很好的预防作用。

浦汉春（2005）提出高温处理前后喷施 KH_2PO_4、粉绣宁、硼砂、尿素等生长调节物质对高温胁迫有一定的预防和缓解效应，其预防效果好于缓解效果。不同物质对高温胁迫的预防和缓解效果不同，弱筋小麦花后喷施 KH_2PO_4 既可较好地防御和缓解高温胁迫，又有利于改善籽粒品质和提高产量。

本章参考文献

蔡永萍，陶汉之，张玉琼，2000. 土壤渍水对小麦开花后叶片几种生理特性的影响［J］. 植物生理学通讯（2）：110-113.

曹广才，王绍中，1994. 小麦品质生态［M］. 北京：中国科学技术出版社.

陈翔，林涛，林非非，等，2020. 黄淮麦区小麦倒春寒为害机理及防控措施研究进展［J］. 麦类作物学报，40（2）：113-120.

陈彦伟，2014. 河南省麦田杂草发生规律及综合防治技术［J］. 河南农业（7）：29.

陈永凡，于守荣，杜永，等，2018. 苏北地区禾谷类白粉病发生与小麦白粉菌越夏相关性的调查研究［J］. 农业科技通讯（12）：214-216.

代晓华，康建宏，邬雪婷，2013. 花后不同时期高温对春小麦淀粉含量和产量的影响研究［J］. 农业科学研究（4）：5-12.
戴启洲，2018. 沿海地区小麦赤霉病绿色防控技术运用［J］. 植物医生（12）：48-49.
丁霞，马晓群，郝莹，2005. 安徽省沿淮淮北干热风特征及其对冬小麦的影响［J］. 安徽农业科学，33（6）：977-978.
耿成钢，贾卫昌，2016. 农业气象灾害对江苏地区小麦生长影响的浅述［J］. 食品安全导刊（21）：42.
顾蕴倩，赵春江，周剑敏，等，2013. 花后弱光逆境对弱筋小麦产量构成因素和籽粒品质影响的模拟模型［J］. 中国农业科学，46（21）：4 416-4 426.
韩高勇，2011. 黄淮冬麦区小麦虫害种类及生物防治策略［J］. 现代农业科技（7）：176.
姜东，陶勤南，曹卫星，2002. 渍水对小麦节间水溶性碳水化合物积累与再分配的影响［J］. 作物学报（2）：87-91.
姜丽娜，张黛静，邵云，等，2013. 越冬期低温对冬小麦叶片生理特性的影响［J］. 西北农业学报，22（5）：9-14.
靖金莲，安晓东，刘玲玲，等，2017. 倒春寒对晋南冬小麦主要性状的影响分析［J］. 山西农业科学，45（9）：1 415-1 419.
李洪军，吉天将，2018. 小麦病虫害发生特点及综合防控［J］. 农家参谋（16）：297.
李华昭，杨洪宾，2006. 越冬期冻害对小麦生长发育和产量品质的影响［J］. 山东农业科学（3）：34-35.
李金才，尹钧，魏凤珍，等，2004. 不同生育时期渍水对冬小麦 P 素吸收和分配的影响［J］. 安徽农业科学（2）：239-249.
李金才，魏凤珍，王成雨，等，2006. 孕穗期土壤渍水逆境对冬小麦根系衰老的影响［J］. 作物学报（9）：95-100.
李刘龙，李秀，王小燕，2020. 灌浆期遮光对不同小麦品种产量的影响［J］. 河南农业科学，49（5）：31-39.
李扬汉，1998. 中国杂草志［M］. 北京：中国农业出版社.
吕璞，王小燕，2015. 渍水对小麦生长发育以及产量影响的研究进展［J］. 农村经济与科技，26（5）：6-8.
戚尚恩，杨太明，孙有丰，等，2012. 淮北地区小麦干热风发生规律及防御对策［J］. 安徽农业科学，40（1）：401-404.

宋维富，李集临，周超，等，2017. 灌浆期不同阶段高温胁迫对春小麦籽粒生长的影响［J］. 麦类作物学报，37（9）：1 195–1 200.
孙耀锋，高会杰，王少杰，等，2010. 倒春寒对小麦的为害及防御措施［J］. 种业导刊（5）：42.
汤新海，汤景华，杨淑萍，等，2008. 小麦越冬冻害成因分析及防御措施［J］. 安徽农学通报（2）：13–14.
唐明平，2018. 小麦条锈病苗期防治技术［J］. 植物医生（4）：64.
汪敏，王邵宇，吴佳佳，等，2020. 花后阴雨对小麦籽粒淀粉合成和干物质积累的影响［J］. 中国生态农业学报，28（1）：76–85.
王爱萍，张富才，2011. 河南省春小麦主要病虫害及其防治技术［J］. 现代农业科技（10）：165，167.
王建设，张忠友，胡枫冉，2011. 倒春寒后不同措施对不同类型冬小麦冻害减灾效果研究［J］. 科技信息（19）：343–344.
王军，缪新伟，2018. 小麦赤霉病田间分布及流行因素初探［J］. 农业科技通讯（12）：90–91.
王振学，2015. 极端天气对小麦生长发育的影响［J］. 科学种养（3）：14–15.
王振跃，施艳，李广帅，等，2012. 河南省小麦根腐线虫病的发生为害及病原鉴定［J］. 植物保护学报，39（4）：297–302.
王正贵，封超年，郭文善，等，2010. 麦田常用除草剂对弱筋小麦生理生化特性的影响［J］. 农业环境科学学报，29（6）：1 027–1 032.
魏凤珍，李金才，屈会娟，等，2010. 施氮模式对冬小麦越冬期冻害和茎秆抗倒伏性能的影响［J］. 江苏农业学报（4）：696–699.
吴俊宇，2020. 小麦病虫害全程综合防治技术分析［J］. 农业开发与装备（10）：171–172.
吴晓丽，汤永禄，李朝苏，等，2015. 不同生育时期渍水对冬小麦旗叶叶绿素荧光及籽粒灌浆特性的影响［J］. 中国生态农业学报（3）：309–318.
夏秋霞，2020. 江阴市麦田杂草发生现状与防除对策［J］. 上海农业科技（5）：144–145，150.
向其康，2013. 小麦病虫害综合防治技术［J］. 生物技术世界（7）：46–47.
向永玲，方正武，赵记伍，2019. 灌浆期涝害对弱筋小麦相对叶绿素含量及产量的影响［J］. 福建农业学报，34（3）：264-270.
杨国华，董建力，2009. 灌浆期高温胁迫对小麦叶绿素和粒重的影响［J］. 甘肃农业科技（8）：3-5.
杨洪宾，闫璐，徐成忠，2005. 冬小麦越冬期冻害及防冻减灾［M］. 北京：中国农业科学技术出版社.
姚仪敏，王小燕，陈建珍，等，2015. 灌浆期增温对小麦籽粒结实及品质的双向效应及与施氮量的关系［J］. 麦类作物学报，35（6）：860-866.
尹燕妮，张晓梅，郭坚华，2006. 小麦的细菌性病害［J］. 江苏农业科学（6）：159-162.
翟羽雪，刘宇娟，张伟纳，等，2018. 水氮处理对稻茬小麦籽粒产量及品质的影响［J］. 麦类作物学报，38（5）：78-83.
张彩丽，2014. 江淮地区小麦主要病虫害的识别与防治［J］. 农业灾害研究（10）：1-8.
张书敏，高军，张振波，2005. 河北省麦田农业有害生物种群变化及原因分析［J］. 中国植保导刊（7）：14-16.
郑仁娜，阚正荣，苏盛楠，等，2017. 遮光和渍水对小麦幼苗形态和生长的影响［J］. 麦类作物学报，37（2）：238-245.
周玉芹，2017. 小麦白粉病的发生因素及综合防治措施［J］. 农技服务（22）：78.

第四章　弱筋小麦加工利用

第一节　弱筋小麦加工品质

一、磨粉品质

磨粉品质是小麦重要的品质特性之一，对小麦品质性状和食品加工品质（如面包、蛋糕、亚洲面条及中国馒头等）有重要影响，其品质的优劣主要与小麦自身籽粒品质和磨粉工艺密切相关。研究表明，容重、千粒重、籽粒硬度、角质率、种皮百分率等籽粒性状与小麦磨粉品质关系密切，出粉率、灰分、面粉色泽是评价磨粉品质的重要指标。近年来，中国十分重视小麦籽粒性状与磨粉品质的研究工作，而且小麦磨粉品质的改良已成为中国小麦品质育种的重要内容。李宗智（1990）、阮竞兰等（1998）研究表明，容重、出粉率和面粉灰分含量直接相关，在一定范围内，随容重的增加，小麦出粉率提高，面粉灰分含量降低。陈锋等（2006）研究表明，籽粒硬度影响出粉率、破损淀粉含量和面粉灰分。何中虎等（2003）研究发现，硬质小麦的蛋白质含量和质量越高，出粉率越高，灰分含量越低，软质麦则相反。

（一）出粉率

出粉率是指单位重量籽粒磨出的磨粉与籽粒重量的比值，是磨粉品质的最重要的评价指标。小麦种子包括种皮、糊粉层、胚和胚乳，小麦制粉的目的是将胚乳和其他三部分严格区分开来并磨碎成粉，理论上小麦出粉率应该在78%~84%，而在实际应用中，现代等级粉生产工艺技术下的灰分含量通常在0.35%~0.55%，出粉率远远达不到78%~84%，即使出粉率达到84%的面粉中往往会含有其他三部分物质。对于原料较好且加工技术装备与管理水平较高的面粉厂累计平均灰分会达到0.9%左右，出粉率降低到75%，累计平均灰分也会达到0.7%，而20世纪70年代采用短粉路生产面粉，出粉率82%时灰分多在1.1%。影响小麦出粉率的主要因素有以下几点。

1. 小麦原粮质量的影响

一般情况下，籽粒呈椭圆且腹沟浅的小麦比籽粒细长且腹沟深的出粉率高，籽粒皮薄比皮厚的小麦出粉率较高，千粒重大的小麦往往比千粒重小的小麦出粉率高，硬麦往往比软麦出粉率高。容重作为一项综合衡量小麦原粮品质的重要指标，对出粉率影响显著，所以目前在评估原粮的出粉率时，多采用容重这一指标，但仅仅只用容重反映出粉率又不够全面，企业为准确预测出粉率还参考千粒重、籽粒大小、整齐度等指标。

2. 生产操作对出粉率的影响

小麦磨粉前要进行必要的清理，不仅为了清除小麦中的杂质和调节水分，而且可以将小麦中的细小籽粒进行分离而单独加工。清理可分为初清、毛麦清理和光麦清理三个阶段。完善的清理流程为“三筛，二打，二去石，一精选，三磁选，一刷麦，一强力着水，一喷雾着水”。经过清理后的小麦必须达到制粉工艺基本要求。其次是加水净麦和润麦，净麦时加水量要适量，水分过高或过低都会造成小麦制粉性能的改变，降低出粉率。润麦时要综合考虑籽粒硬度和籽粒含水量从而确定润麦时的加水量，润麦加水量不可过低，否则会使籽粒皮层与胚乳不能彻底分离，易造成黏附在皮层上的胚乳剥刮不下来，麸皮含粉较多，降低出粉率。而润麦加水过高时，物料太湿，易引发糊筛现象，面粉难于筛出，也会降低出粉率。因此，润麦时的水分调节是小麦制粉中极为重要的环节。一般来说，硬质麦的最佳入磨水分为15.5%~17.5%，软质麦的最佳入磨水分14%~15%。在实际操作中，考虑到各种因素的影响，润麦时间一般为硬麦或者冬季为24~30h，软麦或夏季为16~24h。

3. 生产设备对出粉率的影响

磨粉机的主要构成设备主要包括皮磨和心磨。一般皮磨道数越多，分级越细，出粉率就会越高。不同筋力的小麦，其麸粉分离难易程度不同。弱筋小麦由于质地较软，且皮层与胚乳结合力较为紧密，胚乳不易从麸皮上刮净，麸粉分离效果差。因此，在对软质麦进行磨粉时，最好在研磨系统工艺设计中增加一道皮磨，加强对软质麦皮层的剥刮作用，减少麸皮中的含粉量，达到较高的出粉效果。研究表明（唐黎标，2017），心磨磨辊长度太短时，物料不能够得到充分研磨而转入中路和后路，从而影响到上等面粉的出粉率，有时甚至会出现作为制粉车间的粗头进入细麸皮，降低总出粉率。

（二）容重

小麦的容重是小麦容积重量的简称，即小麦的籽粒在单位容器内的重量。容重是小麦检验的一项重要指标。

中国小麦的等级标准就是以容量来定等级的，也是计算小麦理论出粉率的重要依据之一，为世界各国普遍采用。小麦的容重因小麦籽粒的形状、饱满程度、表面形状、水分含量、杂质以及容重的测定方法等因素而变化。小麦容重越大，表示籽粒发育良好饱满，含有较多的胚乳。容重的测定用容重器进行，根据容重将小麦分为五等，低于五等的为等外小麦。小麦容重的大小直接影响出粉率的高低，因此，研究容重变化与出粉率的关系，对磨粉品质的影响具有重要的意义（表 4–1）。

表 4–1　小麦等级标准（朱保磊，2020）

种类	容重（g/L）		不完善粒（%）	杂质（%）		水分（%）	色泽气味
	等级	最低指标		总量	矿物质		
小麦	一等	790	6.0	1.0	0.5	12.5	正常
	二等	770					
	三等	750					
	四等	730	8.0				
	五等	710	10.0				

（三）角质率

根据角质胚乳和粉质胚乳在小麦籽粒中所占比例，将小麦胚乳分为全角质、半角质和粉质。《小麦》（GB 1351—1999）中关于角质率的规定是角质部分占本籽粒横截面积 1/2 以上的籽粒定义为角质粒（国外规定 100% 为角质的籽粒才可称之为角质粒），角质籽粒占整批籽粒比例的多少，称之为角质率（或称玻璃质率和玻璃度），一般规定角质率大于 70% 的小麦为硬质麦。

小麦籽粒胚乳中角质形成的原因主要是淀粉颗粒之间的空隙为蛋白质所填充，尤其是在小麦籽粒成熟脱水过程中，含蛋白质的胞质紧紧吸附在淀粉颗粒上，从而使细胞结构呈透明状。也有研究认为，角质的形成同时也受醇溶蛋白和水溶蛋白比例的影响，与淀粉特性也有关系，尤其受到不同淀粉的化学成分在特定的内部排列结构造成的影响。

近期研究也表明，当籽粒中有空气间隙时，由于光线的衍射和漫射，从而使得籽粒呈现为不透明或粉质；籽粒填充紧密时，没有空气间隙，光线在空气和麦粒界面衍射并穿过麦粒，没有反复的衍射作用，形成半透明或角质的籽粒。空气间隙是在籽粒失水期间形成的，由于成熟期籽粒失水，导致蛋白质皱缩破裂，并留下空气间隙，角质的籽粒中蛋白质皱缩时仍能保持结构的稳定。

（四）籽粒硬度

籽粒硬度是小麦分类和市场分级重要性状之一，影响小麦加水量、出粉率、破损淀粉粒数量和面粉颗粒度大小，并最终决定磨粉品质和食品加工品质。按胚乳质地把普通小麦分为硬麦和软麦。硬质麦面粉颗粒度大、破损淀粉含量高，具有较强的吸水能力，适合制作面包和优质面条等食品；软质麦面粉颗粒度较小、破损淀粉含量低，吸水能力较弱，适合于做饼干和糕点等甜食类食品。Rahman 等根据高压液体层析法（RP-HPLC）和氨基酸序列分析，证实了决定硬度的 friabilin 蛋白主要由 PINA 和 PINB 两类亚基组成，进一步促进了硬度的生化机理研究。硬度的形成：胚乳约占小麦籽粒体积的 80%，其主要成分是淀粉颗粒和储藏蛋白，淀粉颗粒在造粉体（Amyloplast）内合成，储藏蛋白是在包埋膜蛋白体（Membrane Embedded Protein Body）中沉淀而成。小麦胚乳细胞成熟期间，蛋白体融合，形成连续的蛋白质基质（Protein Matrix），而淀粉颗粒由于被残留的造粉体膜所包围，能够维持原状。Barlow 等（1986）分别测试了淀粉颗粒和储藏蛋白质基质的硬度值，软麦和硬麦没有显著差异。小麦籽粒未成熟时，都是角质的，在成熟过程中，由于水分的散失，胚乳的淀粉颗粒与蛋白质基质结合能力逐渐发生变化，硬麦胚乳中二者的结合能力较强，能够保持角质胚乳，软麦胚乳中二者结合能力较弱，易于分开，成熟后常常形成粉质胚乳，从而造成了硬质麦和软质麦之间硬度值的差异（Simmonds，1973）。Bechtel（1996）将未成熟的硬质麦收获后分别置于室温和低温下，干燥后发现放在室温的籽粒形成了硬质胚乳，而放置在低温的硬质麦则形成了软质胚乳，进一步验证了胚乳硬度是在籽粒脱水干燥过程中形成的。因此，磨粉后软质麦游离淀粉颗粒较多，面粉较为细腻，而硬质麦由于淀粉颗粒与蛋白质基质间结合能力较强，许多淀粉颗粒黏着在蛋白质基质上，磨粉过程中形成了较多破损淀粉颗粒，面粉较软质麦粗糙。Stenvert 等（1997）认为，籽粒硬度主要由蛋白质基质的连续性、结构及其包被淀粉颗粒能力的大小决定。在硬质小麦中，蛋白质基质具有连续性，淀粉颗粒深陷其中，两者不易分离；软质小麦中，蛋白质基质不具有连续性，其包被的淀粉颗粒容易从四周空隙处渗漏出来，致使两者结合能力减弱。由此可见，籽粒硬度主要由籽粒中淀粉和蛋白质基质间的黏合力和以及包被淀粉颗粒的蛋白质基质连续性决定的。

籽粒硬度的测定方法最初是根据咬力大小判断硬度大小，目前分别根据压力、磨粉功耗、研磨时间和吸光度不同，主要通过玻璃质法、压力法、研磨法和近红外法来测定硬度大小，其中颗粒指数法、近红外光谱法、单籽粒谷物特性测定法等应用最为广泛。颗粒指数法是测试籽粒硬度最为广泛和标准的参考方法，许多方法都由此法衍生而来。首先将一定重量的小麦籽粒磨成粉，经规定筛子筛一定时间后，计算筛后与筛前重量的比值即是该样品的PSI值。一般小于16为硬麦，16~25为混合麦，大于25为软麦。近红外光谱测试法是近些年发展起来的一种快速、高效测试方法，可同时测定多个籽粒性状，主要利用波长1 680和2 230nm处两个近红外光的强吸收点建立模型进行检测，结果一般在0~100，数值越高，质地越硬。该法建立在传统的测试基础之上，易受常规测试影响，且需要定期校正。单粒谷物特性测定系统由美国谷物市场研究室和瑞典波通（Perten）仪器公司建立，利用压力作用把籽粒压碎，然后通过传感器感应力的大小确定样品的硬度。可以同时测定籽粒千粒重、直径、硬度指数和水分含量。一般硬度指数小于40多为软质麦，大于60多为硬质麦，40~60为混合麦。此方法检测快速、操作简单、数据可靠、重复性好，近年来已广泛用于小麦市场分级并成为测试硬度的重要仪器，但该仪器价格较高，且易受杂物及大颗粒影响而堵塞。

二、面粉品质

（一）面粉白度

色泽是面制食品特别是中国传统面制食品面条、馒头和水饺加工品质的一个重要指标，长期以来中国人民有喜食高白度面食的习惯。小麦面粉及其制品的色泽主要受遗传因素和非遗传因素两方面的影响。在遗传因素中，首先种皮颜色影响小麦面粉及其制品的色泽，在出粉率相同的条件下，白皮小麦磨出的面粉比红皮小麦磨出的面粉白（Yasunage et al.，1962；邱俊伟等，1997）。李宗智等（1990）研究发现小麦籽粒硬度与面粉白度呈显著负相关。面粉颗粒细度、淀粉破损程度也影响面粉白度。面粉颗粒度越好，破损淀粉越少，面粉及其制品白度和亮度越高。面粉白度与蛋白质含量呈显著负相关（林作楫等，1996）。小麦中的多酚氧化酶（Polyphenol Oxidase，PPO）所引起的酶促褐变是导致面制食品在加工和贮藏过程中颜色褐变的主要原因（葛秀秀等，2003）。色素（黄色素、棕色素）以及类黄酮的含量与面粉及其制品的色泽也有密切关系。有的研究还认为，面粉及其制品色泽与灰分呈负相关（林作楫等，1994），出粉率与面粉白度呈显著负相关，出粉率越高，面粉白度越低（Hatcher et al.，1993）。在非遗传因素中，制粉工艺、生长环境、栽培技术等都会对面粉色泽产生影响，在育种和加工选择过程时依据面粉色泽是很重要的，但同时也要注意结合 PPO 和色素含量的选择。此外，与面制品加工制作过程的不同也有关系，需进一步的研究，以便更好地确定不同类型的小麦品种的最佳用途，达到优质专用的目的。亮度高、黄度低的面粉适合加工亮白色食品如中国的白面条、馒头和水饺，亮度高、黄度大的面粉适合加工亮黄色食品如黄碱面条，要求亮度高、黄度大。针对不同的用途，对小麦面粉及其制品色泽的选育趋于两个方向，一是面粉及其制品白度和亮度高，PPO 活性和黄色素含量低，用来加工馒头和白盐面条；二是面粉及其制品白度和亮度高，PPO 活性低，黄色素含量高，用来加工黄碱面条。通过对面粉色泽形成的影响因素分析可以看出，蛋白质含量高的品种，其色泽优势形成的主要原因是 PPO 活性和黄色素含量低；蛋白质含量低的品种，淀粉含量高是其形成高亮度的主要原因。PPO 活性和黄色素含量高，面粉及面制品黄度大。所以在对色泽性状的选育过程中，对蛋白质含量高的材料，可以从选择 PPO 活性和黄色素含量低的株系着手，用来选育优质、色泽性状表现好的小麦新品种，加工高白度的馒头和白面条。蛋白质含量低，粗淀粉含量高的材料，一方面可以选择 PPO 活性和黄色素含量低的株系，用来加工亮白色食品，另一方面可以选择 PPO 活性低，黄色素含量高的株系，用来加工亮黄色食品。面粉白度不是一个营养品质指标，而是一个市场品质指标、经济指标，市场上面粉白度高于 80 以上才易于被消费者接受。目前的高白度小麦品种多为中弱筋小麦品种，缺乏高白度强筋小麦品种。

（二）灰分

面粉或者食品经高温（500~600℃）灼烧后的残留物，叫作灰分，是食品中无机成分总量的标志。粗灰分是食品的灰分与食品中原来存在的无机成分在数量和组成上并不完全相同，这是因为食品在灰化时，某些易挥发元素，如氯、碘、铅等，会挥发散失，磷、硫等也能以含氧酸的形式挥发散失，使这些无机成分减少。某些金属氧化物会吸收有机物分解产生的 CO_2 而形成碳酸盐，又使无机成分增多，因此，灰分并不能准确地表示食品中原来的无机成分的总量，从这种观点出发通常把食品经高温灼烧后的残留物称为粗灰分。灰分按溶解性的不同又可分为水溶性灰分、水不溶性灰分和酸不溶性灰分，其中，水溶性灰分反映的是可溶性的钾、钠、钙、镁等的氧化物和盐类的含量；水不溶性灰分反映的是污染的泥沙和铁、铝等的氧化物及碱式磷酸盐的含量；酸不溶性灰分反映的是污染的泥沙和食品中原来存在的微量氧化硅的含量。

灰分的主要意义和作用有两方面：一是评判食品的加工精度和食品品质，如评定面粉等级，灰分是果胶、明胶之类的胶质品的胶冻性能的标志，水溶性灰分指示果酱、果冻制品中的果汁含量。二是判断食品受污染的程度，不同的食品，因所用原料、加工方法及测定条件的不同，各种灰分的组成和含量也不相同，当这些条件确定后，某种食品的灰分常在一定范围内。如果灰分含量超过了正常范围，说明食品生产中使用了不合乎卫生标准要求的原料或者食品添加剂，或者是食品在加工、储运过程中受到了污染。因此，灰分是某些食品重要的质量控制指标，是食品成分分析的项目之一。

（三）湿面筋含量和面筋指数

小麦粉的面筋含量和面筋指数是衡量小麦粉质量的重要指标，面粉筋力的大小主要由面筋蛋白的数量和质量所决定，面粉必须要有筋性，没有筋性就没有面食品的框架结构，就不会使面制品具有良好的形状和内部组织。不同面食对面粉筋性具有不同的要求，面包要求高筋粉，馒头、花卷、饺子需要中筋粉，蛋糕、饼干则需要低筋粉。小麦粉一般含蛋白质12%左右，是所有禾谷类粮食作物中蛋白质含量最高的一种，其他禾谷类作物虽然也有蛋白质，但不能形成有效的面筋网络结构，因小麦粉含有面筋，赋予面团以黏弹特性和延展性等流变学特性，使面粉能够被用来加工成丰富多样的面制品。将面粉加水至含水量高于35%而调制成面团后，用手或机械揉和可形成面团，面团再用水冲洗，洗去可溶性物质，最后剩下的软胶状物质就是湿面筋，以面筋占面团质量的百分比表示，即为湿面筋含量。面筋指数是指湿面筋在离心力的作用下，穿过一定孔径的筛板，保留在筛板上面筋质量与全部面筋质量的百分率。湿面筋主要成分是蛋白质和水分，还含有少量残存的淀粉、灰分和纤维素，湿面筋是由麦谷蛋白和醇溶蛋白构成的，二者分别为面团提供弹性和延展性。面筋筋力可用面筋的延伸性、弹性、韧性等指标来表示，其中，延伸性是指面筋被拉长而不断裂的能力；弹性是指面筋被压缩或拉伸后恢复原来状态的能力；韧性是指面筋在拉伸时所表现的抵抗力，这三项指标可以在测定面团的工艺性能用粉质图、拉伸图等反映。

（四）沉降值

测定面筋筋力有多种方法，最常用的是沉降值方法。沉降值是综合反映小麦面筋含量和面筋质量的指标，有 Zeleny 法和 SDS 法，Zeleny 沉降值是

Zeleny 于 1947 年首先提出的，其原理是将待检小麦在规定的粉碎和筛分条件下制成的试验面粉，悬浮于含有异丙醇的弱酸性水溶液中，异丙醇使蛋白质与其他成分分离，促使蛋白质水化作用，经固定时间的振荡和静止后，测定由于面粉颗粒沉降所形成的沉积物的体积，其被测物为面粉。SDS 沉降值是 Axford 等（1979）提出的，其原理是小麦在规定的粉碎和筛分条件下制粉，后制成十二烷基硫酸钠（SDS）悬乳液，经固定时间的振摇和静止后，悬浮液中的面粉面筋与表面活性剂 SDS 结合，在酸的作用下发生膨胀，形成絮状沉积物，然后测定沉积物的体积，其被测物为全麦粉或面粉。在开展优质品种选育和品质鉴定中，沉降值是一个有效的鉴定指标，李硕碧等研究认为 Zeleny 沉降值系统误差小，结果可靠；SDS 沉降值实用性强，测定结果可以反映小麦籽粒蛋白质品质的优劣。

（五）降落数值

降落数值（Falling Numclr）是评价谷物发芽损伤，测定 α-淀粉酶活性的分析方法。通过测定降落数值可鉴定小麦面粉品质劣变的程度，进而指导面粉加工生产。其原理是小麦粉或其他谷物粉的悬浮液在沸水浴中能迅速糊化，由于 α-淀粉酶活性的不同，而使糊化物中的淀粉不同程度被液化，液化程度不同，搅拌器在糊化物中的下降速度不同，因此，降落值的高低就表明了相应的 α-淀粉酶活性的差异，降落值小，黏度低，表示 α-淀粉酶活性强。α-淀粉酶又称糊精化酶，它主要存在于小麦、大麦的发芽种子中，可使淀粉缓慢水解为分子量较小的糊精和少量的麦芽糖，耐热性高，100℃仍具有活性。在实际操作时，待水温达到 100℃时，将装有面粉糊的试管放入浴缸内，用黏度计搅拌锤以 2 次/s 的速度开始搅拌，60s 后搅拌锤停止在最高位置，靠自身重量经过被酶液化的麦酶糊悬浮液，在热凝胶中降落一定距离所需的时间，用秒（s）表示降落数值。

（六）谷蛋白大聚体

谷蛋白大聚体（Glutenin Macropolymer，GMP）主要由 HMW-GS 和 LMW-GS 构成，极少部分醇溶蛋白也参与 GMP 的形成。GMP 是分子量很大的聚合体蛋白，在面筋网络结构的形成过程中发挥重要作用，进而影响面团的弹性和延展性，只有极少部分谷蛋白能够溶解在稀酸溶液中，而绝大部分谷蛋白是不溶于稀酸溶液的，同时也不溶于 SDS 提取液，只有在提取液中加入还原剂或经过超声处理后才能将大部分谷蛋白提取出来，这部分谷蛋白就是 GMP，在经过超高速离心后 GMP 在 SDS 提取液中呈现出透明的胶状物，故又名“胶状蛋白”（Gel Protein）。由于这部分谷蛋白不溶于 SDS 提取液，因此又被称为不可提取的谷蛋白（Unextractable Polymeric Protein，UPP），而溶于 SDS 提取液中的那部分蛋白被称为可提取的谷蛋白（Extractable Polym Eric Protein，EPP）（Zhang et al.，2008）。另外，根据谷蛋白在正丙醇溶液（propanol）的溶解性，把易溶于 50%正丙醇而不溶于 70%正丙醇溶液的这部分谷蛋白称为可溶性谷蛋白（Soluble Glutenin，SG），把不溶于 50%正丙醇溶液而溶于含 1%二硫苏糖醇（Dithiothreitol，DTT）的 50%正丙醇溶液部分叫做不溶性谷蛋白（Insoluble Glutenin，IG）。虽然 GMP，UPP 和 IG 在结构上的差异还没有研究清楚，但是这三类蛋白在提取过程中都加入了还原剂（DTT），能够代表聚合程度较大的那部分谷蛋白，IG 相较于 GMP 和 UPP 提取方法简单，并且能够通过分光光度计进行高通量的蛋白定量，是研究谷蛋白大聚体的合适指标。

谷蛋白大聚体（GMP，IG，UPP）对于面筋复合体的影响主要是在两个层面上：一是谷蛋白大聚体的含量，二是谷蛋白大聚体的质量也就是其结构特征。对于谷蛋白大聚体的含量和各项加工品质参数之间的关系研究的比较清楚，Sapirstein 等（1998）对 7 个加工品质有显著区别的小麦品种进行研究，表明 IG 含量与粉质仪参数、揉混仪参数和面包体积均有极显著的正相关性。Hu 等（2007）用中国黄淮麦区的 25 份小麦品种说明 IG 含量与面条加工品质有显著的相关性，同时证明 IG 含量可以在育种上来作为筛选面条品质的指标。最近研究表明，UPP 含量是一种典型的数量性状，并且与面团的弹性、黏性和延展性，面条品质和面包体积有显著的相关性。不同提取方法表征的谷蛋白大聚体（GMP，IG，UPP）在组成分上主要由 HMW-GS 和 LMW-GS 构成并且没有本质差异，那么谷蛋白大聚体的含量也就主要由 HMW-GS 和 LMW-GS，此外，SDS-沉降值（SDS-SV）和溶胀指数（Swelling Index of Glutenin，SIG）都是衡量谷蛋白聚合体在 SDS-乳酸水溶液中的溶胀程度，间接地表明了谷蛋白大聚体的结构特征。结构大且复杂的聚合体蛋白溶胀程度高体积大降落缓慢，SDS-SV 和 SIG 的值就比较高，然而，谷蛋白大聚体的结构基础主要还是 HMW-GS 和 LMW-GS 的交联方式，也就是 GMP 的基本结构单元。

三、影响弱筋小麦加工品质的因素

（一）品种和地点间差异

多数研究表明，弱筋小麦加工品质受不同品种和不同地点的影响较大。张军（2004）以穗数中等的宁麦 9 号作为研究对象，研究了不同氮肥运筹下的加工品质状况发现，除出粉率外，种植方式和氮肥对弱筋小麦宁麦9号磨粉品质指标有显著或极显著影响。周青等（2005）同样利用中穗型的宁麦9号研究了不同氮肥对弱筋小麦的影响后发现，施氮时期的推迟能够显著影响千粒重、容重、硬度和出粉率等磨粉品质，而吴宏亚等（2015）利用多穗型的扬麦15作为研究对象时发现，氮肥运筹方式对千粒重、容重、籽粒硬度和出粉率等磨粉性状没有显著影响。造成以上结果的原因主要有两点：一是不同弱筋小麦品种的产量结构三要素穗数、粒数、粒重性状对氮肥的响应机制不同，间接造成了磨粉品质的不同；二是小麦品质性状绝大部分是多基因控制的复杂的性状，受品种因子和地点环境因子的复合影响，但有些品质性状是受主效基因控制的简单性状，如控制籽粒硬度的 *PIN*（puroindoline）基因，包括 *Pina* 和 *Pinb*，这2个基因的氨基酸序列相似性达60%，共同作用影响籽粒柔软度，当二者同时存在时，小麦籽粒表现为软质，当 *Pina* 缺失或 *Pinb* 发生变异时，小麦籽粒表现为硬质。

（二）氮肥运筹方式和栽培措施的影响

1. 氮肥运筹方式对弱筋小麦加工品质的影响

氮素是影响小麦籽粒产量和品质最活跃的因子，合理氮肥运筹不仅决定着小麦的生长发育状况和产量的高低，对小麦籽粒品质的形成亦有显著的调节作用。研究表明，在一定范围内随着施氮水平的提高，籽粒产量和蛋白质含量同时增加，籽粒的营养品质得到改善；增加中后期氮肥施用比例、适当推迟追肥时间也有相同的效应。陆增根等（2006）研究了不同施氮水平和基追比对弱筋小麦扬麦9号和宁麦9号籽粒产量和品质的影响后发现，小麦籽粒产量与施氮量呈二次曲线关系，增加施氮量及提高后期追氮比例提高了弱筋小麦蛋白质含量及籽粒容重、湿面筋含量、沉淀值、吸水率和稳定时间，但降低了总淀粉含量和弱化度，面团形成时间随施氮量的增加而增加，但随追氮比例的增加而降低。施氮量对籽粒蛋白质组分含量均有提高作用，依次为球蛋白>谷蛋白>醇溶蛋白>清蛋白，而追氮比例处理对醇溶蛋白和谷蛋白含量具有显著的提高效应，清蛋白和球蛋白含量因追氮比例而异。增加施氮量及提高后期追氮比例显著提高了直链淀粉含量和直/支比，但降低了支链淀粉含量。同比例追肥，两次追施比一次施用籽粒产量和蛋白质、醇溶蛋白和谷蛋白含量增加，但湿面筋含量降低，直链淀粉含量和直/支比增加而总淀粉和支链淀粉含量降低。张向前等（2019）为了探索有效改善弱筋小麦生理特性、品质和产量的氮肥运筹方式，设置不同施氮量 N_0（0kg/hm^2）、N_1（120kg/hm^2）、N_2（180kg/hm^2）、N_3（240kg/hm^2）和不同基追比（7∶3、6∶4、5∶5）试验，研究不同施氮量和基追比对小麦光合效应、产量及品质的影响，结果显示施氮量为 120kg/hm^2 和 180kg/hm^2 时，3 个基追比下小麦籽粒的蛋白质含量、湿面筋含量、沉淀值（N_2 下基追比 5∶5 的处理除外）和硬度指数均符合弱筋小麦国家标准，施氮量为 240kg/hm^{2}时，基追比 5∶5 处理的籽粒蛋白质含量、湿面筋含量和沉淀值均不符合弱筋小麦国家标准，且各基追比间的品质指标差异不显著。总体上，施氮量相同时以基追比 6∶4 最利于高产，施氮量为 40kg/hm^2 时小麦籽粒的蛋白质含量、湿面筋含量和沉淀值均不符合弱筋小麦国家标准。

多数研究表明，当施氮量不超过 240kg/hm^2 时，增加弱筋小麦生育中后期追氮比例能提高籽粒产量及蛋白质含量、湿面筋含量和沉降值等品质指标（张军等，2004；周青等，2005）。姚金保等（2009）研究认为，不论是在稻田套播还是在条播种植方式条件下，氮肥后移处理的籽粒硬度、千粒重和容重均有显著增加；吴宏亚等（2015）的研究发现，增加拔节期施氮比例对弱筋小麦产量、蛋白质及湿面筋含量的调控效应显著增强。但是，氮肥追施比例对千粒重、容重、硬度和出粉率等磨粉品质性状没有较为明显的影响。李春燕等（2009）利用扬麦 9 号研究了氮肥运筹方式对弱筋小麦品质的影响后发现，弱筋小麦扬麦 9 号的籽粒产量、蛋白质、湿面筋含量均随氮肥追施比例的增加而增加，增加施氮量籽粒蛋白质、湿面筋含量增加更为显著。在施氮量 180kg/hm^2 下，各氮肥基追比处理的籽粒蛋白质含量均小于 11.5%，湿面筋含量均小于 22%，符合国家优质弱筋专用小麦品质标准（GB/T 17893—1999）。氮肥比例 5∶1∶2∶2 的处理产量最高，达到 8 570.01kg/hm^2，其次为氮肥比例 5∶1∶4∶0 的处理，施氮量增加至 240kg/hm^2 时，仅氮肥比例 7∶1∶2∶0 处理品质符合国标，其余两处理产量虽较高，但籽粒品质不符合国标。吴宏亚等（2015）利用扬麦 15 研究了基肥∶壮蘖肥∶拔节肥的 3 个追施水平（N_1 为 7∶1∶2、N_2 为 5∶4∶1 和 N_3 为 5∶1∶4）结果表明，增加拔节肥比例能显著增加弱筋小麦籽粒蛋白质含量、湿面筋含量和沉降值，氮肥追施比例对弱筋小麦籽粒千粒重、容重、硬度、出粉率等磨粉品质以及降落值等品质指标影响不明显。王曙光等（2005）在太湖麦区利用宁麦 9 号研究了氮肥运筹对其品质的影响后发现，基追比例为 5∶5、施氮量为 168.75~225kg/hm^2 时，小麦产量较高，蛋白质含量、湿面筋含量达到国家弱筋小麦标准，在总施氮量为 225kg/hm^2 条件下，基追比为 6∶4 时，小麦产量相对较高，蛋白质和湿面筋含量达到国家弱筋小麦标准。

在氮、磷、钾三大营养元素中，氮肥对作物产量和品质的影响最为重要，科学合理地施用氮肥才能获得小麦高产和优质，取得最佳经济效益（王月福等，2002；黄正来等，1999；于振文等，2001）。一般来说，在总施氮量相同的条件下，增加基肥的比例对促进小麦幼苗生长有利，增加追肥比例对中后期小麦营养生长、生殖生长及成产因素有促进作用，最终表现为增产，并可显著提高籽粒蛋白质含量，改善小麦品质（赵广才等，2000；彭永欣等，1992）。研究证明，通过设置不同的氮肥运筹比例，能够较好地协调产量与品质。王曙光等（2005）研究发现，在基本苗一致、施氮量为 225kg/hm^2、追氮在拔节期施用的条件下，弱筋小麦宁麦 9 号较为适宜的氮肥运筹比例应为 6∶4，此时产量达最大值，蛋白质含量、湿面筋含量均能符合《优质小麦　弱筋小麦》（GB/T 17893—1999）要求。

氮素对小麦籽粒加工品质如蛋白质品质具有显著的调控效应。多数研究表明，在一定范围内随施氮量的增加，蛋白质含量提高（戴廷波等，2005；朱新开等，2003）。但施氮对蛋白质组分的影响，已有的研究结果并不一致。王月福等（2002）认为，随着施氮量的增加，蛋白质各组分含量均显著增加，但各组分含量提高的幅度存在差异，其中清蛋白、球蛋白和谷蛋白随着施氮量的增加，所占的比例升高，而醇溶蛋白和剩余蛋白则随着施氮量的增加，所占比例下降。彭永欣等（1992）的研究显示，蛋白质各组分含量随施氮量增加而提高的幅度不同，醇溶蛋白和谷蛋白含量的增加幅度大于清蛋白和球蛋白含量的增幅。研究表明，当氮肥水平相同，随着追肥比例提高，籽粒蛋白质含量增加，醇溶蛋白和谷蛋白含量增加，清蛋白和球蛋白的含量呈下降趋势。同比例追肥，两次追施比一次追施的籽粒蛋白质含量增加，醇溶蛋白和谷蛋白含量增加，清蛋白和球蛋白含量均减少（刘尊英，等 1999；陆增根等，2006），表明氮肥后移，更有利于提高弱筋小麦籽粒贮存蛋白的含量。因此，对弱筋小麦而言，生产上应通过适当减少追肥比例，以控制醇溶蛋白和谷蛋白含量，降低总蛋白的含量。

在保证弱筋小麦加工品质的前提下，如何稳定产量指标，达到产量与品质的动态平衡是小麦研究人员亟须解决的一项重要“卡脖子”的课题。不同研究者提出的弱筋小麦实现优质高产的氮肥运筹方式并不完全一致，朱新开、陆增根和王曙光等以宁麦 9 号为试验材料，分别以施氮量 180kg/hm^2、200kg/hm^2 和 225kg/hm^2，基肥∶平衡肥∶拔节肥 7∶1∶2、7∶2∶1 和基肥∶拔节肥 6∶4，容易实现高产与优质的协调。李春燕等（2009）的研究表明，扬麦 9 号在 180 和 240kg/hm^2 施氮量下，基肥∶壮蘖肥∶拔节肥均以

7：1：2 为最佳，以上这些研究结果均以减少施氮量或氮肥前移来协调弱筋小麦产量和品质。吴宏亚等（2015）研究认为增加中后期施氮比例蛋白质含量、湿面筋含量和沉降值也随之显著增加，但均符合国家弱筋小麦标准，随中后期施氮比例增加稳定时间参数无显著增加，各种施肥比例下均达到国家弱筋小麦标准，综合产量和品质分析结果认为，弱筋小麦扬麦 15 在较高施氮量 210kg/hm^2 和追施比例为基肥：壮蘖肥：拔节肥 5：1：4 条件下，能够实现高产与优质的协调。束林华等（2007）认为在一定范围内增施氮肥，籽粒产量、蛋白质含量提高，施氮量超过适宜值后，籽粒产量下降，施氮量以 172kg/hm^2 左右为最佳，但也有研究认为，施氮量为 180kg/hm^2 时，产量三要素协调发展，继续增加施氮量至 270kg/hm^2 后，产量呈现下降趋势，因为高氮肥条件下的穗数较多，群体密度过大，群体和个体之间难以协调发展，不利于小麦籽粒灌浆与干物质积累，穗粒数减少，千粒重降低，产量三要素不能协调发展，从而造成产量下降，且随着施氮量的增加，籽粒蛋白质含量和 SDS 沉降值显著增加。

2. 栽培措施对弱筋小麦加工品质的影响

近年来，随着人民生活水平的不断提高，对优质专用小麦的需求也在不断加大。在农业供给侧结构性改革的影响下优质强筋小麦在品种审定、推广种植以及产品销售等环节上均得到相应政策鼓励和扶持，这大大加快了强筋小麦的产业发展。与强筋小麦相比，弱筋小麦在种质资源、审定品种数量和栽培技术推广上均显滞后。但是，由于弱筋小麦具有蛋白质和湿面筋含量低，面团形成时间和稳定时间短，在经过充分搅拌后不易形成完全的面筋网络等特点，是优质糕点、饼干等食品的重要原材料。因此，加强对弱筋小麦产量和品质的科学研究及在优势产区内的推广栽培，保证国内市场上优质弱筋小麦的供应是一项亟待解决的重要课题。前人研究表明，栽培措施的变异对弱筋小麦加工品质的影响大于基因型变异。中国关于栽培措施对弱筋小麦的研究较多，主要研究方面为不同栽培手段或栽培措施与氮肥运筹对弱筋小麦加工品质的影响。

弱筋小麦的高产栽培管理往往与品质调优栽培存在一定的矛盾，例如氮肥管理方面会造成“产量不高”“弱筋不弱”等问题，造成弱筋小麦的优质高产难以同步实现。因此，如何在获得较高产量的基础上，品质达到弱筋小麦的要求，是促进小麦产业化发展的关键所在。前人就不同栽培因子对小麦产量和品质影响的相关研究较多（刘万代等，2009；伍宏等，2016；裴艳婷等，2017）。关于弱筋小麦的品质调优栽培措施也有研究，但受限于试验材料和试验环境的不同，造成结论不尽相同。胡文静等（2018）以弱筋小麦扬麦 20 为研究对象采取田间裂区试验研究了播期、播种密度和施氮量对其产量、品质和氮肥农学利用率的影响，研究结果表明，不同播期间产量有显著差异，11 月 4 日播种的扬麦 20 籽粒产量最高，显著高于播期较晚的处理。种植密度对籽粒产量性状有显著影响，密度每公顷 2.25×10^6 处理籽粒产量最高，较密度每公顷 1.5×10^6、每公顷 3×10^6 分别高 5.15%和 0.84%。不同施氮量处理间籽粒产量有显著差异，施氮量增加，产量增高，值得一提的是播期和密度互作对产量有显著影响，10 月 20 日和 11 月 4 日播种，密度每公顷 2.25×10^6 处理产量最高，11 月 19 日播种，密度每公顷 3.0×10^6 处理产量最高，说明不同播期下密度对产量的效应不同。11 月 4 日播种、密度每公顷 2.25×10^6、施氮量 180kg/hm^2 处理产量最高。播期对籽粒蛋白质含量、SDS 沉降值和硬度均有显著影响，播期推迟，三者同步升高，其中 10 月 20 日和 11 月 4 日播种的扬麦 20 籽粒蛋白含量均符合弱筋小麦品质指标，推迟播期到 11 月 19 日，高氮肥处理下的籽粒蛋白含量超出弱筋小麦品质指标。种植密度对此 3 种品质性状均无显著影响。吴九林等（2005）研究认为，当播期推迟到临界值 11 月 10 日以后，籽粒产量随着播期推迟而下降，在一定范围内适当推迟播期有利于弱筋的形成。陆成彬等（2006）认为，播期对弱筋小麦籽粒产量和品质有负向作用。张敏等的研究结果表明播期推迟会引起小麦产量结构的变化，进而引起产量下降。胡文静等（2018）研究结果表明，随着播期推迟，扬麦 20 穗数减少，穗粒数和千粒重变化不显著，产量降低，籽粒蛋白质含量、SDS 沉降值和籽粒硬度升高，10 月 20 日和 11 月 4 日播期下籽粒蛋白质含量均能控制在弱筋小麦品质指标范围内，11 月 19 日播种且高氮肥处理的籽粒蛋白质含量超出弱筋小麦指标，证明了播期推迟对弱筋小麦籽粒产量和品质有负向调节作用。刘萍等（2006）的研究结果表明，弱筋小麦品种扬麦 9 号播种密度从每公顷 1.05×10^6 增至每公顷 2.04×10^6 时，产量上升，播种密度再增加则产量下降，同时，当密度增加至每公顷 2.4×10^6 时，蛋白质含量下降，密度再增加则蛋白质含量略有上升。陆成彬等（2006）的研究结果表明，群体密度大有利于提高弱筋小麦产量及产量构成因素，且群体密度为每公顷 2.25×10^6 时籽粒蛋白质含量最低，有利于弱筋品质的形成。

张军等（2004）研究了稻田套播与施氮对弱筋小麦产量和品质的影响。结果表明，同一氮肥运筹下稻田套播方式小麦籽粒面粉品质的主要指标如湿面筋含量、干面筋含量及沉淀值均极显著低于条播处理。同一种植方式下增加施氮量或同一施氮量水平下氮肥后移面粉品质指标提高。湿面筋含量、干面筋含量及沉降值均与蛋白质含量呈极显著正相关（*r* 分别 0.888**、0.941**、0.807**）。稻田播套对干面筋含量及沉淀值的调节作用高于条播处理。在本试验中，稻田套播除施氮水平 225kg/hm^2 基追比 5∶2.5∶2.5 处理外，其余处理籽粒湿面筋含量均达到优质弱筋小麦标准（≤22%），满足酥性饼干的要求；而传统条播方式在施氮水平 168.8kg/hm^2、225kg/hm^2 基追比 5∶2.5∶2.5 处理以及施氮水平 225kg/hm^2 基追比为 5∶5∶0 处理的湿面筋含量均超过弱筋小麦湿面筋含量标准，可见稻田套播弱筋小麦更易实现专用品质的优质。在同一氮肥运筹下，稻田套播小麦籽粒容重、硬度、粒重及出粉率均低于条播；同一种植方式下，增加施氮量，主要磨粉品质指标提高，氮肥后移处理籽粒的硬度和千粒重显著增加，而容重和出粉率以基追比为 5∶5∶0 处理最高，氮肥对稻田套播小麦的容重、粒重及出粉率的调节作用高于条播处理，表明稻田套播不利于提高弱筋小麦磨粉品质。

近年来，弱筋专用小麦在江淮地区品质达不到加工工业要求的现象较为普遍，影响了该类型优质专用小麦的进一步推广和应用，稻田套播以其适时播种、省工节本、轻型高效的独特优势在江苏、安徽和山东等稻麦两熟地区种植面积逐渐扩大，但在一些品种上产量与品质较难协调。因此，加强优质栽培技术的调控研究十分必要。小麦的产量和品质既受遗传基因型控制，亦存在与生态环境和栽培条件的互作效应，通过种植方式和氮肥运筹等调控措施，可以使对生态环境适应性较好品种的产量和品质潜力得以充分发挥，实现产量和品质协调同步提高。张军等（2004）研究结果表明，种植方式和氮肥对弱筋小麦宁麦 9 号产量和品质均有显著的调节效应。在不同的氮肥运筹下，稻田套播与传统条播相比产量和蛋白质含量平均分别下降了 3.94%及 0.5%，其他主要品质指标湿面筋、干面筋含量、沉淀值、容重、硬度、粒重及出粉率、峰值黏度和稀懈值幅度也分别有较大幅度下降。除湿面筋、硬度反弹值外，不同的氮肥运筹下套播处理产量与品质主要指标的变异系数增大，进一步分析表明，稻田套播对影响饼干品质的主要指标如蛋白质含量、湿面筋含量调节幅度最大，下降最明显，稻田套播有利于优化宁麦 9 号的饼干品质。

3. 氮、钾互作对弱筋小麦品质的影响

在弱筋小麦品质形成的过程中，氮、钾肥扮演着极其重要的因素。邹铁祥等（2006）在研究不同氮、钾水平对弱筋小麦籽粒产量和品质的影响时发现，增施氮、钾均极显著提高了籽粒产量、蛋白质和湿面筋含量、沉降值，氮、钾互作对籽粒产量、淀粉与蛋白质及湿面筋含量的影响达到显著或极显著水平，但对沉降值的影响不显著，氮、钾肥对籽粒产量和品质的影响在两地点表现出相同的趋势。增施氮、钾提高了开花期叶片氮、钾含量，使氮/钾比在施氮下增加，在施钾下降低，开花期叶片氮/钾比与籽粒产量、蛋白质和湿面筋含量及沉降值呈二次曲线关系，且均达到极显著水平，表明增加开花期叶片氮、钾含量并保持适宜的氮/钾比有利于弱筋小麦提高产量和改善品质。

氮、钾肥及其互作均极显著提高了弱筋小麦籽粒产量，且氮肥的效应大于钾肥，施氮显著提高了籽粒蛋白质和湿面筋含量，施钾显著提高了籽粒蛋白质与湿面筋含量及沉降值（邹铁祥等，2006；张国平等，1985；李友军等，2006）。氮钾配施能够显著提高了蛋白质和湿面筋含量，降低了淀粉含量，但对其他品质指标的影响不显著，说明弱筋小麦不同品质指标对施肥响应的不同，可能受到品种和（或）生态环境等因素有关。施氮提高籽粒蛋白质含量等品质指标，是因为氮肥能提高硝酸还原酶和谷氨酰胺合成酶活性，促进氮素的吸收和运转（王月福等，2002）。施钾提高籽粒蛋白质含量等品质指标的原因可能是通过提高小麦叶片含钾量来提高硝酸还原酶活性（邹铁祥等，2006；李玉影等，2005），促进植株氮素的吸收和运输，直接提高蛋白质含量，光反应转化的能量约有20%用于氮同化，提高叶片含钾量能够提高净光合速率，间接促进氮代谢和蛋白质含量提高。

综上所述，适当提高植株氮、钾含量并保持协调的比例，有利于提高相关酶的活性，协调碳、氮代谢等生理过程，但对弱筋小麦而言，在适当稳定或降低籽粒蛋白质含量的基础上，提高产量具有更现实的意义。氮、钾施肥的产量增幅（高达139.1%～145.9%）显著高于蛋白质含量的增幅（26.6%），“稀释”了蛋白质含量等品质指标，所以在本施肥范围内，品质指标多数达到了优质弱筋小麦国家标准，说明小麦籽粒产量和蛋白质含量增幅的差异，可能是不同研究结果中蛋白质含量迥异的原因。

第二节　弱筋小麦加工利用

一、磨粉

（一）小麦粉品质与加工品质的关系

张岐军等（2005）分析了17份有代表性的中国软麦品种，发现磨粉品质性状与饼干直径关系不密切，硬度并非弱筋小麦加工品质的决定因素。Bettge等（1989）研究也表明软质品系（种）硬度与饼干直径并无显著相关，而Gaines等（2000）研究认为硬度与饼干直径呈极显著负相关，相关系数为-0.83，这与其选用的研究材料有关。Gaines等（1985）认为皮磨出粉率高的软麦，其饼干直径和蛋糕体积都较大。Zhang等（2007）对17份中国软麦的研究表明蛋白质含量与饼干直径无显著相关性，而Gaines等（1996a）认为蛋白质含量与饼干直径呈显著负相关，相关系数分别为-0.77（糖酥饼干配方）、-0.57（丝切饼干配方），与饼干厚度呈显著正相关（r=0.68，糖酥饼干；r=0.64丝切饼干）。

高新楼等（2005）对郑州市郊区种植的引自长江中下游麦区和黄淮麦区最新育成的6个弱筋小麦品种的磨粉、理化和流变学特性以及蛋糕烘焙品质进行了评价研究，并与澳大利亚软麦（AWB Soft）的品质进行了比较，结果表明：郑004-1是供试品种中最适于加工蛋糕专用粉的小麦品种，其主要品质指标已达到澳大利亚软麦的品质水平；太空5号、豫麦18和豫麦50较适合于加工蛋糕粉，但是必须通过制粉工艺控制其湿面筋含量；沪90-85和扬麦9号湿面筋含量偏高，面粉筋力稍强，只适合加工饼干粉一类的弱筋粉。

罗勤贵等（2007）证实了4种溶剂保持力与饼干直径呈显著或极显著负相关，水溶剂保持力与饼干直径呈显著负相关，与饼干脆性呈负相关；50%蔗糖溶剂保持力与饼干直径呈显著负相关，与饼干吸水率呈极显著正相关，与饼干脆性呈正相关；5%碳酸氢钠与饼干直径呈显著负相关，与韧性正相关；5%乳酸溶剂保持力与饼干直径呈极显著负相关，与韧性正相关，并认为宁麦9号、扬麦9号和绵阳30的饼干品质居11个弱筋小麦前列。前人研究已表明吹泡仪弹性、延伸性与饼干品质密切相关。张岐军等（2005）分析认为吹泡仪弹性、吹泡仪弹性/延伸性、碱水保持力、碳酸钠溶剂保持力和蔗糖溶剂保持力与饼干直径皆呈极显著负相关。

孙辉（2009）利用统计分析软件SPSS10.0多元逐步线性回归的方法，研究了小麦粉理化指标，包括灰分、蛋白质含量、面筋含量和质量、粉质、拉伸、吹泡和RVA黏度指标与主要面制食品，馒头、面条和面包加工品质的关系。结果表明吹泡L值、粉质稳定时间、吸水率和面筋指数与面包品质呈极显著正相关，粉质稳定时间是评价面包烘培品质的最适宜的指标，也应引起足够的关注的是麦粉淀粉品质的最终黏度，其与面包体积的极显著负相关关系，最后对馒头品质评价效果最好的是粉质吸水率和拉伸面积。

赵新淮等（2009）研究显示小麦品质性状与麦谷蛋白/麦醇溶谷蛋白值显著相关，随麦谷蛋白含量增加，面筋含量、沉降值、稳定时间都有明显增大；麦醇溶谷蛋白含量高于麦谷蛋白含量时，其面团筋性弱、稳定时间短。高分子量麦谷蛋白比例提高，能提高干、湿面筋的含量，改善面团流变学特性，从而使面团烘烤品质得到改善。通心面煮熟后的品质，也与麦谷蛋白/麦醇溶谷蛋白的值有关，比值小于 1.5 为宜。面条品质，还与低相对分子质量与中相对分子质量麦谷蛋白比值呈极显著正相关，当把高分子量麦谷蛋白和低分子量麦谷蛋白按 2∶1 的比例添加到基质面粉中，面团的韧性显著上升；但当把高分子量麦谷蛋白与低分子量麦谷蛋白按 1∶2 的比例添加到面粉中，面团延伸性显著大于对照。随高分子量麦谷蛋白与低分子量麦谷蛋白的比例增大，面团弹性变大，延伸性显著降低。大量的研究结果证实，高分子量麦谷蛋白相对含量与面团韧性有显著正相关，同时，低分子量麦谷蛋白含量与面团延伸性有显著正相关。研究表明，随着高分子量麦谷蛋白含量增加、低分子量麦谷蛋白含量降低，面包体积逐渐变大。

此外，麦谷蛋白大聚合体的含量相对较高时，面团抗延伸力增强。在面团搅拌过程中，麦谷蛋白大聚合体通过巯基-二硫键交换反应或者氢键以及疏水相互作用，与其他蛋白质分子结合，形成面团结构的骨架。最近研究表明，决定面团弹性的并非籽粒的聚合体蛋白总量，而是不溶性聚合体蛋白（大粒度的聚合体蛋白）含量，不溶性聚合体蛋白占总聚合体蛋白含量的百分数，与面团强度呈显著正相关。谷蛋白大聚合体决定面团的强度，与蛋白质含量相比，其对面团稳定时间、拉伸特性和面包体积影响更大（黄仲华，1991）。

樊宏等（2011）选用烟农 19、皖麦 48、郑麦 9023 和扬麦 12 等 10 个小麦品种（系）为试验材料研究了小麦面粉及面条若干品质性状的品种间差异，分析了小麦面粉与面条若干品质性状间的相关性。结果显示小麦面粉蛋白质含量、湿面筋含量、灰分含量、高峰黏度、低谷黏度、稀懈值、最后黏度、反弹值、峰值时间、糊化温度、直链淀粉含量、3 种戊聚糖含量和 4 种溶剂保持力等 18 个小麦面粉品质性状以及 8 个面条品质性状的品种间差异均达到极显著水平，不同品种（系）间的农艺性状和小麦面粉品质性状的变幅较大，面条评分与高峰黏度、低谷黏度、糊化温度和峰值时间均呈显著正相关，与最后黏度和反弹值呈极显著正相关。色泽、表观状态、食味等 8 个面条品质性状均与小麦面粉品质性状相关性较大。“郑麦 9023” 和 “皖麦 48” 不同比例配麦，小麦面粉及面条的主要品质性状的配比间差异均达到极显著水平；面条评分与色泽、表观状态、适口性、韧性、黏性、光滑性和食味等面条品质性状均达到极显著正相关，但不同比例的配麦对改善面条评分作用不大，其中，配比为 1：9 时，其面条适口性、黏性和光滑性等若干性状显著优于 10：0 配比（即单用“郑麦 9023”制作的面条）。本试验认为，强筋小麦“郑麦 9023”和弱筋小麦“皖麦 48”按适当比例配麦，对“郑麦 9023”的部分面条品质性状具有一定的改良作用。

张国增等（2012）收集了国内 2010 年收获的 83 个小麦品种用以研究小麦面粉中蛋白质数量及质量对面粉加工特性的影响。结果表明，面粉的蛋白质含量与 SDS 沉降值、粉质及拉伸参数大部分指标间存在显著或极显著相关性。湿面筋含量与 SDS 沉降值、形成时间、延伸度呈极显著正相关，与其他各指标间相关性不显著。

潘治利等（2017）为了研究不同品种小麦粉与速冻熟制面条质构特性之间的关系，选取在河南地区广泛种植的 30 个小麦品种，用 FOSS 定氮仪、快速黏度仪、粉质仪和拉伸仪等测定面粉品质指标，制作速冻熟制面条，用质构仪测定质构特性。采用描述性统计、主成分和聚类分析方法对 30 种小麦面粉和速冻熟制面条的质构关系进行了分析。结果表明：不同品种小麦粉的湿面筋、糊化温度、弱化度、粉质质量指数与硬度呈极显著相关（$P<0.01$）；蛋白质、湿面筋、总淀粉含量、最终黏度、回生值、糊化温度、粉质吸水率、粉质曲线稳定时间、面团形成时间、弱化度、粉质质量指数、拉伸曲线面积、拉伸阻力、最大拉伸阻力与剪切力呈极显著相关（$P<0.01$）；小麦粉的粉质特性，除衰减值、峰值时间和延伸度外，均与拉伸力呈极显著相关（$P<0.01$）。根据方差贡献率提取出可以反映原变量 84.023%信息的 5 个因子，因子 1 主要反映面粉的粉质拉伸特性，因子 2 反映小麦粉糊化特性，因子 3 反映蛋白质特性，因子 4 和因子 5 共同反映小麦粉的淀粉特性。这些性状在小麦粉的评价方面起着重要作用，在加工中要注重对它们的选择。聚类分析将 30 种小麦粉分为 4 类，结果表明，不能仅凭小麦粉的指标数据和质构数据来选择制作速冻熟制面条的原料，还需考虑到感官评价的影响。

杨剑婷等（2020）为明确不同类型小麦的面粉改良方案，为中国优质面包专用粉的生产提供理论与技术支持，以三个筋力不同的小麦品种宁麦 13、扬麦 16 和郑麦 9023 为材料，通过洗面筋法提取各供试材料的湿面筋，将其冷冻干燥后按照 7%、8%、9%、10%、11%的添加比例与各自面粉进行配比，对配粉的面包烘焙品质、面粉理化性质和面团流变学特性进行了测定分析。结果发现，随着面筋蛋白添加量的提高，配粉的蛋白质、湿面筋、谷蛋白大聚体含量和沉降值逐步上升；黏度参数和面团弱化度有所下降；糊化温度和糊化时间呈上升趋势。在同一添加量下，强筋小麦的烘焙品质和面粉理化性质始终优于中筋小麦和弱筋小麦。随着面筋蛋白添加量的提高，面包体积、弹性、回复性、内聚力增大，而硬度、咀嚼性减小，感官品质得到改善。面筋蛋白添加量超过一定范围（宁麦 13、扬麦 16 添加 9%，郑麦 9023 添加 8%），面包品质改良效果变缓，且色泽不断加深。最终得出适量添加面筋蛋白可改变面粉的理化性质，提高其面包烘焙品质，最终配粉的蛋白质含量为 18%左右是最经济的面包烘焙品质改良方案的结论。

杨涛等（2020）明确了不同小麦面粉醇溶蛋白和麦谷蛋白配比对面团及饼干品质的影响。以扬麦 22 为材料，通过分离重组的方法，将面粉中的醇溶蛋白、麦谷蛋白和淀粉分离出来，并按照既定比例进行重组，分析不同醇溶蛋白和麦谷蛋白质量比（醇/谷比）处理下面筋蛋白结构、面团流变学及饼干的品质变化规律。结果表明：随着醇/谷比的增加，面筋蛋白的 β-折叠和 α-螺旋含量逐渐下降，β-转角含量逐渐上升，游离巯基含量呈现线性下降趋势。各处理间的热变性温度（Tp）无显著性差异，焓值（ΔH）呈现上升的趋势，重组体系的弹性模量 G′和黏性模量 G″逐渐下降，流变损耗角 tanΔ（G″/G′）逐渐上升，面团的内聚性、黏着性弹性呈现逐渐上升的趋势。饼干的硬度、咀嚼性、直径、厚度逐渐增加，延展因子降低，色泽有所改善，饼干的感官评分呈先上升后下降的趋势。综上所述，醇/谷比增加造成饼干直径增加，色泽有所改善，但是醇谷比过高导致面筋蛋白黏弹性下降，重组面粉所制作饼干的硬度增加，延展因子变小，颜色泛白，醇/谷比 6：4 为制作饼干的最佳比例。

（二）弱筋小麦磨粉的工艺流程

1. 除杂筛选过程

在制粉之前需要对小麦籽粒进行除杂，把黏附在小麦籽粒上的尘土、麦壳等杂质清除掉。清除操作可以采用洗麦机进行，通过摩擦作用将除小麦籽粒以外的其余杂质全部清理掉，主要是利用麦粒与杂质的物理性质差异，如大小、形状、质量等，利用振动筛等筛选机械设备，通过振动筛上的筛孔，将与麦粒形状大小不同的杂质分离开来。

2. 水分调节过程

未进行水分调节的小麦籽粒有的较硬，有的则含水量较多、较软。所以，在调节水分时，需要将含水量较多的小麦籽粒进行烘干，对含水量过少的小麦籽粒适当补充水分，使所有的小麦籽粒能够处于同一湿度、同一软度，便于之后的研磨加工，使制得的小麦粉具有良好的物理性质。水分调节时的外部环境也有特殊要求，最好是在室温条件下进行。经过水分调节的小麦籽粒应在仓库中储存一定时间再进行后续操作。经过一定时间适度存储的小麦籽粒水分吸收得更加充分，更易进行分离工作，从而为整个工艺过程提供良好的条件。

3. 研磨过程

研磨的主要作用是使麦粒破损，研磨过程分为皮磨、渣磨、心磨等。

（1）皮磨　将小麦籽粒剥开并将胚乳分离下来的过程。麦粒经过第一道工序后进入筛选机后进行筛选，筛选分出麦麸、麦渣、麦心等，麦麸首先进行下一道研磨，麦渣和麦心进行进一步的精细筛选，分出胚乳、纯胚乳粒和麦皮，纯胚乳粒再进入下一步精磨，也就是心磨，研制出精细的小麦粉，进行深度研磨的麦麸还可以通过摩擦等处理，分离出第一步残留的胚乳。

（2）渣磨　主要作用是将皮磨过后分离出来的麦皮进行进一步研磨，把黏在其中的遗留胚乳分离出来，通过后续的筛选、分离，收集纯净的胚乳粒，再将胚乳粒继续投入精细研磨，根据不同的要求制得不同等级的面粉。渣磨过程中使用的机械设备包括磨粉与皮磨系统，是小麦粉制造工艺中不可或缺的一部分。

（3）心磨　作用是将前两部皮磨与渣磨过后的胚乳研磨成细粉。心磨的研磨辊采用较光滑的光辊，使用这种光辊在研磨的同时可以将研磨的细粉与混入的麦皮和麦胚分离开，主要依靠光辊的碾压作用，将麦皮碾压成片状，这样一来在后续的分离过程中即可将细粉与小麦皮分开，保证小麦粉的质量。但是，在碾压过程中不可避免地会将即将制粉的胚乳压成片状，得到粉片，这种情况不利于筛选工作的开展，所以，必须将经由碾压棍碾压的物料再经机器搅拌，将粉片搅拌成面粉状，然后进行筛选，物料在最后一道研磨系统充分研磨，保证出粉率，避免因研磨不彻底造成浪费（王磊，2018）。

二、弱筋小麦面粉的加工利用

（一）制作饼干

弱筋小麦的籽粒结构为粉质，质地松软，硬度较低，蛋白质和湿面筋含量低，面团形成时间和稳定时间短，适合制作饼干、糕点等食品。李清明等（2018）介绍，为拓宽淮山全粉的应用渠道，曾对不同配比淮山全粉-小麦粉混粉的粉质特性、吹泡特性以及面团黏性等流变学特性进行了研究，并分析了淮山全粉对酥性饼干烘焙品质的影响。结果表明，淮山全粉的添加显著改变了面团流变特性，添加淮山全粉后，面团的形成时间延长，吸水率、弱化度增大，稳定时间缩短，其总体评价值下降；随着淮山全粉添加量的增加，酥性饼干面团的P值呈先增大后减小的趋势，P/L值变小，其黏着性和附着功能增大，饼干感官评分呈先下降后上升的趋势，因此，淮山全粉-小麦粉配比为2：8时，满足了作为酥性饼干原料粉的要求，制作的饼干感官品质较好。

罗勤贵（2008）以11个弱筋小麦品种（品系）为材料，系统分析了其籽粒物理品质、磨粉品质、蛋白质品质、流变学特性、淀粉品质及溶剂保持能力（Solvent Retention Capacity）等品质性状。根据中华人民共和国行业标准《酥性饼干用小麦粉》（SB/T 10141—1993）的规定中酥性饼干的制作方法制作酥性饼干，对饼干的吸水率、直径、高度、硬度、脆性和韧性等进行分析评价，研究了弱筋小麦品质与饼干品质性状间的关系。试验结果表明：随着淀粉添加量的增加，混合粉中蛋白质含量、湿面筋含量、粒度和吸水率均呈减少趋势，沉淀值的变化则无明显规律。添加淀粉后，混合粉的Y值增大，x、y值均减小，就添加相同比例的不同种类淀粉而言，添加玉米淀粉的混合粉白度最大，添加马铃薯淀粉的混合粉峰值黏度和破损值较高、回升值最低，而添加小麦淀粉的混合粉回生值最大。淀粉添加量的增加可以增大饼干的胀发率，减少饼干硬度，增大饼干脆性，而饼干的韧性也减小。

《酥性饼干用小麦粉》（SB/T 10141—1993）制作酥性饼干的过程一般包括配料、面团调制、面团辊轧、面团成型和烘烤等工序：①称取白砂糖85.5g并加水约15ml，（加水量随面粉吸水率而变）加热溶解、冷却至30℃左右，加入饴糖13.8g。②将称好的起酥油45g和奶油6g一起加热熔化，再冷却至30℃左右，向其中加入柠檬酸0.012g。③将称好的小苏打0.21g溶解于5ml冷水中，将称好的食盐0.9g和碳酸氢铵0.9g一起溶解于5ml冷水中。④将油、糖混合在一起，用Hobart和面机低档搅拌10s，再加入鸡蛋50g搅拌直至均匀（中档约20s）。⑤再加入碳酸氢铵溶液，用低档搅拌均匀，然后再加入食盐和碳酸氢铵溶液的混合液，低档搅拌至均匀。⑥所有辅料（除奶粉外）混合均匀，约用1min。⑦将奶粉13.8g和面粉300g预先混合均匀，然后再加入上面搅拌均匀的配料，调制成面团，约1min，调制好的面团温度22℃左右。⑧将调制好的面团取出，静置5～10min，使面团用手捏时，不感到黏手，软硬适度，面团上有清楚的手纹痕迹，当用手拉断面团时，感觉稍有黏结力和延伸性，拉断的面团没有缩短的弹性现象。这时，说明面团的可塑性良好，可以判断面团调制已达到终了阶段。⑨手工压片，用两片 2.5mm 厚的铝片，放在两辊两端使面片厚约 2.5~3mm。⑩用有花纹的印模手工成型（用力均匀）。⑪烘烤，烘烤温度 200℃，时间约 9min，具体可以视饼干颜色而定（陈满峰，2008）。

（二）其他食用方法

小麦作为主要粮食作物之一，弱筋小麦除适宜制作饼干外，在人们日常生活中，作为主食，有多种食用方法。

赵九永（2010）研究了脱脂对弱筋、中筋和强筋小麦粉的理化特性、制成馒头和面条食用品质以及馒头抗老化特性的影响。结果表明，脱脂对强筋小麦粉的流变学特性有较大的影响：面团形成时间显著增加，吸水率极显著增加，面团稳定时间和粉质质量指数极显著减小，对弱筋小麦粉的影响相对较小。弱筋小麦粉脱脂后加工的馒头体积、比容、气孔数都增加，宽/高减小。中筋和强筋小麦粉脱脂后加工的馒头体积、比容、气孔数、宽/高都减小，脱脂后小麦粉馒头的气孔总面积和直径平均值都增加。脱脂后弱筋小麦粉馒头的硬度、黏附性、胶着性和咀嚼性极显著减少，回复性显著增加。中筋和强筋小麦粉馒头 TPA 参数的影响则相反，脂类虽然不能阻止馒头的老化，但可以延缓老化。脱脂后小麦粉的面条表面硬度、咀嚼性和胶着性增加，黏附性的绝对值增加，剪切力和坚实度都显著增加，蒸煮时间减少，干物质损失率增加。

李卫华（2013）研究了冷冻蛋挞专用粉的研制指出，中国目前种植面积最大的弱筋小麦是扬麦 13，其在 2005—2010 年连续被列为全国主导品种中唯一的弱筋小麦品种，已累计推广 200 万 hm^2 以上，可作为冷冻蛋挞专用粉的首选原料品种，同时，扬麦 13 还是当前国际上最大饼干企业卡夫公司订单生产的主要原料之一。扬麦 9 号、扬辐麦 2 号可做为冷冻蛋挞专用粉的备选原料品种，使用时需严格控制原料和成品的各项质量指标，使冷冻和烘焙实验的综合评价达到 85 分以上，才能满足品质要求。

梁静等（2015）以强筋小麦“新麦 26”与弱筋小麦“皖麦 47”为材料，按 10∶0、9∶1 至 1∶9、0∶10 共11 个比例配麦处理，分析其籽粒、面粉、加工馒头和面条的品质及其相关性，结果表明，籽粒和面粉 21 个品质性状、馒头 11 个品质性状和面条 8 个品质性状处理间差异显著或极显著。“新麦 26”与“皖麦 47”在配麦 8∶2 和 6∶4 处理时，馒头评分均在 75 以上，其中以配比 8∶2 时馒头评分最高；配麦 9∶1、8∶2 和 7∶3 时，面条评分均在85以上，以配比8∶2最高；随着“皖麦47”的比例增加，馒头和面条的主要品质性状呈下降趋势，评分逐渐降低；面条和馒头品质性状与籽粒和面粉品质性状间存在不同的相关性，可根据不同类型馒头和面条品质要求选用合适的配麦处理。

周义山等（2016）发明了一种养阴润肺DHA低筋面粉，即按照弱筋小麦100~200份，花生仁8~12份，黑小豆4~8份，银耳6~9份，百合5~10份，霸王花2~4份，玉竹3~4份，麦冬2~3份，杧果核2~3份，相思藤3~4份，燕麦β葡聚糖2~4份，黄原胶0.3~0.6份，谷朊粉1~2份，浓缩鱼油1~2份的份数进行配比，混匀生产出的各类面食品均具有养阴润肺的保健功效，适合人们长期食用。

卞科等（2018）发明了一种利用过热蒸汽改善弱筋小麦食用品质的方法。取经过除杂清理的水分含量为10%~25%的弱筋小麦，在185~265℃条件下对其进行过热蒸汽处理，处理时间0.5~10min，过热蒸汽流速0.5~5m/s处理结束后，根据小麦水分含量对其进行调质，将小麦水分含量调节至14%，冷却至室温后密封保存即可。经过热蒸汽处理后的弱筋小麦，所制得小麦粉的粉质曲线稳定时间显著缩短，可达到优质酥性饼干专用粉的品质要求，酥性饼干的硬度显著降低，酥脆性得到改善。

梅心思（2018）公开了一种具有降血糖功效的桑枝木耳饼干及其制作方法。用低筋面粉120~200份，黄油75~150份，枫叶糖浆40~70份，豆奶粉10~20份，桑枝木耳粉1~6份，通过混合、搅拌、成型、烘烤等步骤制成饼干。用该配方制成的饼干口感独特，营养丰富，一般人群都可食用，同时具有降血糖的功效，特别适合糖尿病患者及血糖偏高的人食用。

弱筋小麦粉包括饼干粉、糕点粉、蛋糕粉等，其中，蛋糕粉对面粉筋蛋白质的含量和质量要求比一般弱筋粉更为严格，蛋糕专用粉是由软麦磨制而得，高档优质蛋糕粉通常是由低面筋含量、低灰分的前路精细面粉组成，取粉率控制在30%~50%，这种面粉更能使得蛋糕质构饱满细腻湿软可口。典型的蛋糕专用粉应该具有如下的理化指标要求：蛋白质≤10%（干基），湿面筋≤23%，灰分≤0.45%（干基），吸水率≤53%，稳定时间≤3min，不同的蛋糕类型对面粉要求会略有不同。面粉被氯化pH值会降低，因此面粉pH值是其氯化程度的标示，所以蛋糕专用粉的pH指标测定非常重要，需要在4.6~4.9的范围内（王晓阳等，2010），在美国，用于生产蛋糕的面粉通常是经过氯气处理的软麦粉，氯化作用修饰面粉中的一些组分，对淀粉产生氧化作用，改良面粉性质，使面糊黏性增加。

多数饼干粉是由软质小麦磨制而成，对这类面粉要求面筋弱但具有一定延伸性，蛋白含量较高的硬质麦粉会限制延展，低筋软麦粉利于延展，不像蛋糕粉对精细度要求那么高，通常饼干类对面粉的灰分指标要求较低，中等或较高的取粉率均可，饼干专用粉也不需要被氯化。优质饼干粉的理化品质指标是：蛋白质含量 9%～11.5%（干基）、湿面筋含量 20%～25%，灰分 0.45%～0.6%（干基），吸水率 50%～56%。通常曲奇饼干和酥性饼干要求面粉的面筋含量、筋力、灰分和吸水率较低，而发酵饼干则要求面粉蛋白含量、筋力和吸水率更高些，有时还需要一些硬麦搭配。吹泡仪指标与饼干品质的关系密切，因此，常使用吹泡仪测定和控制饼干专用粉的品质指标，一般要求饼干粉的吹泡仪 P 值≤50、L 值≥80、W 值≤130。溶剂保持力是近年发展起来的预测和控制饼干类专用粉的新方法，中国的优质软麦育种和优质饼干粉及饼干生产企业正在开始应用，预计将会在优质弱筋小麦及其面粉标准制订中受到密切关注，包括碱水、水、蔗糖水、乳酸溶液和碳酸钠溶液保持力（溶剂保持力）。对于理想的曲奇饼干粉，一般要求水的溶剂保持力值≤51%，蔗糖水的溶剂保持力值≤89%，乳酸的溶剂保持力值≥87%，碳酸钠溶液的溶剂保持力值≤64%，对于其他饼干粉，这些溶剂的溶剂保持力值可相应高些（姜景祥等，2013）。

馒头是一种传统的发酵蒸制面制食品，根据地域和喜好不同，主要分为北方馒头和南方馒头（包括广式馒头）两大类，北方馒头的主要原料是面粉、水和酵母，而南方馒头通常还添加糖和油脂等辅料。北方馒头体积大，皮白，内部致密、网纹小，弹性好、有咬劲，加工时一般不加配料，要求籽粒或面粉蛋白质含量较高，面筋质量中等或稍强；而南方馒头体积小，皮极白，内部松散、网纹大，弹性大、松软，加工时常加奶油、糖、盐等配料，要求籽粒或面粉蛋白质含量中等或偏低，面筋质量中等或较弱，相对于主食北方馒头，南方馒头要求质地暄软、富有弹性、微感甜香、色泽洁白。南方馒头质量影响的因素很多，其面粉的品质起决定性作用，南方馒头通常要求弱筋小麦面粉，为了能满足优质南方馒头的生产，该种面粉的指标通常在如下范围：蛋白含量 8.5%～10.5%（干基），灰分 0.4%～0.55%（干基），湿面筋含量 20%～22%，吸水率 50%～55%，稳定时间 1.5～4.5min。由于高档南方馒头通常要求精白无暇，因此对面粉的白度要求较为严格，专用粉的指标要求固然重要，然而面粉厂能够稳定提供质量均一的面粉同样重要，相信通过研发和生产优质的专用粉产品，定能给企业带来显著的经济效益（陈华等，2015）。

本章参考文献

曹广才，王绍中，1994. 小麦品质生态［M］. 北京：中国科学技术出版社.

陈锋，董中东，程西永，等，2010. 小麦 *puroindoline* 及其相关基因分子遗传基础研究进展［J］. 中国农业科学，43（6）：1 108–1 116.

陈华，史勤，部惠萍，等，2015. 国产弱筋小麦品种筛选与品质研究［J］. 农业科技通讯（11）：67–70.

陈雪燕，王灿国，程敦公，等，2018. 小麦加工品质相关贮藏蛋白、基因及其遗传改良研究进展［J］. 植物遗传资源学报，9（1）：1–9.

邓先亮，屠晓，李军，等，2019. 缓控释肥一次性基施对小麦产量及其形成的影响［J］. 中国土壤与肥料（3）：87–93.

樊宏，王慧，汪帆，等，2011. 10 个小麦品种面粉品质对其面条品质影响的研究［J］. 安徽农业科学，39（15）：9 121–9 123，9 126.

方先文，姜东，戴廷波，等，2002. 不同品质类型小麦籽粒蛋白质、淀粉积累过程的基因型差异［J］. 麦类作物学报，22（2）：42–45.

高德荣，宋归华，张晓，等，2017. 弱筋小麦扬麦 13 品质对氮肥响应的稳定性分析［J］. 中国农业科学，50（21）：4 100–4 106.

高新楼，秦中庆，苏利，等，2005. 蛋糕粉专用小麦品种筛选研究［J］. 粮食与饲料工业（12）：13–15.

顾克军，杨四军，张恒敢，等，2004. 栽培措施对小麦籽粒主要加工品质的影响［J］. 安徽农业科学，32（5）：1 013–1 016，1 046.

郭翠花，高志强，2010. 氮肥运筹对不同穗型小麦产量形成及籽粒品质的影响［J］. 山西农业大学学报（自然科学版），30（1）：33–37.

郭明明，董召娣，易媛，等，2014. 氮肥运筹对不同筋型小麦产量和品质的影响［J］. 麦类作物学报，34（11）：1 559–1 565.

胡新中，卢为利，阮侦区，等，2007. 影响小麦面粉白度的品质指标分析［J］. 中国农业科学，40（6）：1 142–1 149.

黄仲华，1991. 中国调味食品技术实用手册［M］. 北京：中国标准出版社.

姜景祥，陈艳，朱宝成，等，2013. 国产优质低筋小麦的加工品质特性研究［J］. 现代面粉工业，27（5）：24-27.
李春燕，徐月明，郭文善，等，2009. 氮素运筹对弱筋小麦扬麦 9 号产量、品质和旗叶衰老特性的影响［J］. 麦类作物学报，29（3）：524-529.
李冬梅，田纪春，2006. 小麦籽粒和面粉蛋白质含量的比较研究［J］. 陕西农业科学（6）：34-35，41.
李根英，夏兰芹，夏先春，等，2007. *Pina* 和 *Pinb* 融合基因表达载体的构建及其在硬粒小麦中的转化［J］. 中国农业科学，40（7）：1 315-1 323.
李清明，舒青青，夏磊，等，2018. 淮山全粉——小麦粉特性及其对饼干品质的影响［J］. 核农学报（9）：1 766-1 771.
李卫华，2013. 冷冻蛋挞专用粉的研制与开发［J］. 现代面粉工业（3）：41-43.
梁静，陈俊，万根文，等，2015. 强筋与弱筋小麦配麦面粉及馒头和面条品质的研究［J］. 西北农业学报，24（5）：34-40.
刘志华，胡尚连，韩占江，等，2003. 小麦蛋白质组分与加工品质关系［J］. 粮食与油脂（10）：7-9.
陆增根，戴廷波，姜东，等，2006. 不同施氮水平和基追比对弱筋小麦籽粒产量和品质的影响［J］. 麦类作物学报，26（6）：75-80.
吕强，熊瑛，陈明灿，等，2007. 氮肥运筹对不同类型小麦籽粒品质的影响［J］. 河南农业科学，14（9）：17-20.
罗勤贵，张娜，张国权，2007. 弱筋小麦 SRC 特性与饼干品质关系的研究［J］. 粮食加工，32（6）：20-24.
牟会荣，2011. 弱光对小麦籽粒及面粉加工品质的影响［J］. 安徽农业科学，29（33）：20 568-20 570.
潘治利，田萍萍，黄忠民，等，2017. 不同品种小麦粉的粉质特性对速冻熟制面条品质的影响［J］. 农业工程学报，33（3）：307-314.
戚德才，2017. 小麦粉的基础营养与品质改善［J］. 河南农业（14）：107.
孙辉，姜薇莉，林家永，2009. 小麦粉理化品质指标与食品加工品质的关系研究［J］. 中国粮油学报，24（3）：12-16.
唐黎标，2017. 小麦出粉率影响因素的探讨［J］. 现代面粉，4（2）：3-13.

王磊，2018. 小麦粉加工工艺研究［J］. 河南农业（26）：45-46.

王曙光，许轲，戴其根，等，2005. 氮肥运筹对太湖麦区弱筋小麦宁麦9号产量与品质的影响［J］. 麦类作物学报，25（5）：65-68.

王晓阳，肖小洪，王凤成，等，2010. 优质弱筋小麦专用粉品质指标要求［J］. 现代面粉工业，24（3）：46-47.

吴宏亚，汪尊杰，张伯桥，等，2015. 氮肥追施比例对弱筋小麦扬麦15籽粒产量及品质的影响［J］. 麦类作物学报，35（2）：258-262.

徐恒永，赵振东，刘建军，等，2002. 群体调控与氮肥运筹对强筋小麦济南17号产量和品质的影响［J］. 麦类作物学报，22（1）：56-62.

杨剑婷，夏树凤，周琴，等，2020. 面筋蛋白对小麦粉理化性质及面包烘焙品质的影响［J］. 麦类作物学报，40（5）：620-629.

杨涛，王沛，周琴，等，2020. 醇溶蛋白和麦谷蛋白配比对饼干品质的影响［J］. 食品科学，41（6）：8-15.

姚大年，刘广田，1997. 淀粉理化特性、遗传规律及小麦淀粉与品质的关系［J］. 粮食与饲料加工（2）：36-38.

姚金保，马鸿翔，张平平，等，2017. 施氮量和种植密度对弱筋小麦宁麦18籽粒产量和蛋白质含量的影响［J］. 西南农业学报，30（7）：1 507-1 510.

张凡，韩勇，刘国涛，等，2018. 安阳市小麦籽粒营养品质分析［J］. 安徽农业科学，46（35）：162-164.

张国增，郑学玲，钟葵，等，2012. 小麦面粉蛋白品质与其加工特性的关系［J］. 核能学报，26（7）：1 012-1 017.

张军，许轲，张洪程，等，2007. 稻田套播和施氮对弱筋小麦产量和品质的调节效应［J］. 麦类作物学报，27（1）：107-111.

张岐军，张艳，何中虎，等，2005. 软质小麦品质性状与酥性饼干品质参数的关系研究［J］. 作物学报（9）：1 125-1 131.

张向前，陈欢，乔玉强，等，2018. 安徽不同生态区弱筋小麦产量和品质差异分析［J］. 西北农业学报，27（12）：1 763-1 771.

张向前，徐云姬，杜世州，等，2019. 氮肥运筹对稻茬麦区弱筋小麦生理特性、品质及产量的调节效应［J］. 麦类作物学报，39（7）：810-817.

张晓，田纪春，2008. 若干高白度小麦的色泽优势及形成因素分析［J］. 中国农业科学，41（2）：347-353.

张运红，孙克刚，杜君，等，2017. 施氮水平对不同基因型优质小麦干物质积累、产量及氮素吸收利用的影响［J］. 河南农业科学，46（4）：10-16.

赵绘，慕向宾，王占林，等，2012. Cu/Zn-SODM 和 Mn-SODM 对小麦生长发育和产量的影响［J］. 安徽农业科学，40（14）：8 057-8 058，8 062.

赵淑章，季书勤，王绍中，等，2004. 不同施氮量和底追比例对强筋小麦产量和品质的影响［J］. 河南农业科学，33（7）：57-59.

赵新淮，徐红华，姜毓君，2009. 食品蛋白质：结构、性质与功能［M］. 北京：科学出版社.

郑文寅，汪帆，司红起，等，2013. 普通小麦籽粒 LOX、PPO 活性和类胡萝卜素含量变异及对全麦粉色泽的影响［J］. 中国农业科学，46（6）：1 087-1 094.

周飞，陈余平，韩红煊，等，2016. 冬小麦施用控释尿素、含锌尿素和含锰尿素的效果［J］. 浙江农业科学，57（11）：1 783-1 785.

周青，陈风华，张国良，等，2005. 施氮时期对弱筋小麦产量和品质的调节效应［J］. 麦类作物学报，25（3）：67-70.

朱孔志，卢霞，冯明辉，等，2016. 缓控释肥在苏北沿海地区宁麦 13 小麦上的应用效果研究［J］. 现代农业科技（21）：19，21.

朱新开，郭文善，封超年，等，2009. 不同类型专用小麦氮肥施用参数研究［J］. 麦类作物学报，29（2）：308-313.

AHMAD M，2000. Molecular marker-assisted selection of HMW glutenin alleles related to wheat bread quality by PCR-generated DNA markers［J］. Theoretical and Applied Genetics，101：892-896.

AKBARI M，WENZL P，CAIG V，et al.，2006. Diversity arrays technology（DArT）for high-throughput profiling of the hexaploid wheat genome［J］. Theoretical and Applied Genetics，113：1 409-1 420.

ALLAN S，PEAKE A G，MARK C，2011. The 1BL/1RS translocation decreases grain yield of spring wheat germplasm in low yield environments of north-eastern Australia［J］. Crop and Pasture Science，62：276-288.

BARAK S，MUDGIL D，KHATKAR B S，2015. Biochemical and functional properties of wheat gliadins：a review［J］. Critical Reviews in Food Science and Nutrition，55：357-368.

BÉKÉS F, 2012. New aspects in quality related wheat research: I. Challenges and achievements [J]. Cereal Research Communications, 40: 159-184.

BÉKÉS F, 2012. New aspects in quality related wheat research: II. New methodologies for better quality wheat [J]. Cereal Research Communications, 40: 307-333.

BETTGE A, RUBENTHALER G L, POMERANZ Y, 1989. Alveograph algorithms to predict functional properties of wheat in bread and cookie baking [J]. Cereal Chemistry, 66 (2): 81-86.

GAINES C S, KASSUBA A, FINNEY P L, 1996. Using wire-cut and sugar-snap formula cookie test Baking methods to evaluate distinctive soft wheat flour sets: implications for quality testing [J]. Cereal Foods World, 41 (3): 155-160.

GAINES C S, 1985. Associations among soft wheat flour particle size, protein content, chlorine response, kernel hardness, milling quality, white layer cake volume, and sugar-snap cookie spread [J]. Cereal Chemistry, 62 (4): 290-292.

GAINES C S, 2000. Collaborative study of methods for solvent retention capacity profiles (AACC method 56-11) [J]. Cereal Foods World, 45 (7): 303-306.

ODA M, YASUDA Y, OKAZAKI S, et al., 1980. A method of flour quality assessment for Japanese noodles [J]. Cereal Chemistry, 57 (4): 253-254.

SUN J Z, YANG W L, LIU D C, et al., 2015. Improvement on Mixograph test through water addition and parameter conversions [J]. journal of integrative Agriculture, 14 (9): 1 715-1 722.

TOYOKAWA H, RUBENTHALER G L, POWERS J R, et al., 1989. Japanese noodle quality, I flour components [J]. Ceareal Chemistry, 66 (4): 382-385.

ZHANG Q J, ZHANG Y, ZHANG Y, et al., 2007. Effects of solvent retention capacities, pentosan content, and dough rheological properties on sugar snap cookie quality in Chinese soft wheat genotypes [J]. Crop Science, 47 (2): 656-664.

附录1 江淮平原种植的通过审定的弱筋小麦品种

品种名称	选育单位	选育人	审定情况	品种来源	冬春性	推广面积
皖麦18	安徽农业大学	董召荣等	1992年通过安徽省	百农3217×安农8108	半冬偏春性	累计推广300多万亩
皖麦19	安徽宿县地区农业科学研究所	程守忠等	1994年安徽省	博爱7422/豫麦2号	半冬性	累计推广300多万亩
扬麦9号	江苏里下河地区农业科学研究所	程顺和等	1996年通过江苏省审定	采用常规育种方法与花粉培养新技术相结合育成的，组合为鉴三/扬麦5号	春性	累计推广500多万亩
宁麦9号	江苏省农业科学院粮食作物研究所	马鸿翔、姚国才等	1997年通过江苏省审定	扬麦6号/日本西风	春性	累计推广2 000多万亩
滇麦24	云南德宏州农业科学研究所		1997年通过云南省审定	78-3845×980	春性	累计推广100多万亩
豫麦50	河南省农业科学院小麦研究所	雷振生、林作楫等	1998年通过河南省审定	利用太谷核不育小麦的特异性，通过回交将Tal（Ms2）将基因导入抗性材料，将不育株按比例相间种植，组成抗白粉病原始群体（MPRC0）	弱春性	累计推广1 000多万亩
扬辐麦1号	江苏里下河地区农业科学研究所	程顺和等	1999年通过江苏省	用突变品系1-3058作母本与扬麦5号杂交，1985年秋利用^{60}Co-γ射线辐照诱变经多代选育于1993年育成	春性	累计推广500多万亩
扬麦158	江苏里下河地区农业科学研究所	程顺和等	1999年通过浙江省审定	扬麦4号/ST1472/506	春性	累计推广1.3亿亩以上
川农麦1号	四川农业大学		1999年通过国家审定	绵阳11×川农84-1	春性	累计推广100万亩以上

（续表）

品种名称	选育单位	选育人	审定情况	品种来源	冬春性	推广面积
豫麦 60	河南省农业科学院花培室	海燕、康明辉等	1999 年通过河南省审定	组合为豫麦 13/郑州 831，F_1 代花药培养，诱导出单倍体苗，进行染色体加倍后筛选而成	弱春性	累计推广 100 万亩以上
建麦 1 号	江苏省建湖县农业科学研究所	孙雨红、李成、顾金銮	2001 年通过江苏省审定	泗阳 936 系选	半冬偏春性	累计推广 200 多万亩
川麦 107	四川省农业科学院作物所	杨武云等	2001 年通过国家审定	2469 ×80-28-7	川麦 107	累计推广 100 万亩以上
克丰 9 号	黑龙江省农业科学院小麦研究所		2002 年通过黑龙江省审定	九三 88D－25×新克旱 9 号	春性	累计推广 100 万亩以上
太空 5 号	河南省农业科学院小麦研究所	雷振生、吴政卿、林作楫等	2002 年通过河南省审定	豫麦 21 航天诱变而成	弱春性	累计推广 200 多万亩
皖麦 47	安徽省六安市农业科学研究所	姜文武等	2002 年通过安徽省审定	皖西 8906×（博爱 7422/宁麦 3 号）	春性	累计推广 300 多万亩
扬辐麦 2 号	江苏里下河地区农业科学研究所	何震天、陈秀兰、王锦荣等	2002 年和 2003 年分别通过江苏省审和国家审定	（扬麦 158/1-9012）F2 经 $^{60}Co-\gamma$ 射线辐射育成	春性	累计推广 1 000 多万亩
川农 16	四川农业大学		2002 年通过四川省审定，2003 年通过国家审定	川育 12 ×87-429	春性	累计推广 100 万亩以上
绵阳 30	四川省绵阳市农业科学研究所	李生荣等	2003 年通过国家审定	（绵阳 01821×83 选）13028×绵阳 05520－14	弱春性	累计推广 100 万亩以上
郑麦 004	河南省农业科学院小麦研究所	雷振生、吴政卿、杨会民等	2004 年通过河南省和国家双审定	豫麦 13/90M434//石 89-6021（冀麦 38）	半冬性	2004—2010 年累计推广 2 000 多万亩
皖麦 48	安徽农业大学	马传喜等	2004 年通过国家审定	矮早 781/皖宿 8802	弱春性	累计推广 200 多万亩
川麦 42	四川省农科院作物研究所	杨武云等	2004 年四川省、国家双审定	SynCD768/SW3243//川 6415	春性	累计推广 200 多万亩
宁麦 13	江苏省农业科学院	杨学明等	2005 年江苏省审定；2006 年通过国家审定	宁麦 9 号系选	春性	累计推广 200 多万亩

（续表）

品种名称	选育单位	选育人	审定情况	品种来源	冬春性	推广面积
郑丰 5 号	河南省农业科学院小麦研究所	雷振生、吴政卿等	2006 年河南省审定	ta900274/郑州 891	半冬性	累计推广 300 多万亩
苏申麦 1 号	扬州大学小麦研究所、上海市农技推广服务中心和上海跃进农业管理总站	朱新开、郭文善、封超年等	2007 年通过上海审定	从“扬麦 1 号”突变株采用放射性同位素 ^{60}Co 于 300Gy 剂量场经辐射选育而成	春性	累计推广 200 多万亩
安农 0305	安徽农业大学	马传喜等	2007 年通过安徽省审定	豫麦 18/皖麦 19	春性	累计推广 300 多万亩
扬麦 13	国家小麦改良中心扬州分中心和江苏里下河地区农业科学研究所	程顺和等	2002 年通过江苏省审定	扬 84-84//Maristorve/扬麦 3 号	春性	审定至今累计推广 4 000 万亩以上
皖麦 48	安徽农业大学	马传喜等	2004 年国家审定	矮早 781×皖宿 8802	春性	累计推广 300 多万亩
扬麦 15	国家小麦改良中心扬州分中心和江苏里下河地区农业科学研究所	程顺和等	2004 年通过国家审定，2005 年江苏审定	扬 89-40/川育 21526	春性	审定至今累计推广 3 000 万亩以上
扬麦 18	江苏省里下河地区农业科学院	程顺和等	2008 年安徽审定，2009 年江苏审定，2013 年通过上海审定	4×宁麦 9 号/3/6×扬麦 158//88 - 128/南农 P045	春性	审定至今累计推广 1 000 万亩以上
扬麦 19	江苏里下河地区农业科学研究所	陆成彬等	2008 年通过安徽审定，2011 年浙江审定	扬 96/4/扬 1583/3/（Y. c. 扬 5）F1/2/扬 85-854	春性	审定至今累计推广 500 万亩以上
鄂麦 251	湖北省农业科学院粮食作物研究所	葛双桃等	2009 年通过湖北审定	S048/B41062 - 1//鄂麦 11	春性	审定至今累计推广 300 万亩以上
扬麦 20	江苏里下河地区农业科学研究所	陆成彬等	2010 年通过国家审定，2012 年通过江苏审定	扬麦 10 号/扬麦 9 号	春性	审定至今累计推广 500 万亩以上

（续表）

品种名称	选育单位	选育人	审定情况	品种来源	冬春性	推广面积
扬麦 21	江苏里下河地区农业科学研究所	陆成彬等	2011 年通过江苏审定，2013 年通过国家审定	宁麦 9 号/红卷芒	春性	审定至今累计推广 500 万亩以上
鄂麦 580	湖北省农业科学院粮食作物研究所	高春保等	2012 年通过湖北省审定	“太谷核不育系/957565”经系谱法选择育成	半冬偏春性	累计推广 300 万亩以上
绵麦 51	绵阳市农业科学研究院	任勇、李生荣等	2012 年通过国家审定	1275-1/99-1522	春性	累计推广 200 万亩以上
宁麦 22	江苏省农业科学院农业生物技术研究所	姚国才等	2013 年通过国家审定	在宁麦 12 初始群体（繁殖区）中（宁麦 12 来源于宁 9170 /扬麦 158，宁 9170 来源于鄂麦 9 号/Sunety	春性	累计推广 300 万亩以上
扬麦 22	江苏里下河地区农业科学研究所	程顺和、高德荣等	2012 年通过国家审定	扬麦 9 号×3/97033-2	春性	累计推广 500 万亩以上
川麦 66	四川省农科院作物科学研究所	杨武云、郑建敏、蒲宗军等	2014 年通过四川省审定	（川麦42/98-266F1）/川麦 44	春性	累计推广 200 万亩以上
川辐 7 号	四川省农业科学院生物技术核技术研究所	蒋云、张洁、郭元林等	2015 年通过四川省审定	02 中 5X/093（云繁 99G321/郑麦 9023），杂交当代种子经 Coγ 射线处理，采用系谱法选育而成	春性	累计推广 200 万亩以上
绵麦 285	绵阳市农业科学研究院	任勇、何员江、肖代洪等	2015 年通过四川省审定	1275-1/99-1522	春性	累计推广 200 万亩以上
绵麦 112	绵阳市农业科学研究院	任勇、何员江、肖代洪等	2016 年通过四川省审定	绵麦 367/川麦 43	春性	审定至今累计推 300 万亩以上
农麦 126	江苏神农大丰种业科技有限公司、扬州大学	周正红等	2018 年通过国家审定	扬麦 16/宁麦 9 号	春性	累计推广 500 万亩以上
光明麦 1311	光明种业有限公司、江苏省农业科学院粮食作物研究所	马鸿翔等	2018 年通过国家审定	3E158/宁麦 9 号	春性	累计推广 300 万亩以上

（续表）

品种名称	选育单位	选育人	审定情况	品种来源	冬春性	推广面积
皖西麦 0638	安徽六安市农业科学研究院	姜文武等	2018 年通过国家审定	扬麦 9 号/Y18	春性	审定至今累计推广 500 万亩以上
川麦 93	四川省农业科学院作物研究所	杨武云	2018 年通过四川省审定	普冰 3504/川育 20//川麦 104	春性	审定至今累计推广 300 万亩以上
郑麦 113	河南省农业科学院小麦研究所	雷振生、吴政卿等	2019 年通过国家审定	矮抗 58/偃展 4110	春性	审定至今推广近 700 万亩
森科 093	柴同森	柴同森、张锦富、隋天显等	2020 年通过河南省审定	Tal/偃科 956//周麦 22	春性	新审定

附录2　江淮地区种植后品质达到弱筋小麦标准的品种

品种名称	选育单位	选育人	审定情况	品种来源	冬春性	推广面积
豫麦18	豫西农作物品种展览中心	徐才智等	1990年通过河南省审定	1991年从200个78（1）-0-1-8-1单株中选到的最优株系，经4年系谱选育而成	春性	累计推广面积超1亿亩
扬麦158	江苏里下河地区农业科学研究所	程顺和等	1993年通过江苏省审定，1997年通过国家审定	扬麦4号/ST1472/506	春性	1993—2000年，累计种植1.3亿亩
淮麦17	江苏省徐淮地区淮阴农业科学研究所	顾正中、夏中华等	2001年通过安徽省审定	82057/徐州7471	春性	累计推广300万亩以上
淮麦18	江苏省淮阴市农业科学研究所	夏中华等	1999年通过江苏省审定，2000年通过河南省审定，2001年通过国家审定	烟1604/郑州891	半冬性	累计推广1 000多万亩
徐州25	江苏省徐州市农业科学研究所	陈荣振等	2000年通过江苏省审定	7904-13-2-2×百农792	春性	累计推广500多万亩
华麦12	华中农业大学	朱旭彤、孙东发等	2002年通过湖北审定	华9106/绵88-104	半冬性	累计推广200多万亩
浙丰2号	浙江省农科院植保所	梁训义、王连平等	2001年通过浙江省审定，2003年通过国家审定	皖鉴7909×浙908	春性	累计推广1 000多万亩
偃展4110	豫西农作物品种展览中心	徐才智等	2003年通过河南省审定	89（35）-14/矮早781-4	春性	累计推广5 000多万亩

（续表）

品种名称	选育单位	选育人	审定情况	品种来源	冬春性	推广面积
阜麦936	安徽省阜阳市农业科学研究所	蒋成功等	2005年通过国家审定	（皖麦20/冀5418）F1/内乡184	半冬性	累计推广500多万亩
宁麦13	江苏省农业科学院粮食作物研究所	马鸿翔、姚国才等	2005年通过江苏省审定，2006年通过国家审定	宁麦9号系选	春性	累计推广500多万亩
西辐14	四川凉山州西昌农业科学研究所	吉琼芳、奉义芳、杨德琪等	2006年通过四川省审定	西昌反修麦，经Coγ射线20KR照射，系统选育而成	春性	累计推广100多万亩
镇麦8号	江苏丘陵地区镇江农业科学研究	解晓林等	2008年通过国家审定	扬麦158/宁麦9	春性	累计推广300多万亩
宁麦15	江苏省农业科学院农业生物技术研究所	马鸿翔、姚国才等	2008年通过国家审定	宁9144系选［扬麦5号/86-17（宁丰小麦/早熟5号）］	春性	累计推广500多万亩
生选6号	江苏省农业科学院	马鸿翔、姚国才等	2009年通过国家审定	宁麦8号/宁麦9号	春性	累计推广200万亩以上
川麦43	四川省农科院作物研究所	杨武云等	2004年通过国家审定	SynCD768/SW3243//川6415	春性	累计推广面积300万亩
扬麦19	江苏省里下河地区农业科学研究所	程顺和等	2008年通过安徽省审定	［6×扬麦9号/4/4×158/3/4×扬85-85//扬麦5号/（Yuma/8＊Chancellor）］	春性	审定至今累计推广600万亩以上
扬麦20	江苏省里下河地区农业科学研究所	程顺和、高德荣等	2010年通过国家审定，2012年通过江苏省审定	扬9×扬10	春性	审定至今累计推广500万亩以上
宁麦18	江苏省农业科学院农业生物技术研究所、江苏中江种业股份有限公司	姚金保、马鸿翔、姚国才等	2011年通过江苏省审定，2012年通过国家审定	宁9312＊3/扬93-111	春性	审定至今累计推广500万亩以上

（续表）

品种名称	选育单位	选育人	审定情况	品种来源	冬春性	推广面积
扬麦21	江苏省里下河地区农业科学院、江苏金土地种业有限公司	程顺和、高德荣等	2011年通过江苏省审定，2013年通过国家审定	宁麦9号/红蜷芒	春性	审定至今累计推广500万亩以上
镇麦11	江苏丘陵地区镇江农业科学研究所	蔡金华、陈爱大、李东升等	2008年通过江苏省审定，2014年通过国家审定	扬麦158/宁麦11号	春性	累计推广400多万亩
扬麦22	江苏省里下河地区农业科学研究所	程顺和、高德荣等	2012年通过国家审定	扬麦9号*3/97033-2	春性	累计推广500万亩以上
扬辐麦5号	江苏金土地种业有限公司、江苏里下河地区农业科学研究所	程顺和、高德荣等	2011年通过安徽省审定	扬麦11/扬辐麦9311	春性	累计推200万亩以上
乐麦608	安徽省农业科学院作物研究所、丰乐		2016年通过安徽省审定	矮败小麦轮回选择	春性	累计推广200万亩以上
川麦82	四川省农业科学院作物研究所、中国农业科学院作物所	杨武云等	2017年通过四川省审定	Singh6/3*1231	春性	累计推广500万亩以上
扬辐麦8号	江苏金土地种业有限公司、江苏里下河地区农业科学研究所	程顺和、高德荣等	2018年通过国家审定	扬辐麦4号姐妹系1-1274/扬麦11	春性	审定至今累计推广500万亩以上
扬辐麦6号	江苏里下河地区农业科学研究所、江苏农科种业研究院有限公司	张伯桥、程顺和、高德荣等	2018年通过国家审定	扬辐麦4号/扬麦14M1	春性	审定至今累计推广500万亩以上

（续表）

品种名称	选育单位	选育人	审定情况	品种来源	冬春性	推广面积
华麦 1028	江苏省大华种业集团有限公司	夏中华等	2018 年通过国家审定	扬麦 11/华麦 0722	春性	累计推广 100 万亩以上
扬辐麦 9 号	江苏金土地种业有限公司、江苏里下河地区农业科学研究所	马鸿翔等	2019 年通过国家审定	扬辐麦 4 号/扬麦 19M	春性	审定至今累计推广 200 万亩以上
扬辐麦 10 号	江苏里下河地区农业科学研究所、江苏农科种业研究院有限公司	张伯桥、程顺和、高德荣等	2019 年通过国家审定	（扬辐麦 4 号/扬麦 19）F_1 辐照	春性	审定至今累计推广 300 万亩以上
扬麦 24	江苏省扬州市农科院	张伯桥、程顺和、高德荣等	2014 年通过浙江省审定，2017 年通过江苏省和安徽省审定，2020 年通过国家审定	扬麦 17//扬 11/豫麦 18	春性	审定至今累计推广 200 万亩以上
郑麦 103	河南省农业科学院小麦研究所	杨会民、雷振生、吴政卿等	2014 年通过河南省审定，2019 年通过国家审定	周 13/D8904-7-1//郑 004	半冬性	审定至今推广近 500 万亩
镇麦 13	江苏瑞华农业科技有限公司、江苏丘陵地区镇江农业科学研究所	夏中华等	2020 年通过国家审定	宁 04126/镇 09196F1//宁 04126	春性	新审定

附录3 优质弱筋小麦品种介绍

1. 扬麦 158

品种来源　扬麦 158 是由江苏里下河地区农业科学研究所采用综合育种技术路线育成的长江下游新一代主栽品种，1993 年通过江苏省农作物品种审定委员会审定，1997 年通过国家审定。

特征特性　春性。全生育期 190d 左右。幼苗直立，叶片深绿；分蘖中等，穗型较大，成穗率高；熟期与扬麦 5 号相仿，穗型长方形，芒长成扇形；白壳红粒，角质，腹沟较深，籽粒饱满，每亩有效穗 28 万~30 万，每穗实粒 35 粒左右，千粒重 40g 以上。蛋白质含量 12.6%，稳定时间 6min 左右，沉淀值 44ml 以上，出粉率 70%以上，吸水率 67%以上，湿面筋 33%以上，抗赤霉病和白粉病，纹枯病轻，抗倒性好、冻害后恢复性好、耐湿、耐高温逼熟、灌浆速度快，熟相好。

产量表现　扬麦 158 产量高，平均亩产 350.76kg，分别比对照扬麦 5 号和鄂恩 1 号增产 14.85%和 20.46%，大面积生产亩增粮食 35~60kg。

栽培技术要点　应适时早播，一般要求在 10 月底至 11 月上旬播种；每亩播种 10~12.5kg，保证基本苗 15 万~18 万；科学施肥，氮肥分次施用。重施基苗肥，占总肥量的 60%~70%，适施穗肥，占总施肥量的 20%左右；清沟理渠，保证排水通畅，做到雨停田沟不滞水，增强根系活力，确保后期不早衰，不倒伏。综防病虫草害。

适宜区域　适宜在长江中下游地区的苏、皖、豫、沪、浙、鄂、湘、赣等省（市）推广应用。

2. 豫麦 50

品种来源　由河南省农业科学院小麦研究所从中、美、澳等国内外 20 多个优异资源组成的抗白粉病轮回群体中选择优良可育株，并经多年系谱和混合选择选育而成。原名丰优 5 号，通过河南省农作物品种审定委员会审定。

特征特性　弱春性。分蘖多，茎秆粗，叶片较宽大。株高 85cm 左右，穗粒数35粒左右，千粒重40~50g，亩成穗数40万左右。成熟落黄好，方穗，长芒，白粒，粉质。高抗白粉病，中抗条锈病、叶锈病、纹枯病，中感叶枯病。容重780~800g/L，粗蛋白含量9.89%~11.9%，湿面筋含量20.8%~24.6%，沉降值13.5~37.5ml，面团形成时间1.15~2min，面团稳定时间1.05~1.5min，达到优质软麦标准，适宜制作蛋糕饼干的软质小麦。

产量表现　1996年参加河南省高肥冬水组区试，平均亩产459.2kg，比对照豫麦2号增产2.03%，居第四位，在安阳、新乡表现突出，居第一位。1997年参加中肥春水组区试，平均亩产422.7kg，比对照豫麦18号增产5.58%，居第二位。1998年参加中肥春水组区试，平均亩产367.6kg，比对照豫麦18号增产11.62%，达显著水平，居试验第一位。1998年参加河南省生产试验，平均亩产313.03kg，比对照豫麦2号增产6.68%，居第二位。

栽培技术要点　一般播期在10月中旬至11月中下旬，最适播期为10月中旬，亩播量5~7kg，随着播期推迟，适当加大播量。施肥应施足底肥，少施氮肥，增施磷、钾肥。注意防倒，在小麦生长中后期，结合一喷三防防治病虫害。

适宜区域　适宜河南省中部、北部中晚茬种植，特别是在亩产400kg左右产量水平地区、轻沙地及稻棉晚茬麦区。

3. 徐州25

品种来源　由江苏省徐州市农业科学研究所选育而成的饼干、糕点型超高产小麦品种，其组合为徐州7904-13-2-2×百农792。通过江苏省农作物品种审定委员会审定。

特征特性　属半冬性中晚熟品种。幼苗半匍匐，抗寒性好。分蘖力较强，产量三要素协调，平均每亩成穗40万~43万，每穗结实37粒左右，千粒重40~45g。株型紧凑，旗叶宽大，穗层整齐，株高80~85cm，茎秆粗壮，抗倒性较好。穗长方形，穗短码密，结实率高。成熟时熟相好。中抗条锈、叶锈病，轻感白粉病，中感纹枯病和赤霉病。粗蛋白含量9.6%，湿面筋含量20.7%，干面筋含量8.3%，沉淀值17.6ml，面团形成时间1.5min，面团稳定时间2.1min，粉质评价值36。

产量表现　1995年参加徐州市品种比较试验，平均亩产454.89kg，比对照增产7.92%，居各参试品种第二位。1996—1997年度参加江苏省淮北片区试和生产试验，平均亩产分别为556.92kg、533.9kg、469.26kg，分别比对照增产8.15%、19.85%、13.63%；黄淮南片区试平均亩产分别为497.4kg、489.1kg，比对照分别增产1.45%、3.51%。1997年农业农村部新品种筛选试验平均亩产489.13kg，比对照增产5.57%。1999年在河南省、安徽省组织的大区生产试验中，平均亩产440.4kg，比对照增产5.74%。

栽培技术要点　10月初至10月中下旬均可播种，最适宜播期为10月1—15日。一般亩基本苗10万~16万为宜，中播量，壮个体较易取得高产。施足底肥，严格控制返青肥，重施拔节肥。扬花期遇雨注意防治赤霉病，中期、后期对白粉病、蚜虫要勤查早治。

适宜区域　适宜在江苏、安徽省北部及豫东和鲁西南中高肥水平地块作早、中茬种植。

4. 浙丰2号

品种来源　由浙江省农业科学院植物保护研究所选育而成，组合为皖鉴7909×浙908，2001年浙江省农作物品种审定委员会审定，2003年国家审定，审定编号为国审麦2003026。

特征特性　春性，成熟期较对照扬麦158晚1~2d。幼苗半直立，分蘖力中等，叶色淡，叶片窄小上冲。株高85cm左右，株型紧凑，长相清秀，抗倒能力较好，抗寒力一般。穗长方形，长芒，白壳，红粒。成穗率较高，平均亩穗数30万穗，穗粒数38粒，千粒重40g。熟相一般。中抗纹枯病和赤霉病，慢条锈病，中感白粉病，高感叶锈病。容重761.6g/L，粗蛋白含量11.9%，湿面筋含量23.9%，沉降值16.7ml，吸水率50.3%，面团稳定时间1.8min，最大抗延阻力208.3E.U，延伸性16.1cm，拉伸面积48.5cm^2。

产量表现　2000年参加长江流域冬麦区中下游组区域试验，平均亩产376.4kg，比对照扬麦158减产1.4%（不显著）；2001年续试，平均亩产340.8kg，比对照减产2.6%（极显著）。2002年参加生产试验，平均亩产285kg，比当地对照品种增产4.3%。

栽培技术要点　适宜播种期在长江中下游麦区中北部为10月底至11月上旬，南部为11月上旬至中旬。每亩基本苗18万~20万株。施足基肥，早施苗肥，适量施用拔节孕穗肥，后期应防止施肥过多、过迟而影响弱筋品质。

适宜区域　适宜在长江中下游冬麦区的浙江省、安徽省、江苏省淮南地区、河南省南部及湖北省等地种植。

5. 郑麦004

品种来源　由河南省农业科学院小麦研究所选育而成，其组合为豫麦13/90M434//石89-6021（冀麦38），通过河南省和国家农作物品种审定委员会审定。

特征特性 半冬性，中熟。幼苗半匍匐，叶色黄绿。株高 80cm，株型较紧凑，穗层整齐，旗叶上冲。穗纺锤形，长芒，白壳，白粒，籽粒半角偏粉质。亩穗数 40 万穗，每穗粒数 37 粒左右，千粒重 39g 左右。抗倒性、抗寒性较好。中抗至高抗条锈病，中感秆锈病，高感叶锈病、白粉病、纹枯病和赤霉病。2003 年测定混合样：容重 786g/L，蛋白质含量 12%，湿面筋含量 23. 2%，沉降值 11ml，吸水率 53. 2%，面团稳定时间 0. 9min，最大抗延阻力 32E. U，拉伸面积 $4cm^2$。另据 2004 年测定混合样：容重 799g/L，蛋白质含量 12. 4%，湿面筋含量 25. 1%，沉降值 12. 8ml，吸水率 53. 7%，面团稳定时间 1. 0min，最大抗延阻力 120E. U，拉伸面积 $13cm^2$。

产量表现 2002—2003 年度参加黄淮冬麦区南片冬水组区域试验，平均亩产 482. 9kg，比对照豫麦 49 号增产 5. 5%。2003—2004 年度续试，平均亩产 568. 3kg，比对照豫麦 49 号增产 4. 3%。2004—2005 年度生产试验平均亩产 506. 7kg，比对照豫麦 49 号增产 4. 3%。

栽培技术要点 适宜播期为 10 月上中旬，适宜亩基本苗 12 万～15 万，晚播适当增加播量。施肥 N、P、K 搭配比例以 1：1：0. 8 为宜。在弱筋小麦适宜区种植时，为稳定品质，施肥原则上以底肥为主，春季及生育后期一般不追肥。注意防治叶锈病、白粉病、叶枯病、赤霉病和蚜虫。

适宜区域 适宜在黄淮冬麦区南片的河南省、安徽省北部、江苏省北部及陕西关中地区高中产水肥地早中茬种植。

6. 扬辐麦 1 号

品种来源 扬辐麦 1 号（原名扬辐麦 9437）系江苏里下河地区农业科学研究所 1984 年春用突变品系 1-3058 作母本与扬麦 5 号杂交，1985 年秋利用 $^{60}Co-\gamma$ 射线辐照诱变经多代选育于 1993 年育成的优质饼干小麦，1999 年 8 月通过江苏省农作物品种审定委员会审定。

特征特性 全生育期 213d，较扬麦 158 迟 1d，属春性小麦。幼苗芽鞘无色，半直立，株型紧凑，叶片狭长，叶色深绿，主茎叶片数 10～11 张，株高 95cm，五个伸长节间，穗粒结构协调，穗层整齐，纺锤形，长芒，白壳，每穗 35～40 粒，千粒重 42～45g，叶片功能期长，后期熟相好，灌浆速度快，籽粒琥珀色，粒大饱满，卵圆形，容重高，千粒重高而稳。经南京经济学院粮油食品检测中心分析，出粉率 67. 7%，粗蛋白 10. 5%，湿面筋 26. 7%，沉降值 30ml，吸水率 59. 8%，面团形成时间 1. 7min，稳定时间 2. 8min，粉质仪评价值 35。适宜制备饼干专用粉。扬辐麦 1 号对白粉病、赤霉病、纹枯病为中抗-中感。在两年省区试中，对以上病害表现为耐病，中抗梭条花叶病，抗叶枯病，耐肥抗倒性强于扬麦158。

产量表现　1993年参加本所鉴定平均亩产416.5kg，比对照扬麦5号增产8.9%；1994年继续鉴定，平均亩产373.33kg，比对照扬麦5号增产11.71%；1995年参加品比试验，平均亩产402kg，比对照扬麦158增产8.45%。1995—1997年度参加江苏省淮南麦区区域试验，两年平均亩产407.16kg，比对照扬麦158增产1.76%。其中，1995—1996年度平均亩产424.05kg，比对照扬麦158增产4.14%。1997—1998年度参加江苏省淮南麦区生产试验，平均亩产316.87kg，比对照扬麦158增产6.2%，名列第一。

适宜区域　淮南麦区。

7. 扬辐麦2号

品种来源　江苏里下河地区农业科学研究所选育，以（扬麦158/1-9012）F_2经$^{60}Co\gamma$射线辐射育成。2002年和2003年分别通过江苏省和国家品种审定委员会审定，命名为扬辐麦2号，审定编号为国审麦2003025、苏审麦200209。

特征特性　该品种属春性中熟小麦品种。长芒，白壳，穗型近长方形，籽粒红皮，半硬质，分蘖成穗数一般，穗粒结构较协调，每亩有效穗29万左右，每穗粒数38粒左右，千粒重43.5g左右，容重770g/L左右。株高95cm左右，耐肥抗倒性一般，成熟期较扬麦158迟2d。中感赤霉病，中感白粉病、纹枯病，梭条花叶病毒病较轻。据2002年8月省农技推广中心抽样品质分析，粗蛋白含量10.67%，湿面筋23.8%，干面筋7.96%，沉降值31ml，面团形成时间1.2min，面团稳定时间3.3min，粉质评价值38分，属弱筋品种。

产量表现　1999—2001年参加江苏省区域试验，1999—2000年度平均亩产413.75kg，较对照扬麦158增产2.28%，极显著，居第1位；2000—2001年度平均亩产426.27kg，较对照扬麦158增产8.02%，极显著，居第1位；两年平均亩产420.01kg，较对照增产5.12%，极显著，居第1位。2001—2002年度参加江苏省淮南小麦生产试验，平均亩产362.1kg，较对照扬麦158增产6.29%，居第2位。

栽培技术要点　一般10月20日至11月5日播种，一般每亩基本苗10万~15万，每亩成穗控制在27万~30万；亩产450kg须每亩施纯氮17.5kg，并配施适量磷钾肥。肥料运筹上应掌握前促、中控、后攻的原则，基肥约占总氮量的65%，冬春平衡肥占10%，拔节孕穗肥占25%；抓好麦田化学除草，防止明涝暗渍。注意早期纹枯病、中后期白粉病及赤霉病的防治。

适宜区域 适宜江苏省淮南麦区中上等肥力条件下种植。2014年停止推广。

8. 川农麦1号

品种来源 由四川农业大学选育而成，组合为绵阳11×川农84-1，1996年四川省农作物品种审定委员会审定，1999年通过国家审定，编号为国审麦990001。

特征特性 春性，早熟，生育期190d左右。幼苗半直立，分蘖力强，株高80cm，抗倒伏能力强。穗长方形，短芒，白壳。籽粒椭圆形，粒色淡红，半角质，千粒重46.5g。容重785g/L，蛋白质含量12.2%，湿面筋含量19.8%，沉降值12.8ml，吸水率55.9%，稳定时间1.5min。抗条锈病，中感白粉病，高感赤霉病。

产量表现 长江流域全国筛选试验，1996年平均亩产324.8kg，较对照扬麦5号增产12.91%，差异极显著；1997年平均亩产298.3kg，较对照扬麦5号增产7.55%，差异不显著。生产试验，1994年四川4点平均亩产280kg，比对照80-8增产6.3%；1997年云南3点平均亩产418.5kg，比统一对照扬麦5号增产24.8%，比第二对照绵阳19号增产8.07%。

栽培技术要点 适宜播期为10月底至11月上旬，基本苗18万/亩左右。后期及时防治蚜虫为害。

适宜区域 该品种面粉宜做饼干、糕点专用粉。适宜在长江中上游的湖北、四川、云南等省中上等水肥地种植。

9. 阜麦936

品种来源 由安徽省阜阳市农业科学研究所选育而成。其组合为（皖麦20/冀5418）F1/内乡184，原名阜阳936。2005通过国家农作物品种审定委员会审定，国审麦2005011。

特征特性 弱春性，中早熟，成熟期比对照种豫麦18-64晚1d。幼苗半匍匐，叶上冲、黄绿色，分蘖力中等。株高80cm左右，株型略松散，穗层厚，旗叶上冲。穗纺锤形，长芒，白壳，白粒，籽粒半角质偏粉质，黑胚率低。产量三要素协调为：亩穗数40万，穗粒数33粒，千粒重39g。苗期长势偏弱，抗寒性一般，抗倒伏能力偏弱，耐湿性中等，熟相一般。中抗至高抗条锈病，慢秆锈病，中感叶锈病，高感白粉病、赤霉病和纹枯病。田间自然鉴定，高抗叶枯病。2003年测定混合样：容重788g/L，蛋白质（干基）含量12.81%，湿面筋含量28%，沉降值25.8ml，吸水率53.4%，面团形成时间3.1min，稳定时间3.4min，最大抗延阻力204E.U，拉伸面积47cm^2。容重782g/L，蛋白质（干基）含量13.42%，湿面筋含量26.2%，沉降值26.2ml，吸水率52.6%，面团形成时间2.8min，稳时间3.4min，最大抗延阻力252E.U，拉伸面积54cm^2。

产量表现　2002—2003年度参加黄淮冬麦区南片春水组区域试验，平均亩产453.1kg，比对照豫麦18-64增产3.7%。2003—2004年度续试，平均亩产531kg，比对照豫麦18-64增产6.6%。2004—2005年度参加生产试验，平均亩产455.4kg，比对照豫麦18-64增产6.8%。

栽培技术要点　适播期为10月15—25日，每亩适宜基本苗14万~18万。注意防治白粉病、纹枯病和赤霉病，高产田注意防倒伏。

适宜区域　适宜在黄淮冬麦区南片的河南省中北部、安徽省北部、江苏省北部、陕西省关中地区、山东省菏泽中高产水肥地中、晚茬种植。

10. 川麦42

品种来源　由四川省农业科学院作物研究所选育而成，其组合：Syn-CD768/SW3243//川6415，原名：川99-1572。通过四川省和国家农作物品种审定委员会审定。

特征特性　春性，全生育期平均196d。幼苗半直立，分蘖力强，苗叶窄，长势旺盛。株高90cm，植株整齐，成株叶片长略披。穗长锥形，长芒，白壳，红粒，籽粒粉质-半角质。平均亩穗数25万穗，穗粒数35粒，千粒重47g。秆锈病和条锈病免疫，高感白粉病、叶锈病和赤霉病。2003年测定混合样：容重774g/L，蛋白质含量12%，湿面筋含量22.6%，沉淀值25ml，吸水率54%，面团稳定时间1.4min，最大抗延阻力325E.U，拉伸面积70cm^2。另据2004年测定混合样：容重806g/L，蛋白质含量11.5%，湿面筋含量22.7%，沉淀值26ml，吸水率54%，面团稳定时间3.9min，最大抗延阻力332E.U，拉伸面积71.8cm^2。

产量表现　2002—2003年度参加长江流域冬麦区上游组区域试验，平均亩产354.7kg，比对照川麦107增产16.3%（差异极显著）。2003—2004年度续试，平均亩产量406.3kg，比对照川麦107增产16.5%。2004—2005年度生产试验平均亩产390.9kg，比对照川麦107增产4.3%。

栽培技术要点　适期早播，播种期为霜降至立冬。每亩基本苗14万~18万，较高肥水条件下适当控制播种密度，防止倒伏。亩施纯氮10kg左右、纯磷7kg、纯钾肥7kg，重施底（50%），追肥施苗（10%）、拔节肥

(20%)。注意防治白粉病、叶锈病、赤霉病和蚜虫。

适宜区域　适宜在长江上游冬麦区的四川、重庆、贵州、云南、陕西南部、河南南阳、湖北西北部等地区种植。

11. 皖麦47

品种来源　皖麦47是安徽省六安市农业科学研究所用选育而成的春性弱筋小麦品种，组合为皖西8906×（博爱7422/宁麦3号），2002年通过安徽省审定，编号为02020345。

特征特性　该品种属春性。株高85cm左右，幼苗半直立，分蘖力中等，成穗率较高，一般亩穗数30万左右，穗粒数40粒上下，千粒重38~40g。长芒，白壳，红粒，半角质，饱满度中等。后期灌浆快，熟相正常，落黄好，高抗条锈病、白粉病，赤霉病轻，成穗率高，分蘖力强，产量三要素协调，增产潜力大，品质较好，属弱筋优质小麦新品种。经农业农村部谷物及制品质量监督检测中心（哈尔滨）化验分析结果为：容重772g/L，粗蛋白11.63%，湿面筋22.7%，沉降值24ml，吸水率58.8%，形成时间1.2min，稳定时间1.5min，最大抗延阻力175E.U，拉伸面积43.7cm^2，符合弱筋小麦标准。经中国农业科学院植物保护研究所鉴定，该品种感条锈病，中感至高感叶锈病，中感白粉病，高感纹枯病和赤霉病。

产量表现　一般亩400kg，高产可达450kg以上。该品种1997—1999年度参加安徽省淮南片区试，平均亩产319.85kg，比对照扬麦158增产11.56%，1999—2000年度参加安徽省淮南片生产试验平均亩产341.71kg，比对照扬麦158增产4.55%。

适宜区域　淮河以南地区主栽品种扬麦158种植区均可推广种植。最佳播期10月25日至11月5日。

12. 皖麦48

品种来源　由安徽农业大学选育而成。其组合为矮早781×皖宿8802，原名安农98005。通过安徽省和国家农作物品种审定委员会审定。

特征特性　弱春性中熟品种，成熟期比对照豫麦18晚1~2d。幼苗半直立，长势中等，分蘖力较强。株高85cm左右，株型略松散，穗层不整齐。穗纺锤形，长芒，白壳，白粒，籽粒粉质，黑胚率偏高。产量三要素协调为：亩穗数36万穗，穗粒数34粒，千粒重39g。抗寒性差，抗倒性偏弱，较耐旱，抗高温，耐湿性一般。中感条锈病、纹枯病，高感白粉病、赤霉病和叶锈病。2002年测定混合样：容重776g/L，蛋白质含量13.4%，湿面筋含量28.5%，沉降值21.3ml，吸水率55.1%，面团稳定时间1.5min，最大抗延阻力 83E. U，拉伸面积 22cm²。另据 2003 年测定混合样：容重 787g/L，蛋白质含量 12. 5%，湿面筋含量 24. 8%，沉降值 21ml，吸水率 53. 1%，面团稳定时间 2min，最大抗延阻力 86E. U，拉伸面积 22cm²。

产量表现　2001—2002 年度参加黄淮冬麦区南片春水组区域试验，平均亩产 476. 38kg，比对照豫麦 18 号增产 8. 8%。2002—2003 年度续试，平均亩产 447. 1kg，比对照豫麦 18 号增产 2. 36%。2003—2004 年度生产试验平均亩产 417. 2kg，比对照豫麦 18 号增产 2. 4%。

栽培技术要点　适宜播期为 10 月中旬至 10 月下旬，注意播期不能过早，以防止冻害发生。亩基本苗 15 万左右。为了稳定弱筋小麦品质，应适当调整基肥、追肥氮肥的比例，一般基肥占 70%～80%，返青肥占 20%～30%，少施或不施拔节孕穗肥。生育后期宜喷施磷酸二氢钾。注意防治叶锈病、条锈病、赤霉病和白粉病。

适宜区域　适宜在黄淮冬麦区南片的河南省中南部、安徽省淮北、江苏省北部高、中肥力晚茬种植。

13. 绵阳 30 号

品种来源　由绵阳市农业科学研究所选育而成，组合为绵阳 01821/83 选 13028//绵阳 0552014（原代号绵阳 96-12）。2003 年通过国家审定，编号为国审麦 2003001。

特征特性　弱春性，中早熟品种。播种期弹性大，对低温冷害和高温逼熟具有较强的抵抗力，产量稳定。苗期长势壮，分蘖力强，株高 85～90cm，茎秆粗壮，抗倒力强。穗层整齐，穗长大方正，小穗排列稀密中等，穗粒数 45～50 粒，千粒重 50g 左右，田间植株长相好，成熟后茎秆黄亮，颖壳较松，易人工脱粒。慢条锈病，中感白粉病，感叶锈病和赤霉病。生育后期茎叶蜡质较多，对麦穗蚜的为害具有较强的抵抗力。容重 760g/L，粗蛋白质含量 11. 5%～11. 79%，湿面筋含量 20. 1%～21. 4%，沉降值 13. 1～15ml，稳定时间 1. 4～1. 5min，属弱筋小麦，适宜制作饼干，糕点、饺子等面食品。

产量表现　1997 年参加本所品比试验，折亩产 303kg，比对照绵阳 26 号增产 13. 48%，1998 年品比折亩产 412. 3kg，比对照川麦 28 增产 10. 15%；1999 年参加全国长江上游组区试，20 个试点平均亩产 281kg，比对照绵阳 26 号增产 7. 5%，2000 年参加全国长江上游组区试，20 个试点平均亩产 376. 9kg，比对照绵阳 26 号增产 10. 63%，达极显著水平。2001 年参加全国农技推广中心组织的小麦新品种展示，平均亩产 427. 4kg，比对照川麦 107 增产 13. 13%，居长江上游片区 12 个参试品种第一位。大面积一般亩产

400kg左右，高产田块亩产达到488kg。

栽培技术要点 适宜播种期为10月25—30日，每亩基本苗12万左右，撬窝点播、条沟撒播或免耕撒播，稻草覆盖均可。亩施纯氧12~14kg，以农家肥为主，重底早追。三叶期至拔节期间用4~5kg尿素作追肥，可满足生长发育需要。生育期注意防治病虫害，成熟后及时收获。

适宜区域 本品种适宜性广泛，在绵阳11号、20号等绵阳系列品种适宜栽培的地区均可种植。

14. 安农0305

品种来源 安农0305是用豫麦18和皖麦19杂交，杂交后代采用衍生系统法处理终选育而成的小麦新种，2007年通过安徽省审定，审定编号为皖品审07020554。

特征特性 安农0305属弱春性、多穗型、早熟小麦新品种。全生育期与豫麦18基本相当。幼苗直立，叶色绿，叶片宽厚，长势较壮，抗寒性较好，成穗率高。株高75~80cm，长相清秀，灌浆快，落黄好耐干旱，抗干热风能力强。白粒，卵圆形，籽粒粉质到半角质，容重810g/L，籽粒蛋白质含12%（干基）左右，湿面筋含量24%左右。产量三要素协调，亩成穗40万左右，穗粒数35~38粒，千重40g左右。综合性状好，较抗病抗倒，丰产稳产性好，适应性广。

栽培技术要点 该品种播期弹性大，10月中下旬播种均可，亩基本苗16万左右，迟播应适当增加量；要求深耕细耙，条播，播深3~5cm，足墒下种，力求一播全苗；高产栽培要求在中上等地力基础上，每亩底施磷酸二铵20~25kg，尿素15kg，钾15kg，土杂肥1~2m^3，年后追拔节肥，根据苗情亩追尿素5kg左右，追拔节肥要促弱控旺，培育壮苗；后期管理重点是搞好一喷三防，以达到防病治虫增产目的。

适宜区域 安农0305是豫麦18等早熟小麦的理想换代品种，尤其适宜在沿淮及江淮地区推广种植。

15. 生选6号

品种来源 江苏省农业科学院选育而成，组合为宁麦8号/宁麦9号。2009年通过国家审定，审定编号为国审麦2009004。

特征特性 春性，中早熟。幼苗直立，苗叶色深绿，苗期叶片细长上举，分蘖力强，成穗率中等。株高79cm左右，株型紧凑。穗层欠整齐，穗纺锤形，较小，长芒，白壳，红粒，籽粒粉质，较饱满。平均亩穗数33.3万穗，穗粒数38.6粒，千粒重39.2g。抗倒性中等偏强。春季抗寒性与对照相当。接种抗病性鉴定：高抗赤霉病，慢叶锈病，中感白粉病、纹枯病，高感条锈病。区试田间试验部分试点表现白粉病、纹枯病、叶锈病较重。籽粒容重 784~800g/L，硬度指数 54.3（2008 年），蛋白质含量 13.1%；面粉湿面筋含量 23.5%~23.9%，沉降值 23.5ml，吸水率 53.1%~54%，稳定时间 1.9min、1.6min，最大抗延阻力 110E.U、152E.U，延伸性 12.7~16.3cm，拉伸面积 15~35.2cm^2。

产量表现　2006—2007 年度参加长江中下游冬麦组品种区域试验，平均亩产 437.6kg，比对照扬麦 158 增产 4.4%；2007—2008 年度续试，平均亩产 433.6kg，比对照扬麦 158 增产 0.53%。2008—2009 年度生产试验，平均亩产 400.4kg，比对照增产 5.9%。2009 年、2010 年、2011 年在沿淮地区试验示范。分别单产为 512.9kg、538.2kg、553.8kg。

栽培技术要点　适时播种，适宜播期 10 月下旬至 11 月上旬。合理密植，每亩基本苗 15 万苗左右。注意防治锈病、白粉病、纹枯病。

适宜区域　适宜在长江中下游冬麦区的江苏和安徽两省淮南地区、湖北省中北部、河南省信阳地区种植。

16. 宁麦 9 号

品种来源　由江苏省农业科学院粮食作物研究所选育而成。其组合为扬麦 6 号/日本西风。通过江苏省农作物品种审定委员会审定。

特征特性　弱春性早中熟品种。分蘖力强，分蘖成穗率高，每穗结粒数较多，一般每穗结 45 粒左右，对环境条件要求不太严格。高抗梭条花叶病，中抗赤霉病和纹枯病。籽粒容重 785g/L，粗蛋白含量 10.6%，湿面筋含量 19.3%，干面筋含量 6.3%，沉降值 26ml，降落值 323s，吸水率 53.3%，面团形成时间 1.5min，面团稳定时间 1.5min，断裂时间 2.2min，粉质评价值 30，完全符合国家规定的优质弱筋小麦指标，是一个优质的饼干、糕点专用小麦品种。

产量表现　1995—1997 年参加江苏省淮南地区小麦新品种区域试验，产量居第一位，较对照扬麦 158 平均增产 10.7%。1996 年参加江苏省生产试验，比对照扬麦 158 增产 5.38%。

栽培技术要点　适期早播，播期以 10 月 25 日至 10 月底为宜；亩基本苗 15 万左右适宜。亩施纯氮 12~15kg，氮、磷、钾的比例为 2：1：1。氮肥基、追比为 7：3。防治病虫害，播种前用纹霉净拌种，拔节期喷施井冈霉素防治纹枯病，孕穗期和抽穗扬花期防治白粉病、锈病、赤霉病和蚜虫。

适宜区域　适宜长江中下游麦区种植。

17. 宁麦13

品种来源 由江苏省农业科学院粮食作物研究所选育而成，系宁麦9号系选。2005年江苏省农作物品种审定委员会审定，2006年国审，审定编号为国审麦2006004。

特征特性 春性，全生育期210d左右，比对照扬麦158晚熟1d。幼苗直立，叶色浓绿，分蘖力一般，两极分化快，成穗率较高。株高80cm左右，株型较松散，穗层较整齐。穗纺锤形，长芒，白壳，红粒，籽粒较饱满，半角质。平均亩穗数31.5万穗，穗粒数39.2粒，千粒重39.3g。抗寒性比对照扬麦158弱，抗倒力中等偏弱，熟相较好。接种抗病性鉴定：中抗赤霉病，中感白粉病，高感条锈病、叶锈病、纹枯病。2004年、2005年分别测定混合样：容重790～798g/L，蛋白质（干基）含量12.50%、12.44%，湿面筋27.1%、25.8%，沉降值36.2～35.7ml，吸水率59.4%、58.9%，稳定时间5.7min、6.1min，最大抗延阻力295～278E.U。

产量表现 2003—2004年度参加长江中下游冬麦组品种区域试验，平均亩产419.01kg，比对照扬麦158增产4.7%；2004—2005年度续试，平均亩产420.91kg，比对照扬麦158增产6.79%（极显著）。2005—2006年度生产试验，鄂皖苏浙四省平均亩产400.01kg，比对照扬麦158增产12.31%；河南信阳点平均亩产443.7kg，比对照豫麦18增产19.5%。

栽培技术要点 10月中下旬至11月初播种，适期早播，基本苗15万左右，争壮苗越冬。注意防治冻害和倒伏，生育期注意适时防治病虫害，后期做好“一喷三防”，适时收获。

适宜区域 适宜在长江中下游冬麦区的江苏和安徽两省淮南地区、湖北省鄂北麦区、河南信阳的中上等肥力田块种植。

18. 扬麦13

品种来源 是国家小麦改良中心扬州分中心和江苏里下河地区农业科学研究所采用综合育种技术路线育成。原名为扬97-65，组合为扬84-84//Maristorve/扬麦3号。审定编号为皖品审02020346。

特征特性 属春性中早熟品种，熟期与扬麦158相仿。幼苗直立，长势旺盛，株高75～85cm，茎秆粗壮，植株整齐。长芒，白壳，红粒，粉质。大穗大粒，分蘖力中等，成穗率高，每亩有效穗28万～30万，每穗结实粒数40～42粒，千粒重40g。灌浆速度快，熟相好。抗白粉病，纹枯病轻，中感-中抗赤霉病，耐肥抗倒。2003年农业农村部谷物品质监督检测测试中心检测结果：粗蛋白（干基）10.24%，湿面筋含量19.7%，沉降值23.1ml，扬麦131吸水率54.1%，稳定时间1.1min。条锈病中抗，叶锈病中感，白粉病高感，纹枯病中感，赤霉病中感。

产量表现　引种试验平均亩产360.62kg，比对照偃展4110增产14.6%。

栽培技术要点　适播期10月25日至11月5日，基本苗20万~22万/亩。全生育期施纯N量14~15kg/亩，亩施5~6kg，肥料运筹上，氮肥基施80%、追施20%；磷、钾肥基肥：追肥为5：5，施用追肥时间为5~7叶期。前期注意除草，中后期注意防治纹枯病、锈病、赤霉病及虫害。

引种备案区域　河南省信阳市及南阳市南部区域种植。

19. 扬麦15

品种来源　由江苏省里下河地区农业科学研究所选育而成，原名扬00-118，亲本为扬89-40/川育21526，2004通过国家农作物品种审定委员会审定，2005年江苏审定，编号为苏审麦200502。

特征特性　春性，早中熟，熟期与扬麦158相仿。株型紧凑，株高80cm左右，抗倒性强。产量三要素协调为：每亩30万穗左右，每穗36粒左右，千粒重42g左右。穗棍棒形，长芒，红粒，中抗纹枯病，中感白粉病、赤霉病。粗蛋白（干基）9.78%，湿面筋含量22%，沉降值18.8ml，吸水率53.2%，面团稳定时间0.9min，是优质弱筋小麦品种。

产量表现　在国家生产试验中，比对照扬麦158增产4.8%。在江苏省生产试验中，平均亩产424.42kg，比对照扬麦158增产9.41%。2004年夏收高邮示范200亩，平均亩产500kg，其中20亩核心方亩产550kg。

栽培技术要点　适期播种，优化群体起点。在江苏淮南麦区适播期为10月下旬至11月初，最佳播期为10月24—31日。亩基本苗14万~16万为宜。合理运筹肥料，一般亩施纯氮约12kg，及时防治病虫草害，根据病虫测报及时做好白粉病、纹枯病及穗期蚜虫等的防治，加强赤霉病的防治。

适宜区域　适宜在长江中下游冬麦区的江苏省、安徽省淮南地区、河南信阳地区及湖北部分地区中上等肥力水平田块种植。

20. 川麦43

品种来源　由四川省农业科学院作物研究所选育而成，组合为SynCD768/SW3243//川6415，原名川99-1572，2004年四川省农作物品种审定委员会审定，同年国家审定，编号为国审麦2004002。

特征特性　春性，全生育期平均196d。幼苗半直立，分蘖力强，苗叶窄，长势旺盛。株高90cm，植株整齐，成株叶片长略披。穗长锥形，长芒，白壳，红粒，籽粒粉质-半角质。平均亩穗数25万穗，穗粒数35粒，千粒重47g。接种抗病性鉴定，秆锈病和条锈病免疫，高感白粉病、叶锈病和赤霉病。2003—2004年分别测定混合样：容重774~806g/L，蛋白质含量11.5%~12%，湿面筋含量22.6%~22.7%，沉淀值25~26ml，吸水率54%，面团稳定时间1.4~3.9min，最大抗延阻力325~332E.U，拉伸面积70~71.8cm^2。

产量表现　2002—2003年度参加长江流域冬麦区上游组区域试验，平均亩产354.7kg，比对照川麦107增产16.3%（极显著），2003—2004年度续试，平均亩产量406.3kg，比对照川麦107增产16.5%（极显著）。2003—2004年度生产试验平均亩产390.9kg，比对照川麦107增产4.3%。

栽培技术要点　适期早播，播种期霜降至立冬。每亩基本苗18万株，较高肥水条件下适当控制播种密度，防止倒伏。亩施纯氮10kg左右、磷7kg、钾肥7kg，重施底肥（50%），施苗追肥（10%）、拔节肥（20%）。注意防治白粉病、叶锈病、赤霉病和蚜虫。

适宜区域　适宜在长江上游冬麦区的四川、重庆、贵州、云南、陕西南部、河南南部、湖北西北部等地区种植。

21. 扬麦18

品种来源　由江苏省里下河地区农业科学院选育而成，组合为（4×宁麦9号/3/6×扬麦158//88-128/南农P045），2008年通过安徽审定，编号为皖麦2008001。

特征特性　幼苗直立，分蘖力较强，成穗率较高，纺锤形穗，长芒，白壳，红粒，半角质。2005—2006、2006—2007两年区域试验表明，抗寒力与对照品种（扬麦158）相当。全生育期209~214d，熟期比对照品种晚1d左右；株高81cm左右，比对照品种矮10cm左右；亩穗数为30万左右，穗粒数46粒左右，千粒重40g左右。经中国农业科学院植物保护研究所抗性鉴定，2006年中抗赤霉病，中感纹枯病，感条锈病、叶锈病和白粉病；2007年高抗秆锈病和赤霉病，中抗白粉病、高感条锈病和纹枯病。容重798g/L，粗蛋白（干基）11.49%，湿面筋24%，吸水率52.4%，稳定时间3.5min。属弱筋品种。

产量表现　在一般栽培条件下，2005—2006年区试亩产427kg，较对照品种增产8.5%（显著）；2006—2007年区试亩产432kg，较对照品种增产7.7%（极显著）。两年区试平均亩产430kg，较对照品种增产8.1%。2006—2007年度生产试验亩产425kg，较对照品种增产2.8%。

适宜区域　淮河以南麦区。

22. 扬麦19

品种来源　由江苏省里下河地区农业科学院选育而成，组合为［6×扬麦9号/4/4×158/3/4×扬85-85//扬麦5号/（Yuma/8×Chancellor）］，2008年通过安徽省审定，编号为皖麦2008002。

特征特性　春性品种，幼苗直立，分蘖力较强，成穗率较高，纺锤形穗，长芒，白壳，红粒，半角质。2005—2006、2006—2007两年区域试验表明，抗寒力与对照品种（扬麦158）相当。全生育期211d左右，比对照品种晚熟1d左右；株高76cm左右，亩穗数31万左右，穗粒数38粒左右，千粒重37g左右。经中国农业科学院植物保护研究所抗性鉴定结果，2005年高抗白粉病，中抗赤霉病，中感纹枯病，中抗至慢条锈病，高感叶锈病；2006年白粉病免疫，中抗赤霉病和纹枯病，中抗至中感条锈病，感叶锈病。容重794g/L，粗蛋白质（干基）12.21%，湿面筋24.5%，吸水率52.6%，稳定时间3.1min。属普通品种。

产量表现　在一般栽培条件下，2004—2005年区试亩产369kg，较对照品种增产0.2%（不显著）；2005—2006年区试亩产412kg，较对照品种增产4.7%（不显著）。两年区试平均亩产391kg，比对照品种增产2.5%。2006—2007年生产试验亩产446kg，比对照品种增产8.1%。

适宜区域　淮河以南麦区。

23. 扬麦20

品种来源　由江苏省里下河地区农业科学院选育而成，组合为扬9/扬10，2010年经国家农作物品种审定委员会审定通过，审定编号为国审麦2010002。

特征特性　春性，成熟期比对照扬麦158早熟1d。幼苗半直立，分蘖力较强。株高86cm左右。穗层整齐，穗纺锤形，长芒，白壳，红粒，籽粒半角质、较饱满。2009年、2010年区域试验平均亩穗数28.6万穗、28.8万穗，穗粒数42.8粒，千粒重41.9g。接种抗病性鉴定：高感条锈病、叶锈病、纹枯病，中感白粉病、赤霉病。2009年、2010年分别测定混合样：籽粒容重782~794g/L，硬度指数52.6~54.2，蛋白质含量12.1%~12.97%；面粉湿面筋含量22.7%~25.5%，沉降值26.8~29.5ml，吸水率53.4%~55.5%，稳定时间1~1.2min，最大抗延阻力262~300E.U，延伸性120~164mm，拉伸面积48.5~59cm^2。

产量表现　2008—2009年度参加长江中下游冬麦组品种区域试验，平均亩产423.3kg，比对照扬麦158增产6.3%；2009—2010年度续试，平均亩产419.7kg，比对照扬麦158增产3.4%。2009—2010年度生产试验，平均亩产389.4kg，比对照品种增产4.6%。

适宜区域　适宜在长江中下游冬麦区的江苏和安徽两省淮南地区、湖北省中北部、河南省信阳、浙江省中北部种植。

24. 宁麦18

品种来源　江苏省农业科学院农业生物技术研究所、江苏中江种业股份有限公司联合选育而成，组合为宁9312*3/扬93-111。2011年通过江苏省审定，编号为苏审麦2011001，2012年通过国家审定，审定编号为国审麦2012003。

特征特性　春性品种，成熟期比对照扬麦158晚1d。幼苗半直立，叶色淡绿，分蘖力较强，成穗率中等。株高平均89cm，株型略松散，叶片略披。抗倒性中等偏低。穗层整齐，穗纺锤形，长芒，白壳，红粒，籽粒半角质-粉质，籽粒较饱满。2009年、2010年区域试验平均亩穗数29.7万~32.7万穗，穗粒数43粒、42.7粒，千粒重35.3g、35g。抗病性鉴定：中抗赤霉病，中感白粉病，高感条锈病、叶锈病和纹枯病。混合样测定：籽粒容重808g/L、780g/L，蛋白质含量12.4%、12.5%，硬度指数52.4、45.9；面粉湿面筋含量24.1%、23.8%，沉降值22.2ml、32.2ml，吸水率53.9%、55.4%，面团稳定时间2.8min、1.3min，最大拉伸阻力230E.U、348E.U，延伸性142mm、143mm，拉伸面积46.2cm^2、65.8cm^2。

产量表现　2008—2009年度参加长江中下游冬麦组区域试验，平均亩产433.1kg，比对照扬麦158增产6.5%；2009—2010年度续试，平均亩产442.7kg，比扬麦158增产9.1%。2010—2011年度生产试验，平均亩产447.7kg，比对照增产7.2%。

栽培技术要点　10月下旬至11月上旬播种，亩基本苗15万左右；注意防治蚜虫、条锈病、叶锈病、白粉病、纹枯病等病虫害。

适宜区域　适宜在长江中下游冬麦区的江苏和安徽两省淮南地区、河南省信阳地区、浙江省中北部中上等肥力田块种植。

25. 扬麦21

品种来源　由江苏省里下河地区农业科学研究所、江苏金土地种业有限公司联合选育而成，组合为宁麦9号/红蜷芒，2011年通过江苏省审定，编号为苏审麦201102。

特征特性　该品种表现幼苗直立，叶片较宽，色较深。分蘖力一般，成穗数散，耐肥抗倒性一般。穗层整齐，纺锤形穗。长芒，白壳，红粒。区试平均结果：全生育期 212.4d，较对照迟熟 2～3d；株高穗，每穗 42.3 粒，千粒重 43.1g。接种鉴定结果：中抗赤霉病，病毒病。经农业农村部谷物品质监督检验测试中心测定，粗蛋白含量 11.8%，湿面筋含量 25%，稳定时间 2.6min。湿面筋含量 22.9%，稳定时间 2.1min。

产量表现　2008—2010 年度参加江苏省淮南组小麦区域试验，平均亩产 499.8kg，两年较对照增产均达极显著水平。2010—2011 年度参加生对照扬麦 11 号增产 4.4%。

适宜区域　适宜江苏省淮南麦区种植。

26. 扬麦 22

品种来源　由江苏省里下河地区农业科学所选育而成，组合为扬麦 9 号＊3/97033-2，2012 年经国家农作物品种审定委员会审定通过，审定编号为国审麦 2012004。

特征特性　春性品种，成熟期比对照扬麦 158 晚熟 1～2d。幼苗半直立，叶片较宽，叶色深绿，长势较旺，分蘖力较好，成穗数较多。株高平均 82cm。穗层较整齐，穗长方形，长芒，白壳，红粒，粉质，籽粒较饱满。2010 年、2011 年区域试验平均亩穗数 30.4 万穗、33.8 万穗，穗粒数 38.5 粒、39.8 粒，千粒重 38.6g、39.6g。抗病性鉴定：高抗白粉病，中感赤霉病，高感条锈病、叶锈病、纹枯病。混合样测定：籽粒容重 778g/L、796g/L，蛋白质含量 13.73%、13.7%，硬度指数 52.7、56.8；面粉湿面筋含量 24.6%、30.6%，沉降值 24.6ml、34.0ml，吸水率 58.5%、54.9%，面团稳定时间 1.4min、4.5min，最大拉伸阻力 170E.U、395E.U，延展性 156mm、151mm，拉伸面积 38.4cm^2、81.5cm^2。

产量表现　2009—2010 年度参加长江中下游冬麦组区域试验，平均亩产 426.7kg，比对照扬麦 158 增产 5.1%；2010—2011 年度续试，平均亩产 468.9kg，比扬麦 158 增产 4.3%。2011—2012 年度生产试验，平均亩产 449.9kg，比对照增产 11.2%。

适宜区域　适宜在长江中下游冬麦区的江苏和安徽两省淮南地区、湖北省中北部、河南省信阳地区、浙江省中北部地区种植。

27. 偃展 4110

品种来源　由豫西农作物品种展览中心选育而成，组合 89（35）-14×矮早 781-4。通过河南省和国家农作物品种审定委员会审定。

特征特性　弱春性早熟品种。幼苗半直立，长势健壮，叶绿色，抗寒性好，冬季分蘖集中，春季两极分化快，分蘖成穗率高，穗层厚。旗叶短宽上举，株型松紧适中，长相清秀，根系活力强，抗倒性好。综合抗病性好，耐旱、耐瘠、耐后期高温，灌浆快，成熟早，落黄较好，产量三要素协调，丰产性突出，地点间和年际间稳产性好，适应范围广。籽粒偏粉质，饱满度好，黑胚率低。高抗白粉病，中抗叶锈病、叶枯病，中感条锈病和纹枯病。容重825g/L，粗蛋白（干基）含量13.66%，湿面筋含量27.5%，吸水率61.18%，面团稳定时间1.2min，沉降值16.5ml，降落值386s。

产量表现　2001—2002年度参加河南省高肥春水组区试，平均亩产489.3kg，比对照豫麦18增产8.34%，达极显著水平，居参试品种第一位。2002—2003年度继试，平均亩产493.9kg，比对照豫麦18增产7.33%，居参试品种第一位。黄河以北汇总增产6.39%，黄河以南许昌以北汇总增产6.53%，许昌以南汇总增产8.53%。2001—2002年度参加南阳组区试，平均亩产417.3kg，比对照豫麦18增产1.42%，居参试品种的第三位。2002—2003年度继试，平均亩产378.3kg，比对照豫麦18增产0.89%，居参试品种第四位。2001—2002年度参加信阳组区试，平均亩产343.4kg，比对照豫麦18增产4.34%，居参试品种第四位。2002—2003年度继试，平均亩产267.1kg，比对照豫麦18减产7.67%，居参试品种第五位。2002—2003年度参加河南省晚播组北片生产试验，平均亩产430.4kg，比对照豫麦18增产2.45%，居参试品种第一位。

栽培技术要点　适宜播期为10月10日至11月上旬。适宜亩播量10kg左右，随播期推迟，应适当增加播量。施足底肥，氮、磷、钾科学搭配。足墒下种，一播全苗，浇好越冬水、返青水、灌浆水。看苗追肥，中、后期注意防治病虫害。

适宜区域　适宜黄淮麦区南片中、晚茬中上等肥水地、淮南地区种植。

28. 太空5号

品种来源　河南省农业科学院小麦研究所丰优育种室利用航天诱变育种技术对豫麦21进行太空诱变选育而成的优质弱筋抗病丰产小麦新品种，2002年9月通过河南省审定。

特征特性　弱春性，多穗型中早熟品种。分蘖多，在旱年一般播种量年前分蘖每亩达100万苗以上，且成穗率多，成穗一般每亩40万穗左右，在信阳地区晚播下每亩达35万穗左右。株高85cm左右，穗粒数35~40粒，千粒重40~45g，熟期与豫麦18相近，长芒，白壳，白粒，软质。对白粉病、条锈病、叶锈病、叶枯病均表现为中抗，仅对纹枯病表现中感。2001—

2002 年度区试平均较对照豫麦 18 增产 3.81%。各地试种、繁种均表现出其具有较高的产量潜力和较好的适应性。太空 5 号籽粒粗蛋白质含量 9.98%，湿面筋含量 20.8%，粉质仪吸水率 54.2%，形成时间 1.3min，稳定时间为 1.5min，弱化度 210；烘焙试验饼干性状与 1995 年获全国农业博览会金奖的豫麦 50 相仿，个别指标还略好。

适宜区域　适于黄淮及长江中下游麦区的部分地区种植。

29. 农麦 126

品种来源　江苏神农大丰种业科技有限公司、扬州大学联合选育而成，组合为扬麦 16/宁麦 9 号，2018 年通过国家审定，编号为国审麦 20180008。

特征特性　春性，全生育期 198d，比对照品种扬麦 20 早熟 2d。幼苗直立，叶片较宽，叶色淡绿，分蘖力较强。株高 88cm，株型较紧凑，秆质弹性好，抗倒性较好。旗叶平伸，穗层较整齐，熟相较好。穗纺锤形，长芒，白壳，红粒，籽粒角质，饱满度较好。亩穗数 30.4 万穗，穗粒数 37.1 粒，千粒重 41.3g。抗病性鉴定，高感条锈病、叶锈病，中感赤霉病、纹枯病、白粉病。品质检测，籽粒容重 770g/L、762g/L，蛋白质含量 11.65%、12.85%，湿面筋含量 21.3%、24.9%，稳定时间 2.1min、2.6min。2015 年主要品质指标达到弱筋小麦标准。

产量表现　2014—2015 年度参加长江中下游冬麦组品种区域试验，平均亩产 419.7kg，比对照扬麦 20 增产 4.5%；2015—2016 年度续试，平均亩产 413.8kg，比对照扬麦 20 增产 6.3%。2016—2017 年度生产试验，平均亩产 439.4kg，比对照增产 4.8%。

栽培技术要点　适宜播种期 10 月下旬至 11 月上旬，每亩适宜基本苗 12 万~15 万。注意防治蚜虫、条锈病、叶锈病、赤霉病、白粉病和纹枯病等病虫害。

适宜区域　适宜长江中下游冬麦区的江苏淮南地区、安徽淮南地区、上海、浙江、湖北中南部地区、河南信阳地区种植。

30. 光明麦 1311

品种来源　光明种业有限公司、江苏省农业科学院粮食作物研究所联合选育而成，2018 年通过国家审定，国审麦 20180005，组合为 3E158/宁麦 9 号。

特征特性　春性，全生育期 201d，比对照品种扬麦 20 晚熟 1~2d。幼苗直立，叶色深绿，分蘖力较强。株高 84cm，株型较松散，抗倒性较强。旗叶上举，穗层整齐，熟相中等。穗纺锤形，长芒，白壳，红粒，籽粒半角质，饱满度中等。亩穗数30.1万穗，穗粒数38.7粒，千粒重38.6g。抗病性鉴定，高感条锈病、叶锈病和白粉病，中感纹枯病，中抗赤霉病。品质检测，籽粒容重780～783g/L，蛋白质含量11.38%～12.63%，湿面筋含量22.5%～26.4%，稳定时间2.5～4min。2015年主要品质指标达到弱筋小麦标准。

产量表现　2014—2015年度参加长江中下游冬麦组品种区域试验，平均亩产409.6kg，比对照扬麦20增产2%；2015—2016年度续试，平均亩产394.3kg，比扬麦20增产1.3%。2016—2017年度生产试验，平均亩产438.6kg，比对照增产4.6%。

栽培技术要点　适宜播种期10月下旬至11月上旬，每亩适宜基本苗14万～16万。注意防治蚜虫、赤霉病、白粉病、纹枯病、条锈病和叶锈病等病虫害。

适宜区域　该品种完成试验程序，符合国家小麦品种审定标准，通过审定。适宜长江中下游冬麦区的江苏淮南地区、安徽淮南地区、上海、浙江、河南信阳地区种植。

31. 扬辐麦9号

品种来源　江苏金土地种业有限公司、江苏里下河地区农业科学研究所联合选育而成，命名为扬辐麦9号，2019年通过国家审定，国审麦20190005，组合为扬辐麦4号/扬麦19M。

特征特性　春性，全生育期197d，与对照品种扬麦20熟期相当。幼苗直立，叶片宽短，叶色深绿，分蘖力中等偏强。株高79.3cm，株型较紧凑，抗倒性较好。旗叶上举，穗层整齐，熟相较好。穗纺锤形，长芒，白壳，红粒，籽粒半角质，饱满度好。亩穗数33.1万穗，穗粒数37.3粒，千粒重38.9g。抗病性鉴定，中抗赤霉病，中感纹枯病，高感白粉病、条锈病和叶锈病。区试两年品质检测结果，籽粒容重790g/L、798g/L，蛋白质含量12.94%、12.59%，湿面筋含量26.3%、25.6%，吸水率54%、55.8%，稳定时间4min、3.8min。

产量表现　2015—2016年度参加长江中下游冬麦组区域试验，平均亩产415.2kg，比对照扬麦20增产7.5%；2016—2017年度续试，平均亩产430.3kg，比对照增产7.9%。2017—2018年度生产试验，平均亩产425.7kg，比对照增产6.7%。

栽培技术要点　适宜播种期10月下旬至11月上旬，每亩适宜基本苗12万～18万。注意防治蚜虫、赤霉病、纹枯病、白粉病、条锈病和叶锈病等病虫害。

适宜区域　适宜长江中下游冬麦区的江苏淮南地区、安徽淮南地区、上海、浙江、湖北中南部地区、河南信阳地区种植。

32. 扬辐麦10号

品种来源　江苏里下河地区农业科学研究所、江苏农科种业研究院有限公司联合选育而成，组合为（扬辐麦4号/扬麦19）F1辐照，国审麦20200002，命名为扬辐麦10号。

特征特性　春性、全生育期192.8d，比对照扬麦20迟熟0.7d。幼苗直立，叶片宽短，叶色深绿，分蘖力中等。株高80.3cm，株型较松散，抗倒性较好。整齐度较好，穗层较整齐，熟相一般。穗纺锤形，长芒，红粒，籽粒半角质，饱满度好。亩穗数30.9万穗，穗粒数37.9粒，千粒重41.9g。抗病性鉴定，中抗赤霉病，高感白粉病、纹枯病、条锈病、叶锈病。品质检测结果：两年品质检测籽粒容重792g/L、786g/L，蛋白质含量11.47%、12.68%，湿面筋含量21.4%、24.2%，稳定时间3.4min、3min，吸水率52.6%、53.8%。

产量表现　2016—2017年度参加长江中下游冬麦组区域试验，平均亩产423.65kg，比对照扬麦20增产6.2%；2017—2018年度续试，平均亩产422.18kg，比对照扬麦20增产8.41%。2018—2019年度生产试验，平均亩产456.85kg，比对照扬麦20增产7.28%。

栽培技术要点　适宜播期10月25日至11月10日；每亩基本苗12万~16万，中低产田或迟播应适当增加；亩施纯氮15~18kg，运筹比例5∶1∶4，配合施用磷钾肥；冬前及早春及时防除田间杂草；注意防治纹枯病、白粉病、赤霉病和蚜虫等病虫害。

适宜区域　适宜在长江中下游冬麦区的江苏和安徽两省淮河以南地区、湖北、浙江、上海及河南信阳等地区种植。

33. 郑丰5号

品种来源　河南省农业科学院小麦研究所选育，组合为ta900274/郑州891，2006年河南省审定，编号为豫审麦2006015。

特征特性　弱春性大穗型中早熟品种，全生育期218d，与对照豫麦18熟期相当。幼苗直立，苗期生长健壮，抗寒性较好；起身拔节快；分蘖适中，分蘖成穗率一般；株型松紧适中，穗下节长，株高85cm，茎秆弹性弱，抗倒性差；穗层整齐，纺锤穗，小穗排列稀；后期耐高温，成熟较早，落黄一般；籽粒较长，半角质，黑胚率低，籽粒商品性好。产量三要素较协调，一般亩成穗 40 万左右，穗粒数 34 粒左右，千粒重 40g 左右。高抗白粉病，中抗条锈和叶枯病，中感纹枯和叶锈病。容重 782g/L，粗蛋白（干基）12.42%，湿面筋 23.6%，降落数值 376s，沉淀值 24.7ml，吸水率 56.1%，面团形成时间 1.7min、稳定时间 1.4min，主要指标达到弱筋麦标准。

产量表现　2003—2004 年度省高肥春水Ⅰ组区试，8 点汇总，6 点增产，2 点减产，平均亩产 561.2kg，比对照豫麦 18 增产 2.44%，不显著，居 12 个参试品种第 4 位；2004—2005 年度省高肥春水Ⅰ组区试，8 点汇总，8 点增产，平均亩产 448.3kg，比对照豫麦 18 增产 3.82%，不显著，居 13 个参试品种的第 7 位。2005—2006 年度省高肥春水Ⅱ组生试，8 点汇总，8 点增产，平均亩产 459.3kg，比对照豫麦 18 增产 5%，居 5 个参试品种第 3 位。

适宜区域　适宜河南省中北部、豫南适宜区中晚茬地块种植。适播期为 10 月中下旬，在适播期内，基本苗以每亩 14 万~18 万为宜，晚播适当增加播量。

34. 绵麦 51

品种来源　绵阳市农业科学研究院，用品种 1275-1/99-1522 选育而成的小麦品种。2012 年经国家农作物品种审定委员会审定通过，审定编号为国审麦 2012001。

特征特性　春性品种，成熟期比对照川麦 42 晚 1~2d。幼苗半直立，苗叶较短直，叶色深，分蘖力较强，生长势旺。株高 85cm，穗层整齐。穗长方形，长芒，白壳，红粒，籽粒半角质，均匀、较饱满。2010 年、2011 年区域试验平均亩穗数 22.6 万穗、22.9 万穗，穗粒数 45 粒、42 粒，千粒重 45.3g、45.4g。抗病性鉴定：高抗白粉病，慢条锈病，高感赤霉病，高感叶锈病。混合样测定籽粒容重 772g/L、750g/L，蛋白质含量 11.71%、12.71%，硬度指数 46.4、51.5，面粉湿面筋含量 23.2%、24.9%；沉降值：19.5ml、28.0ml，吸水率 51.3%、51.6%，面团稳定时间 1.8min、1.0min，最大拉伸阻力 495E.U、512E.U，延伸性 121mm、132mm，拉伸面积 76.8cm^2、89.8cm^2。品质达到弱筋小麦品种审定标准。

产量表现　2009—2010 年度参加长江上游冬麦组品种区域试验，平均亩产 374.9kg，比对照川麦 42 减产 1%；2010—2011 年度续试，平均亩产 409.3kg，比川麦 42 增产 3.6%；2011—2012 年度生产试验，平均亩产 382.2kg，比对照品种增产 11.4%。

栽培技术要点　适宜播期为 10 月底至 11 月初，亩基本苗 14 万~16 万。注意防治蚜虫、条锈病、赤霉病、叶锈病等病虫害。

适宜区域　适宜在西南冬麦区的四川、云南、贵州、重庆、陕西汉中和甘肃徽成盆地川坝河谷种植。

35. 皖西麦 0638

品种来源　安徽六安市农业科学研究院选育而成，组合为扬麦 9 号/Y18，2018 年通过国家品种审定委员会审定，编号为国审麦 20180009。

特征特性　春性，全生育期 198d，比对照品种扬麦 20 早熟 1~2d。幼苗半直立，叶色深绿，分蘖力中等。株高 83cm，株型较松散，抗倒性一般。旗叶下弯，蜡粉重，熟相较好。穗纺锤形，长芒，白壳，红粒，籽粒半角质。亩穗数 31 万穗，穗粒数 37.2 粒，千粒重 39.8g。抗病性鉴定，高感纹枯病、条锈病、叶锈病和白粉病，中感赤霉病。两年品质检测，籽粒容重 759~773g/L，蛋白质含量 11.18%~12.35%，湿面筋含量 19.2%、21.9%，稳定时间 1.1min、1.6min。2015 年主要品质指标达到弱筋小麦标准。

产量表现　2014—2015 年度参加长江中下游冬麦组品种区域试验，平均亩产 411.3kg，比对照扬麦 20 增产 2.9%；2015—2016 年度续试，平均亩产 402.7kg，比扬麦 20 增产 4.3%。2016—2017 年度生产试验，平均亩产 444kg，比对照增产 5.8%。

栽培技术要点　适宜播种期 10 月下旬至 11 月上旬，每亩适宜基本苗 16 万~20 万。注意防治蚜虫、赤霉病、条锈病、叶锈病、纹枯病和白粉病等病虫害。

适宜区域　适宜长江中下游冬麦区的江苏淮南地区、安徽淮南地区、上海、浙江、湖北中南部地区、河南信阳地区种植。

36. 安农 1124

品种来源　安徽农业大学选育而成，组合为 02P67（来源于 92R91/扬麦 158//扬麦 158）/安农 95081-8（来源于豫麦 18/扬麦 158），由安徽隆平高科种业有限公司申请报审，2016 年通过安徽省审定，编号为皖麦 2016018。

特征特性　春性，中晚熟品种。幼苗直立，叶色淡绿，株型较紧凑，分蘖能力较强，成穗率一般。穗纺锤形，长芒，白壳，红粒，籽粒饱满度中等、半角质。平均株高 88.4cm，亩穗数为 35.4 万、穗粒数 36.6 粒、千粒重 40.8g。中抗白粉病（3 级）、中抗赤霉病（严重度 2.3）、中感纹枯病（病指 32）；2014—2015 年度中抗白粉病（3 级），中抗赤霉病（严重度 2.4），感纹枯病（病指 50）。容重 784g/L，粗蛋白（干基）12.24%，湿面筋27.9%，面团稳定时间4.8min，吸水率58%，硬度指数66.8；2014—2015年度品质分析结果，容重775g/L，粗蛋白（干基）12.29%，湿面筋26.9%，面团稳定时间3.1min，吸水率57.2%，硬度指数66.1。

产量表现　在一般栽培条件下，2013—2014年度区域试验亩产444.80kg，较对照品种增产7.48%（极显著）；2014—2015年度区域试验亩产437.77kg，较对照品种增产8.24%（极显著）。2015—2016年度生产试验亩产400.52kg，较对照品种增产6.44%。

栽培技术要点　适宜播期为10月下旬至11月上旬；亩基本苗18万~20万，晚播适当加大播量；注意防治赤霉病等病虫害。

适宜区域　淮河以南地区。

37. 川麦82

品种来源　四川省农业科学院作物研究所、中国农业科学院作物科学研究所联合选育而成，组合为Singh6/3＊1231，2017年通过四川省农作物品种审定委员会审定，编号为川审小麦20170007。

特征特性　春性，全生育期182d，比对照绵麦367迟熟1d。幼苗半直立，叶色绿色。植株整齐，平均株高85cm。穗长方形，长芒，白壳，红粒，半角质，籽粒较饱满。平均亩穗数26.6万，穗粒数37.8粒，千粒重44.8g。2016年农业农村部谷物及制品质量监督检验测试中心（哈尔滨）品质分析结果为平均籽粒容重770g/L，粗蛋白质含量11.46%，湿面筋含量23.2%，沉降值30.7ml，稳定时间3min。经四川省农业科学院植保所接种抗性鉴定，2015年中抗条锈病，中抗白粉病，高感赤霉病；2016年高抗条锈病，中感白粉病，高感赤霉病。

产量表现　2014—2015年度参加省区试，平均亩产420.5kg，比对照绵麦367增产13.5%；2015—2016年度续试，平均亩产368.1kg，比对照绵麦367增产7.1%。两年15点平均亩产394.3kg，比对照绵麦367增产10.4%，15点次中12点增产。2016—2017年度生产试验，平均亩产382.3kg，比对照绵麦367增产8.2%，6点中5点增产。

栽培技术要点　一般在10月下旬至11月上旬播种，基本苗每亩14万~16万，亩施纯氮8~10kg，配合施磷、钾肥，注意适时防治病虫害。

适宜区域　适宜在四川省平坝、丘陵地区种植。

38. 鄂麦580

品种来源　由湖北省农业科学院粮食作物研究所用“太谷核不育系/957565”经系谱法选择育成的小麦品种。2012年通过湖北省农作物品种审定委员会审定，审定编号为鄂审麦2012001。

特征特性　属半冬偏春性品种。幼苗生长直立，分蘖力较强。株型较紧凑，株高适中。叶片较宽大，叶色淡，叶耳白色，剑叶较窄、略卷曲，旗叶上挺。穗层欠整齐，穗纺锤形，护颖肩方形，长芒，白壳，籽粒白皮、粉质；穗上部有小穗结实不良现象，后期熟相一般。区域试验中株高86.1cm，亩有效穗33.3万，每穗实粒数39.3粒，千粒重38.8g。生育期198d，比郑麦9023长4d。抗性鉴定为中感赤霉病和纹枯病，高感条锈病和白粉病。容重802g/L，粗蛋白含量（干基）12.2%，湿面筋含量23.7%，吸水率53.1%，稳定时间1.3min，主要品质指标达到国家专用小麦弱筋标准。

产量表现　两年区域试验平均亩产414.82kg，比对照郑麦9023增产2.22%。其中，2009—2010年度亩产387.8kg，比郑麦9023增产0.05%；2010—2011年度亩产441.83kg，比郑麦9023增产4.36%。

栽培技术要点　10月中下旬至11月初播种，亩基本苗15万~20万；一般亩施纯氮10~12kg、五氧化二磷4~6kg、氧化钾4~6kg，微量元素缺乏的地区可适量增施锌、硼、硫等微肥。磷、钾及微肥作底肥一次性施入，氮肥应80%作底肥，20%作追肥于拔节期前后施入。后期注意控制氮肥用量，以防贪青倒伏，如无明显缺肥症状，可不施氮肥。加强田间管理。注意清沟排渍，控旺促壮；五叶一心期看苗化控，以防止倒伏。加强病虫害防治。重点防治条锈病、白粉病和赤霉病，抽穗扬花初期至灌浆中期进行1~2次防治。

适宜区域　适于湖北省小麦产区种植。

39. 扬麦22

品种来源　由江苏里下河地区农业科学院选育，组合为扬麦9号×3/97033-2，2012年经国家农作物品种审定委员会审定通过，审定编号为国审麦2012004。

特征特性　春性品种，成熟期比对照扬麦158晚熟1~2d。幼苗半直立，叶片较宽，叶色深绿，长势较旺，分蘖力较好，成穗数较多。株高平均82cm。穗层较整齐，穗长方形，长芒，白壳，红粒，粉质，籽粒较饱满。2010年、2011年区域试验平均亩穗数30.4万穗、33.8万穗，穗粒数38.5粒、39.8粒，千粒重38.6g、39.6g。抗病性鉴定：高抗白粉病，中感赤霉病，高感条锈病、叶锈病、纹枯病。混合样测定：籽粒容重778g/L、796g/L，蛋白质含量13.73%、13.7%，硬度指数52.7、56.8；面粉湿面筋含量24.6%、30.6%，沉降值24.6ml、34ml，吸水率58.5%、54.9%，面团稳定时间 1.4min、4.5min，最大拉伸阻力 170E.U、395E.U，延展性 156mm、151mm，拉伸面积 38.4cm²、81.5cm²。

产量表现 2009—2010 年度参加长江中下游冬麦组区域试验，平均亩产 426.7kg，比对照扬麦 158 增产 5.1%；2010—2011 年度续试，平均亩产 468.9kg，比扬麦 158 增产 4.3%。2011—2012 年度生产试验，平均亩产 449.9kg，比对照增产 11.2%。

栽培技术要点 10 月下旬至 11 月上旬播种，亩基本苗 18 万左右；合理运筹肥料，根据土壤肥力状况，合理配合使用氮、磷、钾肥。适时搞好化学除草，控制杂草滋生为害，注意防治蚜虫、条锈病、叶锈病、纹枯病和赤霉病等病虫害。

适宜区域 适宜在长江中下游冬麦区的江苏和安徽两省淮南地区、湖北中北部、河南信阳地区、浙江中北部地区种植。

40. 川辐 7 号

品种来源 由四川省农业科学院生物技术核技术研究所选育，组合为 02 中 5X/4093（云繁 99G321/郑麦 9023），杂交当代种子经 Co-γ 射线处理，采用系谱法选育而成。2015 年通过四川省审定，编号为 2015008。

特征特性 春性，全生育期 180d 左右，与对照绵麦 37 相当。幼苗半直立，叶色深绿。株高 92cm 左右。穗方形，长芒，白壳，籽粒卵形。籽粒白色，粉质至半角质，饱满。平均亩穗数 19.7 万，穗粒数 41.5 粒，千粒重 47.7g。2014 年农业农村部谷物及制品质量监督检验测试中心（哈尔滨）品质测定：平均籽粒容重 778g/L，粗蛋白质含量 11.7%，面粉湿面筋含量 22.5%，沉降值 22.2ml，面团稳定时间 1.3min，属弱筋小麦。经四川省农业科学院植保所鉴定，2013 年高抗条锈病、中抗白粉病、中抗赤霉病，2014 年中抗条锈病、高感白粉病、中感赤霉病。

产量表现 2012—2013 年度参加省区试，平均亩产 350.5kg，比对照绵麦 37 增产 5.9%；2013—2014 年度续试，平均亩产 314.1kg，比对照绵麦 37 增产 4.4%；两年 15 点平均亩产 332.3kg，比对照绵麦 37 增产 5.2%，15 点次中 11 点增产。2014—2015 年度生产试验，平均亩产 362.4kg，比对照绵麦 37 增产 9.1%，6 点全部增产。

栽培技术要点 一般在 10 月下旬至 11 月上旬播种，基本苗每亩 12 万~15 万；亩施纯氮 8~10kg，配合施磷、钾肥；注意除草、防蚜虫；适时防治条锈病、白粉病和赤霉病。

适宜区域 四川省平坝、丘陵地区。

41. 绵麦285

品种来源　由绵阳市农业科学研究院选育而成，组合为1275-1/99-1522，2015年通过四川省审定，编号为2015007。

特征特性　春性，全生育期180d左右，与对照绵麦37相当。幼苗半直立，分蘖力强，叶苗绿色。株高90cm左右。穗方形，长芒，白壳。籽粒卵圆形，红粒，粉质至角质，饱满。平均亩穗数19.8万穗，穗粒数49.8粒，千粒重42.2g。2014年农业农村部谷物及制品质量监督检验测试中心（哈尔滨）品质测定平均籽粒容重727.5g/L，粗蛋白质含量11.1%，面粉湿面筋含量21.3%，沉降值28.5ml，面团稳定时间0.9min，属弱筋小麦。经四川省农业科学院植保所鉴定，2013年高抗条锈病、高抗白粉病、中抗赤霉病，2014年中抗条锈病、高抗白粉病、中感赤霉病。

产量表现　2012—2013年度四川省区试，平均亩产377.1kg，比对照绵麦37增产8.1%；2013—2014年度续试，平均亩产317.9kg，比对照绵麦37增产2.5%；两年区试平均亩产347.5kg，比对照绵麦37增产5.5%，15个点次中14点增产。2014—2015年度生产试验，平均亩产360.9kg，比对照绵麦37增产5.9%，6个试验点全部增产。

栽培技术要点　10月25日至11月5日播种为宜；亩基本苗14万~16万，亩用种15kg左右；亩施纯氮12~15kg，配合施磷、钾肥；生育期中发现虫害及时防治，重点防治条锈病和赤霉病。

适宜区域　四川省平坝、丘陵地区。

42. 川麦93

品种来源　四川省农业科学院作物研究所选育而成，组合为普冰3504/川育20//川麦104，2018年通过四川省审定，编号为川申麦2018001。

特征特性　春性，两年区试平均全生育期182.5d，比对照绵麦367迟熟1.5d。幼苗半直立，叶色绿。株高92.6cm。穗长方形，长芒，白壳。籽粒白色，半角质，饱满。平均亩穗数19.7万，穗粒数54.2粒，千粒重46.8g。2017年农业农村部谷物及制品质量监督检验测试中心（哈尔滨）品质测试：平均籽粒容重827g/L，粗蛋白质含量12.5%，湿面筋含量24.9%，降落数值178s，稳定时间2.8min，达到弱筋小麦标准。经四川省农业科学院植保所鉴定：2016年中抗条锈病，中抗白粉病，中感赤霉病；2017年高抗条锈病，中抗白粉病，中感赤霉病。

产量表现　2015—2016年度参加省区试，平均亩产366.28kg，比对照绵麦367增产11.3%；2016—2017年度续试，平均亩产405.19kg，比对照绵麦 367 增产 22.4%；两年平均亩产 385.74kg，比对照绵麦 367 增产 16.9%，两年共 15 个试点，14 点增产。2017—2018 年度生产试验，平均亩产 379.29kg，比对照绵麦 367 增产 7.1%，7 点全部增产。

栽培技术要点　一般在 10 月底至 11 月上旬播种；每亩基本苗 14 万左右，注意防治病虫草害。

适宜区域　适宜在四川省平坝、丘陵地区种植。

43. 镇麦 11

品种来源　镇麦 11 号是江苏丘陵地区镇江农业科学研究所，用扬麦 158/宁麦 11 号选育的杂交小麦品种，2008 年通过江苏省审定，编号为苏审麦 2008004，2014 年通过国家审定，审定编号国审麦 2013012。

特征特性　春性品种，全生育期 204d，比对照扬麦 158 晚熟 2d。幼苗半直立，分蘖力强，叶绿色。株高 82cm，株型紧凑，旗叶下弯。穗层较整齐，熟相好。穗纺锤形，长芒，白壳，红粒，籽粒椭圆形、半硬质、较饱满。平均亩穗数 33.7 万穗，穗粒数 39.5 粒，千粒重 39.1g。抗病性接种鉴定，中感赤霉病、纹枯病，高感白粉病、条锈病、叶锈病；品质混合样测定，籽粒容重 788g/L，蛋白质含量 12.62%，硬度指数 42.9，面粉湿面筋含量 28.2%，沉降值 30.1ml，吸水率 51.7%，面团稳定时间 2.5min，最大拉伸阻力 334E.U，延伸性 137mm，拉伸面积 $64cm^2$。

产量表现　2010—2011 年度参加长江中下游冬麦组品种区域试验，平均亩产 473kg，比对照扬麦 158 增产 5.2%；2011—2012 年度续试，平均亩产 394.4kg，比对照扬麦 158 增产 3.3%。2012—2013 年度生产试验，平均亩产 381.2kg，比对照扬麦 158 增产 5.7%。

栽培技术要点　10 月下旬至 11 月上旬播种，亩基本苗 15 万～18 万。注意防治条锈病、叶锈病、白粉病等病虫害。

适宜区域　适宜长江中下游冬麦区的江苏和安徽两省淮南地区、浙江中北部、河南信阳地区种植。

44. 华麦 1028

品种来源　由江苏省大华种业集团有限公司选育而成，组合为扬麦 11/华麦 0722，2018 年通过国家农作物品种审定委员会审定，编号为国审麦 20180007。

特征特性　春性，全生育期 197d，比对照品种扬麦 20 早熟 2～3d。幼苗直立，叶片长宽，叶色深，分蘖力中等。株高 83cm，株型较松散，抗倒性好。旗叶上举，穗层整齐，熟相一般。穗纺锤形，长芒，白壳，红粒，籽粒半角质。亩穗数 31 万，穗粒数 35.7 粒，千粒重 41.8g。抗病性鉴定，高感白粉病、条锈病和叶锈病，中感纹枯病，中抗赤霉病。品质检测，容重 785g/L、772g/L，蛋白质含量 12.85%、12.55%，湿面筋含量 25.5%、24.7%，稳定时间 3.2min、3min。

产量表现　2014—2015 年度参加长江中下游冬麦组品种区域试验，平均亩产 413.5kg，比对照扬麦 20 增产 3.4%；2015—2016 年度续试，平均亩产 418kg，比对照扬麦 20 增产 8.2%。2016—2017 年度生产试验，平均亩产 454.4kg，比对照扬麦 20 增产 8.3%。

栽培技术要点　适宜播种期 10 月下旬至 11 月上中旬，每亩适宜基本苗 14 万~15 万。注意防治蚜虫、赤霉病、白粉病、纹枯病、叶锈病和条锈病等病虫害。

适宜区域　适宜长江中下游冬麦区的江苏淮南地区、安徽淮南地区、上海、浙江、湖北中南部地区、河南信阳地区种植。

45. 扬麦 24

品种来源　江苏省扬州市农业科学院张伯桥、程顺和、高德荣、藏淑江、张晓祥等选育而成。组合为扬麦 17//扬 11/豫麦 18，2014 浙江审定，2017 年江苏省审定和安徽省审定，2020 年通过国审，编号为国审麦 20200041。

特征特性　该品种春性。平均全生育期 181.7d，比对照短 1.3d。田间生长较整齐。穗长方形，壳白色，长芒，籽粒红色、较饱满，黑胚率 4.1%。平均株高 82.8cm，亩有效穗 30.2 万，成穗率 49.3%，穗长 7cm，每穗实粒数 33.6 粒，千粒重 42.7g。

产量表现　扬麦 24 经浙江省 2012—2013 年度小麦区试平均亩产 386.9kg，比对照扬麦 158 增产 8.3%，达极显著水平；浙江省 2013—2014 年度小麦区试平均亩产 370.1kg，比对照扬麦 158 增产 10.5%，达显著水平。两年省区试平均亩产 378.5kg，比对照扬麦 158 增产 9.4%。2013—2014 年度省生产试验平均亩产 374.6kg，比对照增产 13.4%。

栽培技术要点　播期以 10 月底至 11 月上旬为宜，每亩基本苗以 18 万左右为宜；一般每亩需施纯氮约 16kg，基肥应有机肥与无机肥结合，注意 N、P、K 肥配合使用。在秋播及早春阶段搞好化除，中后期注意白粉病、赤霉病、纹枯病、叶锈病、条锈病及蚜虫等的防治。

适宜区域　适宜在长江中下游冬麦区的江苏和安徽两省淮河以南地区、湖北、河南信阳地区种植。

46. 扬辐麦8号

品种来源 江苏金土地种业有限公司、江苏里下河地区农业科学研究所联合选育而成，组合为扬辐麦4号姐妹系1-1274/扬麦11，2018年通过国家品种审定委员会审定，编号为国审麦20180011。

特征特性 春性，全生育期199d，与对照品种扬麦20熟期相当。幼苗直立，叶片宽，叶色浅绿，分蘖力中等。株高85cm，株型较紧凑，抗倒性一般。旗叶宽、上举，穗层较整齐，熟相较好。穗纺锤形，长芒，白壳，红粒，籽粒半角质，饱满度较好。亩穗数30.6万穗，穗粒数37.2粒，千粒重39.6g。抗病性鉴定，中抗赤霉病，中感纹枯病，高感条锈病、叶锈病和白粉病。品质检测，籽粒容重772~778g/L，蛋白质含量12.20%~12.91%，湿面筋含量22.7%~24.1%，稳定时间2~2.3min。

产量表现 2014—2015年度参加长江中下游冬麦组品种区域试验，平均亩产390kg，比对照扬麦20减产2.4%；2015—2016年度续试，平均亩产389.6kg，比扬麦20增产0.86%。2016—2017年度生产试验，平均亩产435.3kg，比对照增产3.7%。

栽培技术要点 适宜播种期10月下旬到11月上旬，每亩适宜基本苗15万~18万。注意防治蚜虫、纹枯病、条锈病、叶锈病、白粉病、赤霉病等病虫害。

适宜区域 适宜长江中下游冬麦区的江苏淮南地区、安徽淮南地区、上海、浙江种植。

47. 扬辐麦6号

品种来源 江苏里下河地区农业科学研究所、江苏农科种业研究院有限公司联合选育而成，组合为扬辐麦4号/扬麦14M1，审定编号：国审麦20180012。

特征特性 春性，全生育期199d，与对照品种扬麦20熟期相当。幼苗半直立，叶片宽较短，叶色深绿，分蘖力中等。株高81cm，株型较紧凑，抗倒性一般。旗叶宽、上举，穗层较整齐，熟相较好。穗纺锤形，长芒，白壳，红粒，籽粒半角质，饱满度较好。亩穗数30万穗，穗粒数38.5粒，千粒重40.7g。抗病性鉴定，高感条锈病和叶锈病，中感赤霉病、纹枯病和白粉病。品质检测，籽粒容重772g/L、770g/L，蛋白质含量13.27%、12.86%，湿面筋含量25.9%、28%，稳定时间2.9min、3.9min。

产量表现 2014—2015年度参加长江中下游冬麦组品种区域试验，平均亩产414.2kg，比对照扬麦20增产3.1%；2015—2016年度续试，平均亩产 416.7kg，比扬麦 20 增产 7.1%。2016—2017 年度生产试验，平均亩产 446.9kg，比对照增产 6.6%。

栽培技术要点　适宜播种期 10 月下旬到 11 月上旬，每亩适宜基本苗 15 万~18 万。注意防治蚜虫、赤霉病、白粉病、纹枯病、条锈病和叶锈病等病虫害。

适宜区域　适宜长江中下游冬麦区的江苏淮南地区、安徽淮南地区、上海、浙江、湖北中南部地区（荆州除外）、河南信阳地区。

48. 郑麦 103

品种来源　由河南省农业科学院小麦研究所杨会民、雷振生、吴政卿、何盛莲、王美芳等选育而成，组合为周 13/D8904-7-1//郑 004，2014 年通过河南省审定，编号为豫审麦 2014019；2019 年通过国家审定，编号为国审麦 20190023。

特征特性　属半冬性中熟品种，全生育期 223.4~234.1d。幼苗匍匐，苗期叶色浅绿，抗寒性较好；冬季分蘖力强，春季返青晚，起身慢，两极分化慢，苗脚不利索，抽穗较早；株行间通风透光性好，穗下节短，旗叶偏窄长、上举，株高 74~79cm，抗倒性较好；纺锤形穗，短芒，白壳，白粒，半角质，饱满度较好；后期耐热性好，成熟落黄好。产量三要素：亩穗数 39.7 万~42 万，穗粒数 31.3~34 粒，千粒重 43.1~48.2g。2013 年农业农村部农产品质量监督检验测试中心（郑州）检测，蛋白质含量 14.07%，容重 775g/L，湿面筋含量 28.9%，降落数值 267s，沉淀指数 50ml，吸水量 58.1ml/100g，形成时间 2.2min，稳定时间 1.5min，弱化度 184FU，硬度 65HI，白度 72.7%，出粉率 72.9%。

产量表现　2011—2012 年度河南省冬水Ⅰ组区域试验，12 点汇总，8 点增产，4 点减产，增产点率 66.7%，平均亩产 466.2kg，比对照品种周麦 18 增产 3.1%，不显著；2012—2013 年度河南省冬水 B 组区试，13 点汇总，13 点增产，增产点率 100%，平均亩产 522.6kg，比对照品种周麦 18 增产 5.8%，极显著；2013—2014 年度河南省冬水 A 组生产试验，16 点汇总，15 点增产，1 点减产，平均亩产 563.4kg，比对照品种周麦 18 增产 6%。

适宜区域　豫中南等地。

49. 森科 093

品种来源　Tal/偃科 956//周麦 22。

特征特性　弱春性品种，全生育期 193.7~210.7d。幼苗半直立，叶色深绿，苗势壮，分蘖力中等。春季起身拔节早。株高 74.5~81.4cm，株型较紧凑，抗倒性较好。耐湿性好，成熟较早，熟相好。亩穗数31.5万~34万，穗粒数33~37.4粒，千粒重36.4~51.1g。中感条锈病、白粉病和纹枯病，高感叶锈病和赤霉病。2017年、2018年品质检测，蛋白质含量11.7%、12.2%，容重777g/L、692g/L，湿面筋含量26.4%、21.1%，吸水量53.0ml/100g、49.5ml/100g，稳定时间2.4min、1.1min，最大拉伸阻力83E.U、33E.U。

产量表现　2016—2017年度河南省弱筋组区试，7点汇总，增产点率71.4%，平均亩产348.1kg，比对照品种扬麦15增产3.8%；2017—2018年度续试，8点汇总，增产点率87.5%，平均亩产303.7kg，比对照品种偃展4110增产8.6%；2018—2019年度生产试验，9点汇总，增产点率88.9%，平均亩产456.4kg，比对照品种偃展4110增产8.6%。

栽培技术要点　适宜播种期10月中下旬，每亩适宜基本苗18万。注意防治蚜虫、叶锈病、赤霉病、条锈病、白粉病和纹枯病等病虫害，注意预防倒春寒。

适宜区域　适宜河南省南部长江中下游麦区种植。

50. 镇麦13

品种来源　由江苏瑞华农业科技有限公司、江苏丘陵地区镇江农业科学研究所联合选育而成，组合为宁04126/镇09196F1//宁04126，2020年通过国家审定，审定编号为国审麦20200003。

特征特性　春性，全生育期192d，比对照扬麦20早熟0.9d。幼苗直立，叶片细长，叶色黄绿，分蘖力一般。株高78.32cm，株型较松散，抗倒性较好。整齐度好，穗层整齐，熟相好。穗形纺锤形，长芒，红粒，籽粒角质，饱满度较好。亩穗数30.4万穗，穗粒数36.9粒，千粒重41g。抗病性鉴定：中抗赤霉病，高感白粉病、纹枯病、条锈病、叶锈病，品质检测结果表明，两年品质检测籽粒容重811g/L、796g/L，蛋白质含量12.54%、13.85%，湿面筋含量26.6%、29%，稳定时间3.6min、3.5min，吸水率63.7%、65.5%，最大拉伸阻力365E.U、237E.U，拉伸面积72cm^2、58cm^2。

产量表现　2016—2017年度参加长江中下游冬麦组区域试验，平均亩产421.49kg，比对照扬麦20增产5.7%；2017—2018年续试，平均亩产416.81kg，比对照扬麦20增产5.71%；2018—2019年生产试验，平均亩产428.19kg，比对照扬麦20增产3.18%。

栽培技术要点　宜播期为10月下旬至11月上旬，最佳播期是10月底至 11 月 8 日。每亩基本苗以 15 万左右为宜。高产田亩需纯氮 18kg 左右。并注意搭配使用一定量的磷钾肥同时，注意防治赤霉病、条锈病、叶锈病、白粉病和纹枯病，并做好虫害的防治。

适宜区域　该品种适宜在长江中下游冬麦区的江苏淮南地区、安徽淮南地区、浙江、湖北北部地区、河南信阳地区种植。